普通高等教育"十一五"国家级规划教材

高等职业教育"十二五"规划教材

数据库系统原理与应用（第三版）

（SQL Server 2012）

主编　刘　淳

副主编　史瑞芳　杨丽霞

中国水利水电出版社
www.waterpub.com.cn

内 容 提 要

本书在第二版的基础上,按照高职高专院校计算机类相关专业对数据库课程的教学要求,结合作者多年教学实践与研发经验,并考虑到读者的反馈信息,对各章节内容、结构等进行修订、调整、完善和补充。全书共 9 章。主要内容包括:数据库系统基本知识与基本概念、SQL Server 2012 数据库管理与操作、关系数据库标准语言 SQL、关系数据库设计理论、数据库的安全性与完整性、数据库事务处理、SQL Server 2012 数据库程序设计、数据库设计方法、数据库应用系统开发实例及常用数据库接口等。

本书以 SQL Server 2012 中文版作为背景,通过大量实例系统地介绍数据库系统有关原理与应用实践,以理论为基础,以应用为目标,并将理论与应用有机地结合。

本书内容全面,深入浅出,例题丰富,图文并茂,适合作为高职高专院校相关专业学生学习数据库系统基本理论、SQL Server 2012 数据库基本操作及数据库程序设计的教材,同时,也是广大数据库爱好者的首选参考书。

本书所配电子教案及案例程序源代码,均可以从中国水利水电出版社或万水书苑网站下载,网址为:http://www.waterpub.com.cn/ softdown/和 http://www.wsbookshow.com。

图书在版编目(C I P)数据

数据库系统原理与应用 : SQL Server 2012 / 刘淳
主编. -- 3版. -- 北京 : 中国水利水电出版社, 2015.8
普通高等教育"十一五"国家级规划教材 高等职业
教育"十二五"规划教材
ISBN 978-7-5170-3386-8

Ⅰ. ①数… Ⅱ. ①刘… Ⅲ. ①关系数据库系统-高等
学校-教材 Ⅳ. ①TP311.13

中国版本图书馆CIP数据核字(2015)第163075号

策划编辑:雷顺加   责任编辑:李 炎   封面设计:李 佳

书　　名	普通高等教育"十一五"国家级规划教材 高等职业教育"十二五"规划教材 **数据库系统原理与应用（第三版）（SQL Server 2012）**
作　　者	主 编 刘 淳 副主编 史瑞芳 杨丽霞
出版发行	中国水利水电出版社 （北京市海淀区玉渊潭南路 1 号 D 座　100038） 网址：www.waterpub.com.cn E-mail：mchannel@263.net（万水） 　　　　sales@waterpub.com.cn 电话：（010）68367658（发行部）、82562819（万水）
经　　售	北京科水图书销售中心（零售） 电话：（010）88383994、63202643、68545874 全国各地新华书店和相关出版物销售网点
排　　版	北京万水电子信息有限公司
印　　刷	三河市铭浩彩色印装有限公司
规　　格	184mm×260mm　16 开本　15.5 印张　378 千字
版　　次	2005 年 1 月第 1 版　2005 年 1 月第 1 次印刷 2015 年 8 月第 3 版　2015 年 8 月第 1 次印刷
印　　数	0001—3000 册
定　　价	30.00 元

凡购买我社图书,如有缺页、倒页、脱页的,本社发行部负责调换
版权所有·侵权必究

第三版前言

数据库技术作为数据管理最有效的手段，它的出现极大地促进了计算机应用的发展，目前基于数据库技术的计算机应用已成为计算机应用的主流。作为计算机及相关专业的学生，数据库管理与数据库应用程序设计已成为大学期间的核心课程。

本书作者长期在高职高专院校从事数据库课程教学与研究，讲解过"数据库系统原理""SQL Server 数据库"及"Oracle 数据库"等课程。在教学实践中发现，把"数据库系统原理"与特定的数据库管理系统作为两门课程分开讲解，不仅占用了大量宝贵的课时，且学习效果不佳。如开始学习"数据库系统原理"时，没有实际的数据库管理系统（DBMS）实例可参照，对抽象概念无法理解，更缺乏有效手段来验证解决方法的正确性（如 SQL 语句的运用）；学习特定的数据库管理系统时（如 SQL Server），由于理论基础薄弱，对实际的数据库应用、开发很难适应。鉴于此，作者于 2004 年开始进行"数据库系统原理"与"SQL Server 2000"课程整合研究，并于 2005 年初出版了《数据库系统原理与应用》，书中将数据库原理与实践操作联系紧密的部分抽取出来，突出重点，把一些内容抽象且对于以后应用非必需的部分略去，做到理论知识必需、够用即可。对每一个理论部分，都穿插以 SQL Server 2000 的实例应用，使学生在学习数据库理论部分时，有实际例子来促进对原理的深入理解，同时，也掌握了实际数据库管理软件的应用，提高了学生的实践能力。该教材在全国二十几所高职院校得到广泛应用，受到广大师生的一致好评，并于 2008 年获评为"普通高等教育'十一五'国家级规划教材"。为答谢读者的厚爱，并适应计算机技术的快速发展，我们在保持第一、二版编写风格的基础上，通过对数据库应用的广泛调研，再次对教学内容进行调整，按照高职高专院校计算机类相关专业对数据库课程的教学要求，结合作者多年教学实践与研发经验，并考虑到读者的反馈信息，对各章节内容、结构等进行修订、调整、完善和补充，改版成了《数据库系统原理与应用（SQL Server 2012）》（第三版）。

本书以目前在国内应用最为普及的 SQL Server 2012 中文版为对象，介绍数据库系统的基本概念和原理，以及 SQL Server 2012 系统的特点、功能、操作、管理和维护等，并详细介绍数据库的设计和数据库应用系统的开发。全书共 9 章，内容简述如下：

第 1 章：数据库基本知识概述。主要介绍数据库系统基本概念、数据管理的进展、数据模型、数据库系统体系结构、数据库系统的功能及关系代数基础知识。

第 2 章：SQL Server 2012。介绍 SQL Server 2012 安装、管理、配置及数据对象的基本操作。

第 3 章：标准 SQL 语句。通过大量实例介绍关系数据库的数据定义、数据查询、数据操作以及数据控制等语句的使用。

第 4 章：数据库设计理论。介绍数据依赖的概念及关系模式规范化理论。

第 5 章：数据库的安全性与完整性，介绍数据库的安全控制方法及数据库完整性概念。并介绍了 SQL Server 2012 中安全控制技术与完整性定义。

第 6 章：数据库事务和数据恢复。介绍数据库事务的概念与并发控制机制及数据库恢复技术。

第 7 章：SQL Server 2012 程序设计。详细介绍 SQL Server 2012 扩展 SQL 语言（Transact-SQL 语言）及 SQL Server 2012 存储过程、函数、触发器的设计。

第 8 章：数据库设计。介绍数据库的逻辑设计和物理设计的一般方法，并通过一个数据库设计实例介绍数据库设计的一般过程。

第 9 章：数据库应用程序开发。主要介绍数据库的前台开发技术，包括数据库应用系统的常用体系结构、数据库应用程序接口（ODBC、JDBC 和 OLE DB）及利用.NET 和 Java 开发数据库应用系统的实例。

为了方便读者学习，每章后面都附有大量的习题。本书虽然按 SQL Server 2012 编写，但考虑有些学校用的是 SQL Server 2008，所以编写上尽量做到与 SQL Server 2008 高度兼容。

本书可作为高等职业学校、高等专科学校、成人高校及本科院校举办的二级职业技术学院和民办高校的数据库系统基本理论、SQL Server 2012 数据库基本操作及数据库程序设计等课程的教材，同时，也可供广大数据库爱好者学习考书。

本书由刘淳主编，史瑞芳、杨丽霞任副主编，各章主要编写人员分工如下：龙雁编写了第 1 章，方俊编写了第 2 章，刘淳编写了第 3 章，史劲编写了第 4 章，杨丽霞编写了第 6 章，史瑞芳编写了第 5 章、第 7 章，雷军环编写了第 8 章，陈志平编写了第 9 章。参加本书编写工作的还有许鹏、李华平、黄永生、贾遂民、李季、杨秀生、胡晓明、吴正平等。

由于作者水平有限，书中不足与疏漏之处在所难免，恳请读者不吝指正。

编　者

2015 年 5 月

目 录

第1章 数据库基本知识

数据库技术是信息社会的重要基础技术之一，是计算机科学技术领域中发展最为迅速的重要分支。数据库技术是一门综合性技术，涉及到操作系统、数据结构、算法设计、程序设计等基础理论知识，因此，在计算机科学中是将其作为专门的学科来学习、研究的，并以之指导和推动应用。对普通计算机用户而言，虽更多注重于学习数据库技术的实际应用方法，但学习、掌握一些必需的、实用的基础知识，也是非常重要的。对数据库技术的应用，特别是在开发应用系统时尤为重要。因此，本章将以一定篇幅介绍数据库技术相关基础知识，使读者在学习、应用数据库技术的过程中，做到既知其然又知其所以然。

本章将简要介绍数据库、数据库系统、数据库管理系统、数据模型等基本概念以及数据库系统的体系结构，并着重介绍了关系模式、关系、元组、属性、域等概念。

1.1 信息、数据与数据处理

1.1.1 数据与信息

人们通常使用各种各样的物理符号来表示客观事物的特性和特征，这些符号及其组合就是数据。数据的概念包括两个方面，即数据内容和数据形式。数据内容是指所描述客观事物的具体特性，也就是通常所说数据的"值"；数据形式则是指数据内容存储在媒体上的具体形式，也就是通常所说数据的"类型"。数据主要有数字、文字、声音、图形和图像等多种形式。

信息是指数据经过加工处理后所获取的有用知识。信息是以某种数据形式表现的。

数据和信息是两个相互联系但又相互区别的概念；数据是信息的具体表现形式，信息是数据有意义的表现。

1.1.2 数据处理

数据处理就是将数据转换为信息的过程。数据处理的内容主要包括数据的收集、整理、存储、加工、分类、维护、排序、检索和传输等一系列活动的总和。数据处理的目的是从大量的数据中，根据数据自身的规律及其相互联系，通过分析、归纳、推理等科学方法，利用计算机技术、数据库技术等技术手段，提取有效的信息资源，为进一步分析、管理、决策提供依据。数据处理也称信息处理。

例如，学生各门成绩为原始数据，经过计算得出平均成绩和总成绩等信息，计算处理的过程就是数据处理。

1.1.3 数据处理的发展

伴随着计算机技术的不断发展，数据处理及时地应用了这一先进的技术手段，使数据处理的效率和深度大大提高，也促使数据处理和数据管理的技术得到了很大的发展，其发展过程大致经历了人工管理、文件管理、数据库管理及分布式数据库管理等四个阶段。

1. 人工管理阶段

早期的计算机主要用于科学计算，计算处理的数据量很小，基本上不存在数据管理的问题。20 世纪 50 年代初，开始将计算机应用于数据处理。当时的计算机没有专门管理数据的软件，也没有像磁盘这样可随机存取的外部存储设备，对数据的管理没有一定的格式，数据依附于处理它的应用程序，使数据和应用程序一一对应，互为依赖。

由于数据与应用程序的对应、依赖关系，应用程序中的数据无法被其他程序利用，程序与程序之间存在着大量重复数据，称为数据冗余；同时，由于数据是对应某一应用程序的，使得数据的独立性很差，如果数据的类型、结构、存取方式或输入输出方式发生变化，处理它的程序必须相应改变，数据结构性差，而且数据不能长期保存。

在人工管理阶段，应用程序与数据之间的关系如图 1-1 所示。

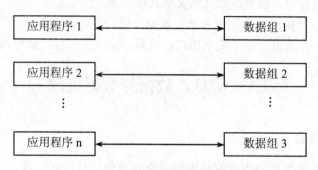

图 1-1　人工管理阶段程序与数据的关系

2. 文件管理阶段

从 20 世纪 50 年代后期开始至 60 年代末为文件管理阶段，应用程序通过专门管理数据的软件即文件系统来使用数据。由于计算机存储技术的发展和操作系统的出现，同时计算机硬件也已经具有可直接存取的磁盘、磁带及磁鼓等外部存储设备，软件则出现了高级语言和操作系统，而操作系统的一项主要功能就是文件管理，因此，数据处理应用程序利用操作系统的文件管理功能，将相关数据按一定的规则构成文件，通过文件系统对文件中的数据进行存取、管理，实现数据的文件管理方式。

在文件管理阶段中，文件系统为程序与数据之间提供了一个公共接口，使应用程序采用统一的存取方法来存取、操作数据，程序与数据之间不再是直接的对应关系，因而程序和数据有了一定的独立性。但文件系统只是简单地存放数据，数据的存取在很大程度上仍依赖于应用程序，不同程序难于共享同一数据文件，数据独立性较差。此外，由于文件系统没有一个相应的模型约束数据的存储，因而仍有较高的数据冗余，这又极易造成数据的不一致性。

在文件管理阶段，应用程序与数据之间的关系如图 1-2 所示。

3. 数据库管理阶段

数据库管理阶段是 20 世纪 60 年代末在文件管理基础上发展起来的。随着计算机系统性价比的持续提高，软件技术的不断发展，人们克服了文件系统的不足，开发了一类新的数据管理软件——数据库管理系统（Data Base Management System，DBMS），运用数据库技术进行数据管理，将数据管理技术推向了数据库管理阶段。

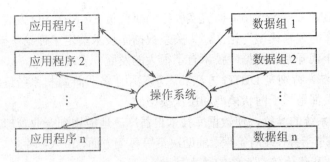

图 1-2　文件管理阶段程序与数据的关系

数据库技术使数据有了统一的结构，对所有的数据实行统一、集中、独立的管理，以实现数据的共享，保证数据的完整性和安全性，提高了数据管理效率。数据库也是以文件方式存储数据的，但它是数据的一种高级组织形式。在应用程序和数据库之间，由数据库管理系统（DBMS）把所有应用程序中使用的相关数据汇集起来，按统一的数据模型，以记录为单位存储在数据库中，为各个应用程序提供方便、快捷的查询、使用。

数据库系统不同于文件系统的地方是：数据库中数据的存储是按同一结构进行的，不同的应用程序都可直接操作使用这些数据，应用程序与数据间保持高度的独立性；数据库系统提供一套有效的管理手段，保持数据的完整性、一致性和安全性，使数据具有充分的共享性；数据库系统还为用户管理、控制数据的操作，提供了功能强大的操作命令，使用户直接使用命令或将命令嵌入应用程序中，简单方便地实现数据库的管理、控制操作。在数据库管理阶段，应用程序与数据之间的关系如图 1-3 所示。

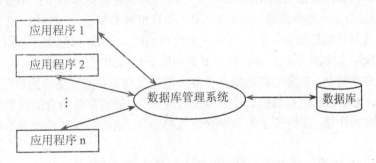

图 1-3　数据库管理阶段程序与数据的关系

1.1.4　数据库技术的发展

数据库技术萌芽于 20 世纪 60 年代中期，到 60 年代末 70 年代初出现了三个事件，标志着数据库技术日趋成熟，并有了坚实的理论基础。

（1）1969 年 IBM 公司研制、开发了数据库管理系统商品化软件 IMS（Information Management System），IMS 的数据模型是层次结构的。

（2）美国数据系统语言协会（Conference On Data System Language，CODASYL）下属的数据库任务组（Data Base Task Group，DBTG）对数据库方法进行系统的讨论、研究，提出了若干报告，称为 DBTG 报告。DBTG 报告确定并且建立了数据库系统的许多概念、方法和技术。DBTG 所提议的方法是基于网状结构的，它是网状模型的基础和典型代表。

（3）1970 年 IBM 公司 San Jose 研究实验室的研究员 E·F·Codd 发表了著名的"大型共享系统的关系数据库的关系模型"论文，为关系数据库技术奠定了理论基础。

自 20 世纪 70 年代开始，数据库技术有了很大的发展，表现为：

（1）数据库方法，特别是 DBTG 方法和思想应用于各种计算机系统，出现了许多商品化数据库系统。它们大都是基于网状模型和层次模型的。

（2）这些商用系统的运行，使数据库技术日益广泛地应用到企业管理、事务处理、交通运输、信息检索、军事指挥、政府管理、辅助决策等各个方面，深入到生产、生活的各个领域。数据库技术成为实现和优化信息系统的基本技术。

（3）关系方法的理论研究和软件系统的研制取得了很大的成果。IBM 公司 San Jose 研究实验室在 IBM 370 系列计算机上研究关系数据库系统 System R 获得成功，1981 年 IBM 公司又宣布了具有 System R 全部特征的新的数据库软件产品 SQL/DS 问世。与此同时，美国加州伯克利分校也研制出 INGRES 关系数据库实验系统，并紧接着推出了商用 INGRES 软件系统，使关系方法从实验室走向社会。

20 世纪 80 年代开始，几乎所有新开发的数据库系统都是关系数据库系统，随着微型计算机的出现与迅速普及，运行于微机的关系数据库系统也越来越丰富，性能越来越好，功能越来越强，应用遍及各个领域，为人类迈入信息时代起到了推波助澜的作用。

1.1.5　数据库新技术

数据库技术发展之快、应用之广是计算机科学其他领域技术无可比拟的。随着数据库应用领域的不断扩大和信息量的急剧增长，占主导地位的关系数据库系统已不能满足新的应用领域的需求，如 CAD（计算机辅助设计）/CAM（计算机辅助制造）、CIMS（计算机集成制造系统）、CASE（计算机辅助软件工程）、OA（办公自动化）、GIS（地理信息系统）、MIS（管理信息系统）、KBS（知识库系统）等，都需要数据库新技术的支持。这些新应用领域的特点是：存储和处理的对象复杂，对象间的联系具有复杂的语义信息；需要复杂的数据类型支持，包括抽象数据类型、无结构的超长数据、时间和版本数据等；需要常驻内存的对象管理以及支持对大量对象的存取和计算；支持长事务和嵌套事务的处理。这些需求是传统关系数据库系统难以满足的。

自 20 世纪 60 年代中期以来，数据库技术与其他领域的技术相结合，出现了数据库的许多新的分支，如与网络技术相结合出现了网络数据库、与分布处理技术相结合出现了分布式数据库；与面向对象技术相结合出现了面向对象数据库；与人工智能技术相结合出现了知识库、主动数据库；与并行处理技术相结合出现了并行数据库；与多媒体技术相结合出现了多媒体数据库。此外，针对不同应用领域出现了工程数据库、实时数据库、空间数据库、地理数据库、统计数据库、时态数据库、数据仓库等多种数据库及相关技术。

1.　分布式数据库

分布式数据库系统（Distributed DataBase System，DDBS）是在集中式数据库基础上发展起来的，是数据库技术与计算机网络技术、分布处理技术相结合的产物。分布式数据库系统是地理上分布在计算机网络不同结点，逻辑上属于同一系统的数据库系统，它不同于将数据存储在服务器上供用户共享存取的网络数据库系统。分布式数据库系统不仅能支持局部应用，存取本地结点或另一个结点的数据，而且能支持全局应用，同时存取两个或两个以上结点的数据。

分布式数据库系统的主要特点是：

（1）数据是分布的。数据库中的数据分布在计算机网络的不同结点上，而不是集中在一个结点，区别于数据存放在服务器上由各用户共享的网络数据库系统。

（2）数据是逻辑相关的。分布在不同结点的数据，逻辑上属于同一个数据库系统，数据间存在相互关联，区别于由计算机网络连接的多个独立数据库系统。

（3）结点的自治性。每个结点都有自己的计算机软硬件资源、数据库、数据库管理系统（即 Local DataBase Management System，LDBMS，局部数据库管理系统），因而能够独立地管理局部数据库。局部数据库中的数据可仅供本结点用户存取使用，也可供其他结点上的用户存取使用，提供全局应用。

2. 面向对象数据库

面向对象数据库系统（Object-Oriented Data Base System，OODBS）是将面向对象的模型、方法和机制，与先进的数据库技术有机地结合而形成的新型数据库系统。它从关系模型中脱离出来，强调在数据库框架中发展类型、数据抽象、继承和持久性；它的基本设计思想是，一方面把面向对象语言向数据库方向扩展，使应用程序能够存取并处理对象，另一方面扩展数据库系统，使其具有面向对象的特征，提供一种综合的语义数据建模概念集，以便对现实世界中复杂应用的实体和联系建模。因此，面向对象数据库系统首先是一个数据库系统，具备数据库系统的基本功能，其次是一个面向对象的系统，针对面向对象的程序设计语言的永久性对象存储管理而设计，充分支持完整的面向对象概念和机制。

3. 多媒体数据库

多媒体数据库系统（Multi-media Data Base System，MDBS）是数据库技术与多媒体技术相结合的产物。在许多数据库应用领域中，都涉及到大量的文字、图形、图像、声音等多媒体数据，这些与传统的数字、字符等格式化数据有很大的不同，都是一些结构复杂的对象。主要体现为如下几点：

（1）数据量大。格式化数据的数据量小，而多媒体数据量一般都很大，1分钟视频和音频数据就需要几十兆数据空间。

（2）结构复杂。传统的数据以记录为单位，一个记录由多个字段组成，结构简单，而多媒体数据种类繁多、结构复杂，大多是非结构化数据，来源于不同的媒体且具有不同的形式和格式。

（3）时序性。文字、声音或图像组成的复杂对象需要有一定的同步机制，如一幅画面的配音或文字需要同步，既不能超前也不能滞后，而传统数据无此要求。

（4）数据传输的连续性。多媒体数据如声音或视频数据的传输必须是连续、稳定的，不能间断，否则出现失真会影响效果。多媒体数据的这些特点，使系统不能像格式化数据一样去管理和处理多媒体数据，也不能简单地通过扩充传统数据库来满足多媒体应用的需求，因此，多媒体数据库需要有特殊的数据结构、存储技术、查询和处理方式。

从实际应用的角度考虑，多媒体数据库管理系统（MDBMS）应具有如下基本功能：

（1）应能够有效地表示多种媒体数据，对不同媒体的数据如文本、图形、图像、声音等能够按应用的不同，采用不同的表示方法。

（2）应能够处理各种媒体数据，正确识别和表现各种媒体数据的特征，各种媒体间的空间或时间关联。

（3）应能够像其他格式化数据一样对多媒体数据进行操作，包括对多媒体数据的浏览、查询检索，对不同的媒体提供不同的操纵，如声音的合成、图像的缩放等。

（4）应具有开放功能，提供多媒体数据库的应用程序接口等。

4. 数据仓库

随着信息技术的高速发展，数据和数据库在急剧增长，数据库应用的规模、范围和深度不断扩大，一般的事务处理已不能满足应用的需要，企业界需要建立在大量信息数据基础上的决策支持（Decision Support，DS）。数据仓库（Data Warehouse，DW）技术的兴起满足了这一需求。数据仓库可以提供对企业数据的方便访问和强大的分析工具，从企业数据中获得有价值的信息，发掘企业的竞争优势，提高企业的运营效率和指导企业决策。数据仓库作为决策支持系统（Decision Support System，DSS）的有效解决方案，涉及三方面的技术内容：数据仓库技术、联机分析处理（On-Line Analysis Processing，OLAP）技术和数据挖掘（Data Mining，DM）技术。

数据库技术作为数据管理的一种有效手段主要用于事务处理，但随着应用的深入，人们发现对数据库的应用可分为两类：操作型处理和分析型处理。操作型处理也称为联机事务处理（On-Line Transaction Processing，OLTP），它是指对企业数据进行日常的业务处理，这类处理主要是针对企业数据库的一个或一批记录进行查询检索或更新操作。与联机事务处理不同的是，分析型处理主要用于管理人员的决策分析，通过对大量数据的综合、统计和分析，得出有利于企业的决策信息，但若按事务处理的模式进行分析处理，则得不到令人满意的结果，而数据仓库和联机分析处理等技术能够以统一的模式，从多个数据源收集数据提供用户进行决策分析。

数据仓库不是一种产品，而是由软硬件技术组成的环境。它将企业内部各种跨平台的数据，经过重新组合和加工，构成面向决策的数据仓库，为企业决策者方便地分析企业发展状况并做出决策，提供有效的途径。

1.2 数据库系统

1.2.1 数据库系统的组成

数据库应用系统简称为数据库系统（DataBase System，DBS），是一个计算机应用系统。它由计算机硬件、数据库管理系统、数据库、应用程序和用户等部分组成。

1. 计算机硬件

计算机硬件（Hardware）是数据库系统赖以存在的物质基础，是存储数据库及运行数据库管理系统（DBMS）的硬件资源，主要包括主机、存储设备、I/O 通道等。大型数据库系统一般都建立在计算机网络环境下。

为使数据库系统获得较满意的运行效果，应对计算机的 CPU、内存、磁盘、I/O 通道等技术性能指标，采用较高的配置。

2. 数据库管理系统

数据库管理系统（Data Base Management System，DBMS）是指负责数据库存取、维护、管理的系统软件。DBMS 提供对数据库中数据资源进行统一管理和控制的功能，将用户应用程序与数据库数据相互隔离。它是数据库系统的核心，其功能的强弱是衡量数据库系统性能优劣的主要指标。

DBMS 必须运行在相应的系统平台上，在操作系统和相关的系统软件支持下，才能有效地运行。

3. 数据库

数据库（Data Base，DB）是指数据库系统中以一定组织方式将相关数据组织在一起，存储在外部存储设备上所形成的、能为多个用户共享的、与应用程序相互独立的相关数据集合。数据库中的数据也是以文件的形式存储在存储介质上的，它是数据库系统操作的对象和结果。数据库中的数据具有集中性和共享性。所谓集中性是指把数据库看成性质不同的数据文件的集合，其中的数据冗余很小。所谓共享性是指多个不同用户使用不同语言，为了不同应用目的可同时存取数据库中的数据。

数据库中的数据由 DBMS 进行统一管理和控制，用户对数据库进行的各种数据操作都是通过 DBMS 实现的。

4. 应用程序

应用程序（Application）是在 DBMS 的基础上，由用户根据应用的实际需要所开发的、处理特定业务的应用程序。应用程序的操作范围通常仅是数据库的一个子集，也即用户所需的那部分数据。

5. 数据库用户

用户（User）是指管理、开发、使用数据库系统的所有人员，通常包括数据库管理员、应用程序员和终端用户。数据库管理员（Data Base Administrator，DBA）负责管理、监督、维护数据库系统的正常运行；应用程序员（Application Programmer）负责分析、设计、开发、维护数据库系统中运行的各类应用程序；终端用户（End-User）是在 DBMS 与应用程序支持下，操作使用数据库系统的普通使用者。不同规模的数据库系统，用户的人员配置可以根据实际情况有所不同，大多数用户都属于终端用户。在小型数据库系统中，特别是在微机上运行的数据库系统中，通常 DBA 就由终端用户担任。

图 1-4 是数据库管理系统与计算机硬件及其他软件的层次关系，外层应用依赖于内层资源的支持。

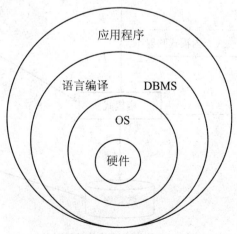

图 1-4　软硬件的层次关系

综上所述，数据库中包含的数据，是存储在存储介质上的数据文件的集合；每个用户均可使用其中的部分数据，不同用户使用的数据可以重叠，同一组数据可以为多个用户共享；DBMS 为用户提供对数据的存储组织、操作管理功能；用户通过 DBMS 和应用程序实现数据库系统的操作与应用。

1.2.2 数据库系统体系结构

为了有效地组织、管理数据，提高数据库的逻辑独立性和物理独立性，人们为数据库设计了一个严谨的体系结构，包括 3 个模式（外模式、模式和内模式）和 2 个映射（外模式－模式映射和模式－内模式映射）。美国 ANSI/X3/SPARC 的数据库管理系统研究小组于 1975 年、1978 年提出了标准化的建议，将数据库结构分为 3 级：面向用户或应用程序员的用户级，面向建立和维护数据库人员的概念级，面向系统程序员的物理级。用户级对应外模式，概念级对应模式，物理级对应内模式，使不同级别的用户对数据库形成不同的视图。所谓视图，就是指观察、认识和理解数据的范围、角度和方法，简而言之，视图就是数据库在用户"眼中"的反映，很显然，不同层次（级别）用户所"看到"的数据库是不相同的。数据库系统的体系结构如图 1-5 所示。

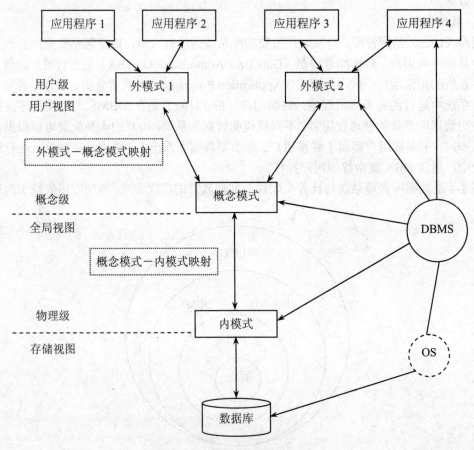

图 1-5　数据库系统的体系结构

1．模式

模式又称概念模式或逻辑模式，对应于概念级。它是由数据库设计者综合所有用户的数据，按照统一的观点构造的全局逻辑结构。是对数据库中全部数据的逻辑结构和特征的总体描述，是所有用户的公共数据视图（全局视图）。它是由数据库系统提供的数据描述语言（Data Description Language，DDL）来描述、定义的，反映了数据库系统的整体观。

2．外模式

外模式又称子模式，对应于用户级。它是某个或某几个用户所看到的数据库的数据视图，是与某一应用有关的数据的逻辑表示。外模式是从模式导出的一个子集，包含模式中允许特定用户使用的那部分数据。用户可以通过外模式描述语言（外模式 DLL）来描述、定义对应于用户的数据记录（外模式），也可以利用数据操纵语言（Data Manipulation Language，DML）对这些数据记录进行操作。外模式反映了数据库的用户观。

3．内模式

内模式又称存储模式，对应于物理级。它是数据库中全体数据的内部表示或底层描述，是数据库最低一级的逻辑描述，它描述了数据在存储介质上的存储方式和物理结构，对应着实际存储在外存储介质上的数据库。内模式由内模式描述语言（内模式 DLL）来描述、定义。

4．数据库系统的两级映射

数据库系统的三级模式是数据在三个级别（层次）上的抽象，使用户能够逻辑地、抽象地处理数据而不必关心数据在计算机中的物理表示和存储。实际上，对于一个数据库系统而言，只有物理级数据库是客观存在的，它是进行数据库操作的基础，概念级数据库中不过是物理级数据库的一种逻辑的、抽象的描述（即模式），用户级数据库则是用户与数据库的接口，它是概念级数据库的一个子集（外模式）。

用户应用程序根据外模式进行数据操作，通过外模式－模式映射，定义和建立某个外模式与模式间的对应关系，将外模式与模式联系起来，当模式发生改变时，只要改变其映射，就可以使外模式保持不变，对应的应用程序也可保持不变；另一方面，通过模式－内模式映射，定义建立数据的逻辑结构（模式）与存储结构（内模式）间的对应关系，当数据的存储结构发生变化时，只需改变模式－内模式映射，就能保持模式不变，因此应用程序也可以保持不变。正是通过这两级映射，将用户对数据库的逻辑操作最终转换成对数据库的物理操作，在这一过程中，用户不必关心数据库全局，更不必关心物理数据库，用户面对的只是外模式，因此，换来了用户操作、使用数据库的方便。这两级映射转换是由 DBMS 实现的，它将用户对数据库的操作，从用户级转换到物理级。

1.2.3 数据库管理系统的功能

作为数据库系统核心软件的数据库管理系统（DBMS），通过三级模式间的映射转换，为用户实现了数据库的建立、使用、维护操作，因此，DBMS 必须具备相应的功能。DBMS 主要包括如下功能：

1．数据库定义（描述）功能

DBMS 为数据库的建立提供了数据定义（描述）语言（DDL）。用户使用 DDL 定义数据库结构的子模式（外模式）、模式和内模式；定义各个外模式与模式之间的映射；定义模式与存储模式之间的映射；定义有关约束条件等。

2. 数据库操纵功能

DBMS 提供数据操纵语言（DML）实现对数据库检索、插入、修改、删除等基本操作。DML 通常分为两类：一类是嵌入主语言中的，如嵌入 C、COBOL 等高级语言中，这类 DML 一般本身不能独立使用，称之为宿主型语言；另一类是交互式命令语言，它语法简单，可独立使用，称之为自含型语言。目前 DBMS 广泛采用的就是可独立使用的自含型语言，为用户或应用程序员提供操作使用数据库的语言工具。SQL Server 中的 Transact-SQL 既可作为嵌入式语言使用，也是自含型语言。

3. 数据库运行管理功能

对数据库的运行进行管理是 DBMS 运行的核心部分，包括对数据库进行并发控制、安全性检查、存取控制（即存取权限检查）、完整性约束条件的检查及执行数据库内部维护等。所有数据库的操作都要在这些控制程序的统一管理下进行，以保证数据库的安全性、完整性、一致性及多用户对数据库的并发操作，保证数据库的正确有效。

4. 数据组织、存储和管理

数据库中需要存放多种数据，如数据字典、用户数据、存取路径等，DBMS 负责分门别类地组织、存储和管理这些数据，确定以何种文件结构和存取方式物理地组织这些数据。如何实现数据之间的联系，以便提高存储空间的利用率和提高随机查找、顺序查找、增、删、改等操作的时间效率。

5. 数据库的建立和维护

建立数据库包括数据库的初始数据的输入与数据转换等。维护数据库包括数据库的转存与恢复、数据库的重组织与重构、性能的监视与分析等。

6. 通信功能

作为用户与数据库的接口，用户可以通过交互式或应用程序方式使用数据库。交互式是通过系统提供的实用程序与数据库进行通信，应用程序方式则是应用程序员依据外模式（子模式）编写应用程序模块，实现对数据库中数据的各种操作。另外，DBMS 还提供与其他软件系统进行通信的功能，例如提供与其他 DBMS 或文件系统的接口，从而能够将数据转换为另一个 DBMS 或文件系统能接收的格式，或者接收其他 DBMS 或文件系统的数据。如 SQL Server 可以与 Oracle、Excel 等进行数据转换操作。

1.2.4 数据库管理系统的组成

为了提供上述 6 方面的功能，DBMS 通常由以下 4 部分组成。

1. 数据定义语言及其编译处理程序

DBMS 一般都提供数据定义语言供用户定义数据库的模式、存储模式、外模式、各级模式间的映射、有关约束条件等。用 DDL 定义的模式、存储模式、外模式分别称为源模式、源存储模式、源外模式，各种模式编译程序负责将它们翻译成相应的内部表示，即生成目标模式、目标存储模式、目标外模式。这些目标模式描述的是数据库的框架，而不是数据本身。这些描述存放在数据字典（也称系统目录）中，作为 DBMS 存取和管理数据的基本依据。

2. 数据操纵语言及其编译程序

DBMS 提供了数据操纵语言实现对数据库的检索、插入、修改、删除等基本操作。

3. 数据库运行控制程序

DBMS 提供了一些系统运行控制程序负责数据库运行过程的控制与管理，包括系统初始化程序、文件读写与维护程序、存取路径管理程序、缓冲区管理程序、安全控制及事务管理程序等。

4. 实用程序

DBMS 通常还提供一些实用程序，包括数据库转存程序、数据库恢复程序、性能监测程序及通信程序等。用户可以利用这些实用程序对系统进行配置、监视和管理。

1.2.5　数据库系统的特点

数据库系统的出现是计算机数据处理技术的重大进步，它具有以下特点。

1. 数据共享

数据共享是指多个用户可以同时存取数据而不相互影响。数据共享包括以下三个方面：所有用户可以同时存取数据；数据库不仅可以为当前的用户服务，也可以为将来的新用户服务；可以使用多种语言完成与数据库的接口。

2. 减少数据冗余

数据冗余就是数据重复，数据冗余既浪费存储空间，又容易产生数据的不一致。在非数据库系统中，由于每个应用程序都有自己的数据文件，所以数据存在着大量的重复。

数据库从全局观念来组织和存储数据，数据已经根据特定的数据模型结构化，从而有效地节省了存储资源，减少了数据冗余，增强了数据的一致性。

3. 具有较高的数据独立性

所谓数据独立是指数据与应用程序之间的彼此独立，它们之间不存在相互依赖的关系。应用程序不必随数据存储结构的改变而变动，这是数据库一个最基本的优点。

在数据库系统中，数据库管理系统通过映像，实现了应用程序对数据的逻辑结构与物理存储结构之间较高的独立性。数据库的数据独立包括两个方面：

（1）物理数据独立：数据的存储格式和组织方法改变时，不影响数据库的逻辑结构，从而不影响应用程序。

（2）逻辑数据独立：数据库逻辑结构的变化（如数据定义的修改，数据间联系的变更等）不影响用户的应用程序。

数据独立提高了数据处理系统的稳定性，从而提高了程序维护的效益。

4. 增强了数据安全性和完整性保护

数据库加入了安全保密机制，可以防止对数据的非法存取。由于实行集中控制，有利于控制数据的完整性。数据库系统采取了并发访问控制，保证了数据的正确性。另外，数据库系统还采取了一系列措施，实现了对数据库破坏的恢复。

1.3　数据模型

1.3.1　现实世界的数据描述

现实世界是存在于人脑之外的客观世界，是数据库系统操作处理的对象。如何用数据来描述、解释现实世界，运用数据库技术表示、处理客观事物及其相互关系，则需要采取相应的方法和手段进行描述，进而实现最终的操作处理。

1. 信息处理的三个层次

计算机信息处理的对象是现实生活中的客观事物，在对客观事物实施处理的过程中，首先要经历了解、熟悉的过程，从观测中抽象出大量描述客观事物的信息，再对这些信息进行整理、分类和规范，进而将规范化的信息数据化，最终由数据库系统存储、处理。在这一过程中，涉及到三个层次，经历了两次抽象和转换。

（1）现实世界。现实世界就是存在于人脑之外的客观世界，客观事物及其相互联系就处于现实世界中。客观事物可以用对象和性质来描述。

（2）信息世界。信息世界就是现实世界在人们头脑中的反映，又称观念世界。客观事物在信息世界中称为实体，反映事物间联系的是实体模型或概念模型。现实世界是物质的，相对而言信息世界是抽象的。

（3）数据世界。数据世界就是信息世界中的信息数据化后对应的产物。现实世界中的客观事物及其联系，在数据世界中以数据模型描述。相对于信息世界，数据世界是量化的、物化的。

因此，客观事物是信息之源，是设计、建立数据库的出发点，也是使用数据库的最后归宿。概念模型和数据模型是对客观事物及其相互联系的两种抽象描述，实现了信息处理三个层次间的对应转换，而数据模型是数据库系统的核心和基础。

2. 信息世界中的基本概念

（1）实体。客观事物在信息世界中称为实体（Entity），它是现实世界中任何可区分、可识别的事物。实体可以是具体的人或物，如张三同学、天安门城楼，也可以是抽象概念，如一个人，一所学校。

（2）属性。实体具有许多特性，实体所具有的特性称为属性（Attribute）。一个实体可用若干属性来刻画。例如学生实体可以用学号、姓名、性别、出生年份、入校时间等属性来描述。

（3）域。属性的取值范围称为该属性的域。例如，规定学生的学号为8位整数，性别的域为（男，女）。

（4）实体型和实体值。实体型就是实体的结构描述，通常是实体名和属性名的集合。具有相同属性的实体，有相同的实体型。如学生实体型可以是：学生（学号，姓名，性别，年龄）；实体值是一个具体的实体，是属性值的集合。如学生李建国的实体值是：（011110，李建国，男，19）。

（5）实体集。性质相同的同类实体的集合称实体集。如一个班的学生。

（6）实体联系。建立实体模型的一个主要任务就是要确定实体之间的联系。常见的实体联系有3种，如图1-6所示。

1）一对一联系（1:1）。若两个不同型实体集中，任一方的一个实体只与另一方的一个实体相对应，称这种联系为一对一联系。如班长与班级的联系，一个班级只有一个班长，一个班长对应一个班级，如图1-6（a）所示。

2）一对多联系（1:n）。若两个不同型实体集中，一方的一个实体对应另一方若干个实体，而另一方的一个实体只对应本方一个实体，称这种联系为一对多联系。如班长与学生的联系，一个班长对应多个学生，而本班每个学生只对应一个班长，如图1-6（b）所示。

3）多对多联系（m:n）。若两个不同型实体集中，两实体集中任一实体均与另一实体集中若干个实体对应，称这种联系为多对多联系。如教师与学生的联系，一位教师为多个学生授课，每个学生也有多位任课教师，如图1-6（c）所示。

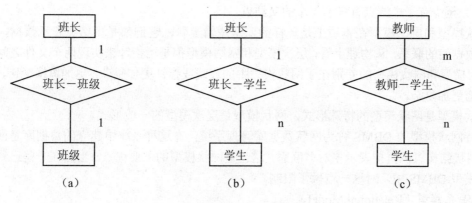

图 1-6　实体间的联系

3. 实体模型

实体模型又称概念模型，它是反映实体之间联系的模型。数据库设计的重要任务就是建立实体模型，建立概念数据库的具体描述。在建立实体模型时，实体要逐一命名以示区别，并描述它们之间的各种联系。实体模型只是将现实世界的客观对象抽象为某种信息结构，这种信息结构并不依赖于具体的计算机系统，E-R 图是目前常用的概念模型的表示方法。

1.3.2　数据模型

数据模型是指数据库中数据与数据之间的关系。数据模型是数据库系统中一个关键概念，数据模型不同，相应的数据库系统就完全不同，任何一个数据库管理系统都是基于某种数据模型的。数据库管理系统常用的数据模型有三种：层次模型、网状模型、关系模型。

1. 层次数据模型（Hierarchical Model）

用树形结构表示实体和实体间联系的数据模型称为层次模型。

树由结点和连线组成，结点表示数据集，连线表示数据之间的联系，树形结构只能表示一对多联系。通常将表示"一"的数据放在上方，称为父结点；而表示"多"的数据放在下方，称为子结点。树的最高位置只有一个结点，称为根结点。根结点以外的其他结点都有一个父结点与它相连，同时可能有一个或多个子结点与它相连。没有子结点的结点称为叶结点，它处于分枝的末端。

层次模型的基本特点：

（1）有且仅有一个结点无父结点，称其为根结点。

（2）其他结点有且只有一个父结点。

支持层次数据模型的 DBMS 称为层次数据库管理系统，在这种系统中建立的数据库是层次数据库。层次模型可以直接方便地表示一对一联系和一对多联系，但不能用它直接表示多对多联系。

2. 网状数据模型（Network Model）

用网状结构表示实体和实体间联系的数据模型称为网状模型。网状模型是层次模型的拓展，网状模型的结点间可以任意发生联系，能够表示各种复杂的联系。

网状模型的基本特点：

（1）一个以上结点无父结点。

（2）至少有一个结点有多于一个的父结点。

网状模型和层次模型在本质上是一样的，从逻辑上看，它们都是用结点表示数据，用连线表示数据间的联系，从物理上看，层次模型和网络模型都是用指针来实现两个文件之间的联系。层次模型和网状模型的差别在于网状模型中的连线或指针更加复杂，更加纵横交错，从而数据结构更加复杂。

层次模型是网状模型的特殊形式，网状模型是层次模型的一般形式。

支持网状模型的 DBMS 称为网状数据库管理系统，在这种系统中建立的数据库是网状数据库。网状结构可以直接表示多对多联系，这也是网状模型的主要优点，当然在一些已经实现的网状模型 DBMS 中，对这一点做了限制。

3．关系模型（Relational Model）

用二维表来表示实体和实体间联系的数据模型称为关系模型。例如，在关系模型中可用如表 1-1 所示的形式表示学生对象。关系不但可以表示实体间一对多的联系，也可以方便地表示多对多的联系。

表 1-1 学生基本情况表

学号	姓名	性别	班级名	系别代号	地址	出生日期	是否团员	备注
011110	李建国	男	计 0121	01	湖北武汉	1984-9-28	是	
011103	李宁	女	电 0134	02	江西九江	1985-5-6	否	
011202	赵娜	女	英 0112	03	广西南宁	1984-2-21	否	
011111	赵琳	女	计 0121	01	江苏南京	1985-11-18	是	
021405	罗宇波	男	英 0112	03	江苏南通	1985-12-12	否	

关系模型是建立在关系代数基础上的，因而具有坚实的理论基础。与层次模型和网状模型相比，具有数据结构单一、理论严密、使用方便、易学易用的特点。

自 20 世纪 80 年代以来，新推出的数据库管理系统几乎都支持关系模型。早期许多层次和网状模型系统的产品也加上了支持关系模型的接口。目前，常用的数据库系统基本上都属于关系型数据库系统，如 SQL Server、Oracle、DB2 等都是常用的关系型 DBMS。

1.3.3 关系的基本概念及其特点

1．关系的基本概念

（1）关系。一个关系就是一张二维表，通常将一个没有重复行、重复列的二维表看成一个关系，每个关系都有一个关系名。例如表 1-1 的学生基本情况表。

（2）元组。二维表的每一行在关系中称为元组。

（3）属性。二维表的每一列在关系中称为属性，每个属性都有一个属性名，属性值则是各个元组在该属性上的取值。例如，表 1-1 中第二列，"姓名"是属性名，"李建国"则为第一个元组在"姓名"属性上的取值。

（4）域。属性的取值范围称为域。域作为属性值的集合，其类型与范围具体由属性的性质及其所表示的意义确定。如表 1-1 中"性别"属性的域是{男，女}。

2. 关系模型的主要优点

关系模型具有如下优点：

（1）数据结构单一。关系模型中，不管是实体还是实体之间的联系，都用关系来表示，而关系都对应一张二维数据表，数据结构简单、清晰。

（2）关系规范化，并建立在严格的理论基础上。关系中每个属性不可再分割，构成关系的基本规范。同时关系是建立在严格的数学概念基础上，具有坚实的理论基础。

（3）概念简单，操作方便。关系模型最大的优点就是简单，用户容易理解和掌握，一个关系就是一张二维表，用户只需用简单的查询语言就能对数据库进行操作。

1.4 关系数据库与关系代数

1.4.1 关系数据库概述

所谓关系数据库就是采用关系模型作为数据的组织方式，换句话说就是支持关系模型的数据库系统。

关系模型由三个部分构成：关系数据结构、关系数据操作和完整性约束。

1. 关系数据结构

关系模型的数据结构非常简单，实际上就是一张二维表，但这种简单的二维表却可以表达丰富的语义，可以很方便地描述出现实世界的实体以及实体之间的各种联系。

2. 关系数据操作

关系数据操作采用集合操作方式，即操作的对象和结果都是集合。关系数据操作包括查询和更新两个部分：

（1）查询：选择、投影、连接、除、并、交、差等。

（2）更新：增加、删除以及修改。

以上这些操作在本章后面会做详细介绍和说明。

关系模型中的关系操作早期通常是用代数方式或逻辑方式来表示，分别称为关系代数和关系演算。从现代的角度来看，关系数据语言分为三类：

（1）关系代数：用关系的运算来表达查询要求的方式。

（2）关系演算：用谓词来表达查询要求的方式。

（3）SQL 语言：结构化查询语言。

3. 完整性约束

完整性约束条件是关系数据模型的一个重要组成部分，是为了保证数据库中的数据一致性的。

完整性约束分为三类：实体完整性、参照完整性、用户定义的完整性。

1.4.2 关系数据结构

在关系模型中，实体与实体之间的联系都用二维表（关系）来表示的，而前面已经讲过，关系模型是建立在集合代数基础上的，本节从集合论的角度来讨论关系数据结构的形式化定义。

1．关系

在关系中是用域来表示属性的取值范围。下面我们先来看域的定义。

（1）域。

定义　域是一组具有相同数据类型的值的集合。域中所包含的值的个数叫做域的基数。域是需要命名的。例如：

D1={李国庆　刘娇丽}，表示人名的集合

D2={清华大学出版社　中国水利水电出版社}，表示出版社的集合

D3={数据结构　高等数学}，表示书名的集合

以上三个域的基数都是 2。

（2）笛卡尔积。

定义　给定一组域 $D_1, D_2, D_3, \ldots D_n$，则这些域的笛卡尔积为：$D_1 \times D_2 \times D_3 \times \cdots \times D_n = \{(d_1, d_2, d_3, \cdots d_n) | d_i \in D_j, i=1, 2, \ldots, n\}$，其中：

1）每一个元组$(d_1, d_2, d_3, \ldots, d_n)$叫做一个 n 元组，简称**元组**。

2）元组的每一个值 d_i 叫做一个**分量**。

3）笛卡尔积的基数为：$m = \prod\limits_{i=1}^{n} m_i$

说明：①笛卡尔积实际上是一个二维表。

②表的框架由域构成。

③表的每一行对应一个元组。

④每一列数据来自同一个域。

对于上例的三个域 D_1、D_2、D_3，其笛卡尔积为：

$D_1 \times D_2 \times D_3 = \{$（李国庆，清华大学出版社，数据结构），（李国庆，清华大学出版社，高等数学），（李国庆，中国水利水电出版社，数据结构），（李国庆，中国水利水电出版社，高等数学），（刘娇丽，清华大学出版社，数据结构），（刘娇丽，清华大学出版社，高等数学），（刘娇丽，中国水利水电出版社，数据结构），（刘娇丽，中国水利水电出版社，高等数学）$\}$。

其中：（李国庆，清华大学出版社，数据结构），（李国庆，清华大学出版社，高等数学）等都是元组，李国庆，清华大学出版社，数据结构等都是分量。$D_1 \times D_2 \times D_3$ 的基数为 $2 \times 2 \times 2 = 8$。这些元组可以用一张二维表表示，见表 1-2。

表 1-2　D_1, D_2, D_3 的笛卡尔积

作者 Editor	出版社 Publish	图书名 Bookname
李国庆	清华大学出版社	数据结构
李国庆	清华大学出版社	高等数学
李国庆	中国水利水电出版社	数据结构
李国庆	中国水利水电出版社	高等数学
刘娇丽	清华大学出版社	数据结构
刘娇丽	清华大学出版社	高等数学
刘娇丽	中国水利水电出版社	数据结构
刘娇丽	中国水利水电出版社	高等数学

（3）关系。

$D_1 \times D_2 \times \cdots \times D_n$ 的子集叫作在域 $D_1,D_2,\cdots,D_n$ 上的关系，用 R（$D_1,D_2,\cdots,D_n$）表示。其中 R 表示关系的名字，n 是关系的目或度（degree）。

当 n=1 时，关系中仅含一个域，称为单元关系。

当 n=2 时，关系中含两个域，称为二元关系。

关系是笛卡尔积的子集，所以关系也是一个二维表，表的每行对应一个元组，表的每列对应一个域。由于域可以相同，为了加以区分，必须给每列起一个名字，称为属性（attribute）。n 目关系必有 n 个属性。

（4）码的定义。

1）码（Key）。在关系的各个属性中，能够用来唯一标识一个元组的属性或属性组。

2）候选码（Candidate Key）。若在一个关系中，某一个属性或属性组的值能唯一地标识该关系的元组，而其真子集不行，则称该属性或属性组为候选码。

3）主码（Primary Key）。若一个关系有多个候选码，则选定其中一个为主码（也称主键）。

4）主属性（Prime Attribute）。候选码的各属性称为主属性。

5）非主属性（Non-Key Attribute）。不包含在任何候选码中的属性。

在最简单的情况下，候选码只包含一个属性。也就是说一个属性就可以唯一地标识一个元组。在最极端的情况下，关系模式的所有属性是这个关系模式的候选码，也就是说所有的属性加起来才可以唯一地标识一个元组，这种关系称为全码关系（all-key）。

为了更好地说明以上概念，下面举一个图书管理系统的例子来说明。假设有三个关系，一个是图书关系 BOOK，一个是读者关系 READER，另一个是图书借阅关系 BORROW。三个关系分别见表 1-3，表 1-4 和表 1-5。请读者牢记这三个表的结构，本书后续章节对数据库的操作都是以这三个表为例进行讲解。

表 1-3　图书关系 BOOK

图书号 BookId	图书名 Bookname	编者 Editor	价格 Price	出版社 Publisher	出版年月 PubDate	库存数 Qty
TP2001--001	数据结构	李国庆	22.00	清华大学出版社	2001-01-08	20
TP2003--002	数据结构	刘娇丽	18.9	中国水利水电出版社	2003-10-15	50
TP2002--001	高等数学	刘自强	12.00	中国水利水电出版社	2002-01-08	60
TP2003--001	数据库系统	汪洋	14.00	人民邮电出版社	2003-05-18	26
TP2004--005	数据库原理与应用	刘淳	24	中国水利水电出版社	2004-07-25	100

表 1-4　读者关系 READER

借书卡号 CardId	读者姓名 Name	性别 Sex	工作单位 Dept	读者类别 Class
T0001	刘勇	男	计算机系	1
S0101	丁钰	女	人事处	2
S0111	张清蜂	男	培训部	3
T0002	张伟	女	计算机系	1

注：读者类别只有三种取值：1 代表学生；2 代表教师；3 代表临时读者。

表 1-5　借书关系 BORROW

图书号 BookId	借书卡号 CardId	借书日期 Bdate	还书日期 Sdate
TP2003--002	T0001	2003-11-18	2003-12-09
TP2001--001	S0101	2003-02-28	2003-05-20
TP2003--001	S0111	2004-05-06	
TP2003--002	S0101	2004-02-08	

对于关系 BOOK 来说，BookId 是能唯一标识元组的属性，所以 BookId 既是唯一候选码，也是主码，也是唯一主属性。

对于关系 READER 来说，CardId 是能唯一标识元组的属性，所以 CardId 既是唯一候选码，也是主码，也是唯一主属性。

对于关系 BORROW 来说，（BookId，CardId，Bdate）是可以唯一标识元组的属性组（一个读者在同一时间不能借两本相同的图书），而其真子集不行（一个读者在不同的时间可以借阅以前曾借阅过的图书，所以 BookId、CardId 不是候选码），所以（BookId，CardId，Bdate）是 BORROW 表的候选码。读者仔细分析还可以发现，（BookId，CardId，Sdate）也可以唯一标识一个元组，也是候选码，所以 BORROW 中的所有属性都是主属性。

（5）关系的三种类型。

基本关系：基本关系通常又称为基本表或基表，指的是实实在在存在的表。

导出表：导出表是对一个或几个基本表进行查询而得到的结果所对应的表。

视图：是由基本表或其他视图表导出的表，是虚表，不对应实际存储的数据。

（6）基本关系的 6 条性质。

性质 1　列是同质的，即每一列中的分量是同一类型的数据，来自同一个域。

性质 2　不同的列可出自同一个域，称其中的每一列为一个属性，不同的属性要给予不同的属性名。例如表 1-5 中，借书日期 Bdate 和还书日期 Sdate 都是来自于日期域，但要用不同的列名（属性名）来区分。

性质 3　列的顺序无所谓，即列的次序可以任意交换。

性质 4　任意两个元组不能完全相同。这只是现实中的一般性要求，有些数据库是允许在同一张表中存在两个完全相同的元组的。

性质 5　行的顺序无所谓，即行的次序可以任意交换。

性质 6　分量必须取原子值，也就是说每一个分量都必须是不可分的数据项。

2.　关系模式

所谓关系模式就是对关系的描述。描述的内容包括：

（1）元组集合结构：有哪些属性、属性来自哪些域，属性与域之间的映像关系（属性的长度和类型）。

（2）元组集合的语义。

（3）完整性约束条件：属性间的相互关系，属性的取值范围限制。

概括来说，关系模式描述下列五个要素：关系名 R；属性名集合 U；属性来自的域 D；属性向域的映像集合 DOM；属性间数据的依赖关系集合 F。也可以说关系模式是一个五元组。

关系模式一般表示为 R（U，D，DOM，F），通常简记为 R（U）或 R（A_1，A_2，…A_n），其中 U 为属性名集合，A_1，A_2，…A_n 为属性名。域名及属性向域的映像常常直接说明为属性类型和长度。

3. 关系数据库

所有支持关系数据库模型的实体及实体之间的联系的关系集合就构成了一个关系数据库。

关系数据库有型与值之分，型称为关系数据库的模式，值称为关系数据库的值。关系数据库模式与关系数据库的值统称为关系数据库。

1.4.3　关系的完整性

关系模型完整性是为保证数据库中数据的正确性和相容性，关系模型的完整性规则是对关系的某种约束条件。关系的完整性分为三类：实体完整性、参照完整性和用户定义的完整性。

1. 实体完整性

实体完整性规则：若属性 A 是基本关系 R 的主属性，则属性 A 不能取空值。

例如，关系 BOOK 中的 BookId 是主属性，不可以取空值。关系 BORROW 中的 BookId、CardId、Bdate 都是主属性，它们都不可以取空值。

2. 参照完整性

外码的定义：设 F 是基本关系 R 的一个或一组属性，但不是关系 R 的码，如果 F 与基本关系 S 的主码 Ks 相对应，则称 F 是基本关系 R 的**外码**，并称基本关系 R 为参照关系，基本关系 S 为被参照关系或目标关系。

注意：关系 R 和 S 不一定是不同的关系。

参照完整性规则：若属性（或属性组）F 是基本关系 R 的外码，它与基本关系 S 的主码 Ks 相对应，则对于 R 中每个元组在 F 上的值必须为：或者取空值（F 的每个属性值均为空值）；或者等于 S 中某个元组的主码值。

我们来举例说明，假设有下列两个关系：职工和部门，如表 1-6 和表 1-7 所示。

表 1-6　职工关系

职工姓名 Name	部门编号 DeptNo
刘勇	01
丁钰	02
张清蜂	

表 1-7　部门关系

部门编号 DeptNo	部门名称 DepName
01	计算机系
02	人事处
03	电子系

对于上述例子中，职工关系中的 DeptNo 是外码，部门关系中的 DeptNo 是主码。根据参照完整性规则，职工关系中的 DeptNo 属性可以为空，表示暂时没有分配部门，如果不为空值，则其值必须在部门关系中已经存在。也就是说职工关系中的 DeptNo 要么为空值，要么为部门关系中已经存在的值，而不可以为其他值。根据实体完整性规则，部门关系中的 DeptNo 不可以为空值。

3. 用户定义完整性

在关系数据库系统中，用户可以对属性的取值或属性间关系加某种限制条件，这就是用户定义完整性。例如在工资关系中可以定义：应发工资－应扣工资=实发工资，以保证数据的完整性。又如，在上述的读者关系中可以定义：性别只能为男或女。

1.4.4 关系代数

关系代数是用关系的运算来表达查询方式的，它是关系数据操纵语言的一种传统表达方式。其特点是以一个或多个关系作为运算对象，结果为另外一个关系。

关系代数的运算符分为四类：集合运算符、专门的关系运算符、比较运算符、逻辑运算符。常用关系运算符如表 1-8 所示。

表 1-8 关系运算符

运算符		含义
集合运算符	∪	并
	－	差
	∩	交
	×	广义笛卡尔积
专门的关系运算符	σ	选择
	∏	投影
	⋈	连接
	÷	除
比较运算符	>	大于
	≥	大于或等于
	<	小于
	≤	小于或等于
	=	等于
	≠	不等于
逻辑运算符	¬	非
	∧	与
	∨	或

关系代数的运算分为传统的集合运算和专门的关系运算。

1. 传统的集合运算

传统的集合运算包括并（∪）、交（∩）、差（－）、笛卡尔积（×），它将关系看成元组的集合，从关系的水平方向（行）来进行运算。

（1）并∪。设关系 R 和关系 S 具有相同的目，也就是说两个关系的属性个数相同，且相对应的属性取自同一个域，则关系 R 和关系 S 的并由属于 R 或 S 的元组合并而成。其结果关系仍为原来的属性个数，记为：

$$R \cup S = \{t | t \in R \vee t \in S\}$$

（2）差-。设关系 R 和关系 S 具有相同的目，且相对应的属性取自同一个域，则关系 R 和关系 S 的差由属于 R 而不属于 S 的元组组成。其结果关系仍为原来的属性个数，记为：

$$R-S=\{t|\ t\in R\wedge\neg t\in S\}$$

（3）交∩。设关系 R 和关系 S 具有相同的目，且相对应的属性取自同一个域（同类属性），则关系 R 和关系 S 的交由既属于 R 又属于 S 的元组组成。其结果关系仍为原来的属性个数，记为：

$$R\cap S=\{t|\ t\in R\wedge t\in S\}$$

（4）广义笛卡尔积×。设关系 R 有 n 目，关系 S 具有 m 目，则 R 和 S 的广义笛卡尔积是 n+m 目关系。元组前 n 列是 R 的一个元组，后 m 列是 S 的一个元组，元组的个数为 R 的元组个数×S 的元组个数。记为：

$$R\times S=\{t_rt_s|\ t_r\in R\wedge t_s\in S\}$$

传统的集合运算举例说明如下：设有关系 R 和 S，见图 1-7。其中 A 和 D，B 和 E，C 和 F 都是来自同一个域。

A	B	C
a1	b1	c1
a2	b2	c2

(a) R

D	E	F
d1	e1	f1
d2	e2	f2
a1	b1	c1

(b) S

A	B	C
a1	b1	c1

(c) R∩S

A	B	C
a1	b1	c1
a2	b2	c2
d1	e1	f1
d2	e2	f2

(d) R∪S

A	B	C
a2	b2	c2

(e) R-S

A	B	C	D	E	F
a1	b1	c1	d1	e1	f1
a1	b1	c1	d2	e2	f2
a1	b1	c1	a1	b1	c1
a2	b2	c2	d1	e1	f1
a2	b2	c2	d2	e2	f2
a2	b2	c2	a1	b1	c1

(f) R×S

图 1-7　传统集合运算举例

集合运算实现的数据库操作：

2. 专门的关系运算

专门的关系运算包括选择、投影、连接、除等操作。

（1）选择（selection）。选择又称为限制，它是在关系 R 中选择满足给定条件的元组，组成一个新的关系。记作

$$\sigma_F(R) = \{t | t \in R \wedge F(t) = \text{TRUE} \}$$

其中 F 表示选择条件，它是一个逻辑表达式，由属性名、逻辑运算符、关系运算符组成，属性名也可以用它的序号来代替。选择操作是从行的角度进行的运算。

例 2-1 在读者关系中查找男性读者。

$\sigma_{\text{sex}='男'}(\text{Reader})$或者 $\sigma_{3='男'}(\text{Reader})$

结果如下表所示：

CardId	Name	Sex	Dept	Class
T0001	刘勇	男	计算机系	1
S0111	张清蜂	男	电子系	3

例 2-2 查找计算机系所有读者。

$\sigma_{\text{dept}='计算机系'}(\text{Reader})$或者 $\sigma_{4='计算机系'}(\text{Reader})$

结果如下表所示：

CardId	Name	Sex	Dept	Class
T0001	刘勇	男	计算机系	1
T0002	张伟	女	计算机系	1

（2）投影。从关系 R 上选取若干属性列 A，并删除重复行，组成新的关系。记作

$$\Pi_A(R) = \{ t[A] | t \in R\}$$

投影操作是从列的角度进行的运算。

例 2-3 查询关系 BOOK 中所有图书的书名和对应的出版社。

$$\Pi_{\text{Bookname,Publisher}}(\text{Book})$$

结果如下表所示：

Bookname	Publisher
数据结构	清华大学出版社
数据结构	中国水利水电出版社
高等数学	中国水利水电出版社
数据库系统	人民邮电出版社
数据库原理与应用	中国水利水电出版社

例 2-4 查询"中国水利水电出版社"出版的所有藏书的书名和库存数量。

$$\prod_{Bookname,\ Qty}(\sigma_{Publish='中国水利水电出版社'}(Book))$$

结果如下表所示:

Bookname	Qty
数据结构	50
高等数学	60
数据库原理与应用	100

（3）连接（join）。连接也称为 θ 连接。它是从两个关系 R 和 S 的笛卡尔积 R×S 中选取属性间满足一定条件的元组，构成新的关系。记作

$$R \underset{x\theta y}{\bowtie} S = \{t_r t_s | t_r \in R \wedge t_s \in S \wedge X\theta Y\}$$

其中 X 和 Y 分别为 R 和 S 上度数相等且可比的属性组，θ 为比较运算符。当 θ 为"="时，称为**等值连接**，记作

$$R \underset{x=y}{\bowtie} S = \{t_r t_s | t_r \in R \wedge t_s \in S \wedge X=Y\}$$

它是从关系 R 与 S 的笛卡尔积中选取 X、Y 属性值相等的那些元组。

自然连接是一种特殊的等值连接，它要求两个关系中进行比较的分量必须是相同的属性组，并且要在结果中把重复的属性去掉。自然连接记作

$$R \bowtie S = \{t_r t_s | t_r \in R \wedge t_s \in S \wedge t_r[X]=t_s[X]\}$$

例 2-5 设关系 R=$\prod_{BookId,Bookname,Publisher}$(Book)，如表 1-9（a）所示。

S=$\prod_{CardId,BookId,}$(Borrow)，如表 1-9（b）所示。

则 R 和 S 的等值连接（R.BookId=S.BookId）的结果如表 1-9（c）所示。

R 和 S 的自然连接的结果如表 1-9（d）所示。

表 1-9（a） R 关系

BookId	Bookname	Publisher
TP2001--001	数据结构	清华大学出版社
TP2003--002	数据结构	中国水利水电出版社
TP2002--001	高等数学	中国水利水电出版社
TP2003--001	数据库系统	人民邮电出版社
TP2004--005	数据库原理与应有	中国水利水电出版社

表 1-9（b） S 关系

CardId	BookId
T0001	TP2003--002
S0101	TP2001--001
S0111	TP2003--001
S0101	TP2003--002

表 1-9（c） R 和 S 的等值连接

R.BookId	BookName	Publisher	S.BookId	CardId
TP2001--001	数据结构	清华大学出版社	TP2001--001	S0101
TP2003--002	数据结构	中国水利水电出版社	TP2003--002	T0001
TP2003--002	数据结构	中国水利水电出版社	TP2003--002	S0101
TP2003--001	数据库系统	人民邮电出版社	TP2003--001	S0111

表 1-9（d） R 和 S 的自然连接

BookId	BookName	Publisher	CardId
TP2001--001	数据结构	清华大学出版社	S0101
TP2003--002	数据结构	中国水利水电出版社	T0001
TP2003--002	数据结构	中国水利水电出版社	S0101
TP2003--001	数据库系统	人民邮电出版社	S0111

（4）除（division）。为了说明除法运算，先得给出象集的概念。

象集的定义：给定一个关系 R（X，Z），X 和 Z 为属性组。定义当 $t(X)=x$ 时，x 在 R 中的象集为：

$$Z_x=\{t[Z]|t\in R, t[X]=x\}$$

它表示 R 中属性组 X 上值为 x 的诸元组在 Z 上分量的集合。

除运算定义：给定关系 R（X，Y）和 S（Y，Z），其中 X，Y，Z 为属性组。R 中的 Y 与 S 中的 Y 可以有不同的属性名，但必须取自相同的域集。R 与 S 的除运算得到一个新的关系 P(X)，P 是 R 中满足下列条件的元组在 X 属性列上的投影：元组在 X 上分量值 x 的象集 Y_x 包含 S 在 Y 上的投影集合。记作：

$$R \div S = \{t_r[X]\,|\,t_r \in R \wedge Y_x \supseteq \Pi_y(S)\}$$

其中 Y_x 为 x 在 R 中的象集，$x=t_r[X]$。

除操作是同时从行和列角度进行的运算。

例 2-6 设关系 R，S 分别如表 1-10（a）和（b）所示。求 R÷S。

表 1-10（a） R

A	B	C
a_1	b_1	c_1
a_1	b_2	c_2
a_1	b_3	c_3
a_2	b_2	c_2
a_3	b_3	c_3
a_4	b_4	c_4

表 1-10（b） S

B	C	D	E
b_1	c_1	d_1	e_2
b_2	c_2	d_2	e_2

表 1-10（c） R÷S

A
a_1

分析：关系 R 的属性可分为两个组：[X]={A}，[Y]={B，C}

关系 S 的属性可分为两个组：[Y]={B，C}，[Z]={D，E}

在关系 R 中，A 的值为 $\{a_1,a_2,a_3,a_4\}$，其中：

a_1 的象集为 $\{(b_1,c_1),(b_2,c_2),(b_3,c_3)\}$。

a_2 的象集为 $\{(b_2,c_2)\}$。

a_3 的象集为 $\{(b_3,c_3)\}$。

a_4 的象集为 $\{(b_4,c_4)\}$。

S 在（B，C）上的投影为 $\prod y(S)=\{(b_1,c_1),(b_2,c_2)\}$。

从上面可以看到，只有 a_1 的象集包含了 S 在（B，C）上的投影。

所以　$R\div S=\{a_1\}$。

（5）综合举例。

例 2-7　查询读者刘勇在 2004 年 4 月 8 号借书的书名。

$$\prod_{bookname}(\sigma_{name="刘勇"}(Reader) \bowtie \sigma_{bdate="2004.04.08"}(Borrow) \bowtie Book)$$

例 2-8　查询至今有未还书的读者姓名。

$$\prod_{name}(Reader \bowtie \sigma_{sdate=NULL}(Borrow))$$

例 2-9　查询既出版了"高等数学"又出版了"数据结构"的出版社。

先构建临时关系：BK

BOOKNAME
高等数学
数据结构

$$\prod_{bookname,\ Publisher}(Book) \div BK$$

根据除法运算可以得出结果为{中国水利水电出版社}。

1.4.5　关系数据库管理系统

关系数据库管理系统（RDBMS）是关系型的具体实现，是指支持关系模型的系统。

如果一个数据库管理系统支持关系数据结构（表结构），而且支持选择、投影和连接运算，则可定义为关系数据库系统。依据支持关系模型的程度不同，可以将关系数据库分为如下几个等级：

（1）（最小）关系系统。即满足上面最基本的条件，支持关系数据结构，支持选择、投影和连接操作。这些产品的代表有 FoxBase、FoxPro。

（2）关系完备系统。支持关系数据结构和所有的关系代数操作。一般具有关系完备的数据子语言，在一定程度上实现了数据的独立性，确保用户能够依靠关系名、关键字值和属性名组合，用逻辑方式访问数据库中的每一个数据。目前流行的产品代表有 SQL Server、DB2、Oracle 等。

（3）全关系。这类系统支持关系模型的所有特征，而且支持数据结构中域的概念及实体完整性和参照完整性。1985 年 E.F.Codd 给全关系 DBMS 提出了严格的标准。依照这个标准，目前还没有一个数据库产品达到这个标准，也许新的全关系数据库产品正在研发当中。

习题一

一、选择题

1. _____是_____的具体表现形式，_____是_____有意义的表现。

    A）信息、数据、数据、信息   B）数据库、信息、信息、数据库

    C）数据、信息、信息、数据   D）数据、信息、数据库、信息

2. 数据库管理系统的功能不包括_____。

    A）定义数据库   B）对已定义的数据库进行管理

    C）为定义的数据库提供操作系统   D）数据通信

3. 作为数据库管理系统（DBMS）功能的一部分，_____被用来描述数据及其联系。

    A）数据定义语言   B）自含语言

    C）数据操作语言   D）过程化语言

4. 常见的三种数据模型是_____、_____和_____。

    A）链状模型、关系模型、层次模型   B）关系模型、环状模型、结构模型

    C）层次模型、网状模型、关系模型   D）链表模型、结构模型、网状模型

5. 数据库系统的特点不包括_____。

    A）数据共享   B）加强了对数据安全性和完整性保护

    C）完全没有数据冗余   D）具有较高的数据独立性

6. 数据操纵语言（DML）根据其实现方法可以分为_____和_____两大类。

    A）自含型语言、宿主型语言   B）自主型语言、高级语言

    C）高级语言、宿主型语言   D）高级语言、低级语言

7. _____是_____的特殊形式，_____是_____的一般形式。

    A）关系模型、网状模型、网状模型、关系模型

    B）层次模型、网状模型、网状模型、层次模型

    C）链状模型、关系模型、关系模型、链状模型

    D）环状模型、链状模型、网状模型、关系模型

8. 关系模型中，一个关系就是一个_____。

    A）一维数组   B）一维表   C）二维表   D）三维表

9. 在数据库系统中，对于现实世界"事物"术语是指_____。

    A）实际存在的东西

    B）有生命的东西

    C）独立存在的东西

    D）一切东西，甚至可以是概念性的东西

10. 数据库的三个模式中，真正存储数据的是_____。

    A）内模式   B）模式   C）外模式   D）三者皆存储数据

11. 在数据库的三个模式中，_____。

    A）内模式只有一个，而模式和外模式可以有多个

B）模式只有一个，而内模式和外模式可以有多个

C）模式和内模式只有一个，而外模式可以有多个

D）均只有一个

12．关于模式，下列说法中正确的是_____。

A）数据库的全局逻辑结构描述　　　　B）数据库的框架

C）一组模式的集合　　　　　　　　　D）数据库中的数据

二、填空题

1．一个完整的数据库系统应包括_____、_____、_____、_____和_____等五个部分。

2．数据的概念包括_____和_____两个方面。

3．DBMS 中数据定义语言的英文缩写是_____，数据操纵语言的英文缩写是_____。

4．在关系模型中，二维表中每一行的所有数据在关系中称为_____。

5．二维表中每一列的所有数据在关系中称为_____。

6．域是指不同元组中在同一属性的_____。

7．迄今为止，数据管理技术经历了_____、_____和_____发展阶段。

8．数据处理中的数据描述实际上经历了_____、_____、_____三个世界的演变过程。

9．数据库的三级组织模式分别称为_____、_____和_____。

10．数据库的三级组织模式结构是通过分别称为_____和_____的两种映射以保证数据独立性。

三、解释如下名词的概念

1．关系数据库，码，候选码，外码，元组，属性，域。

2．实体完整性，参照完整性，自定义完整性。

3．等值连接，自然连接。

四、计算题

1．设有两个关系 R 和 S，如下表所示，请计算 R∪S，R∩S，R−S，R×S。

R 关系

A	B	C
a1	b2	c2
a2	b2	c2
a3	b2	c1

S 关系

A	B	C
a1	b1	c1
a2	b2	c2
a3	b2	c1

2．设有两个关系 R 和 S，如下表所示，求 R 和 S 的等值连接（R.B=S.B）和自然连接。

R 关系

A	B	C
a1	b1	c1
a2	b2	c2
a3	b3	c3

S 关系

B	D
a1	D1
b2	d2
b4	d5

3．对照本章的表 1-3、表 1-4、表 1-5 三个关系，用关系代数写出如下操作。

（1）查询中国水利水电出版社出版的全部图书的书号和书名。

（2）查询借阅了书号为 TP2003--002 的读者姓名。

（3）查询借过中国水利水电出版社出版的全部图书的读者姓名。

第 2 章　SQL Server 2012

2.1　SQL Server 概述

SQL Server 数据库经过了多个版本的演变,其核心内容已经从关系型数据库管理,拓展到数据处理的方方面面。本节就 SQL Server 数据库产品做一简单介绍,方便读者对 SQL Server 数据库有个基本了解。

2.1.1　SQL Server 简介

SQL Server 是微软公司发布的一款数据库平台产品,该产品不仅包含了丰富的企业级数据管理功能,还集成了商业智能等特性。它突破了传统意义的数据库产品,将功能延伸到了数据库管理以外的开发和商务智能,为企业计算提供了完整的解决方案。

2.1.2　SQL Server 的发展

SQL Server 数据库经历了长期的发展,现已成为商业应用中最重要的组成部分。该数据库产品演变的过程如下:

1988 年,SQL Server 1.0 版,由微软公司与 Sybase 共同开发,运行于 OS/2 平台。

1993 年,SQL Server 4.2 版,定位为桌面数据库系统,包含的功能较少,该版本与 Windows 操作系统进行了集成,并提供了易于使用的操作界面。

1995 年,微软公司重写了该数据库系统,发布了 SQL Server 6.0 版本。这款产品为小型商业应用提供了低价的数据库方案。

1996 年,微软公司对数据库进行了升级,发布了 SQL Server 6.5 版本。

1998 年,微软公司发布了 SQL Server 7.0 数据库系统,提供中小型商业应用数据库方案。该版本增强了对 Web 等功能的支持。SQL Server 7.0 版本数据库得到了广泛的使用。

2000 年,微软公司发布了 SQL Server 2000 企业级数据库系统,其包含了三个主要组件(关系型数据库、分析服务、English Query 工具)。SQL Server 2000 提供了丰富的使用工具、完善的开发工具,该版本还对 XML 提供了支持,在互联网等领域广泛地使用。

2005 年,微软公司发布了 SQL Server 2005,该版本重新进行了结构设计,使之更适合各种规模的数据处理。

2008 年,SQL Server 2008 正式发布,该版本功能可以使用存储和管理许多数据类型,包括 XML、e-mail、时间/日历、文件、文档、地理等,同时提供一个丰富的服务集合来与数据交互作用:搜索、查询、数据分析、报表、数据整合和强大的同步功能。用户可以访问从创建到存档于任何设备的信息,从桌面到移动设备的信息。

2012 年,SQL Server 2012 正式发布,作为新一代的数据平台产品,SQL Server 2012 不仅延续现有数据平台的强大能力,全面支持云技术与平台,并且能够快速构建相应的解决方案实现私有云与公有云之间数据的扩展与应用的迁移。

2.1.3　SQL Server 主要服务

SQL Server 提供的服务主要有：数据库引擎服务、分析服务、数据库集成服务、通知服务、报表服务等。

（1）SQL Server 数据库引擎：数据库引擎是用于存储、处理和保护数据的核心服务。可控制访问权限并快速处理事务，从而满足企业内要求极高，而且需要处理大量数据的应用需要。数据库引擎还在保持高可用性方面提供了有力的支持。

（2）SQL Server 分析服务（SQL Server Analysis Services）：分析服务为商业智能应用程序 SQL Server 2012 架构设计，提供了联机分析处理（OLAP）和数据挖掘功能。分析服务允许用户设计、创建以及管理其中包含从其他数据源（例如关系数据库）聚合而来的数据的多维结构，从而提供 OLAP 支持。对于数据挖掘应用程序，分析服务允许使用多种行业标准的数据挖掘方法来设计、创建和可视化从其他数据源构造的数据挖掘模型。

（3）SQL Server 集成服务（SQL Server Integration Services）：集成服务是一种企业数据转换、数据集成解决方案，用户可以使用它从不同的源提取、转换以及合并数据，并将其移至单个或多个目标。

（4）SQL Server 复制（SQL Server Replication）：复制是在数据库之间，对数据和数据库对象进行复制和分发，然后在数据库之间，进行同步以保持一致性的一组技术。使用复制可以将数据通过局域网、广域网、拨号连接、无线连接和 Internet，分发到不同位置，以及分发给远程用户或移动用户。

（5）SQL Server 报表服务（SQL Server Reporting Services）：报表服务是一种基于服务器的新型报表平台，可用于创建和管理包含来自关系数据源和多维数据源的数据的表报表、矩阵报表、图形报表和自由格式报表。可以通过基于 Web 的连接来查看和管理用户创建的报表。

（6）SQL Server 通知服务（SQL Server Notification Services）：通知服务用于开发和部署，可生成并发送通知的应用程序。通知服务可以生成并向大量订阅方及时发送个性化的消息，还可以向各种各样的设备传递消息。

（7）SQL Server 服务代理（SQL Server Service Broker）：Service Broker 是一种用于生成可靠、可伸缩且安全的数据库应用程序的技术。Service Broker 是数据库引擎中的一种技术，它对队列提供了本机支持。Service Broker 还提供了一个基于消息的通信平台，可用于将不同的应用程序组件链接成一个操作整体。Service Broker 提供了许多生成分布式应用程序所必需的基础结构，可显著减少应用程序开发时间。Service Broker 还可帮助用户，轻松自如地缩放应用程序，以适应应用程序所要处理的流量。

（8）全文搜索（SQL Server Full Text Search）：SQL Server 包含对 SQL Server 表中基于纯字符的数据，进行全文查询所需的功能。全文查询可以包括单词和短语，或者一个单词或短语的多种形式。

（9）SQL Server 工具和实用工具：SQL Server 提供了设计、开发、部署和管理关系数据库、Analysis Services 多维数据集、数据转换包、复制拓扑、报表服务器和通知服务器所需的工具。

2.1.4　SQL Server 2012

SQL Server 2012 是微软最新的产品。微软把它定位为可用性和大数据领域的领头羊，这个新版带来了 12 个激动人心的新功能。

（1）AlwaysOn：这个功能将数据库的镜像提到了一个新的高度。用户可以针对一组数据库做灾难恢复而不是一个单独的数据库。

（2）Windows Server Core 支持：Windows Server Core 是命令行界面的 Windows，使用 DOS 和 PowerShell 来做用户交互。它的资源占用更少、更安全，支持 SQL Server 2012。

（3）Columnstore 索引：这是 SQL Server 独有的功能。它们是为数据仓库查询设计的只读索引。数据被组织成扁平化的压缩形式存储，极大地减少了 I/O 和内存使用。

（4）自定义服务器权限：DBA 可以拥有创建数据库的权限，但不能拥有创建服务器的权限。比如说，DBA 想要一个开发组拥有某台服务器上所有数据库的读写权限，他必须手动地完成这个操作。但是 SQL Server 2012 支持针对服务器的权限设置。

（5）增强的审计功能：现在所有的 SQL Server 版本都支持审计。用户可以自定义审计规则，记录一些自定义的时间和日志。

（6）BI 语义模型：这个功能是用来替代 Analysis Services Unified Dimentional Model 的。这是一种支持 SQL Server 所有 BI 体验的混合数据模型。

（7）Sequence Objects：用 Oracle 的人一直想要这个功能。一个序列（sequence）就是根据触发器的自增值。SQL Serve 有一个类似的功能——identity columns，但是现在用对象实现了。

（8）增强的 PowerShell 支持：所有的 Windows 和 SQL Server 管理员都应该认真地学习 PowerShell 的技能。微软正在大力开发服务器端产品对 PowerShell 的支持。

（9）分布式回放（Distributed Replay）：这个功能类似 Oracle 的 Real Application Testing 功能。不同的是 SQL Server 企业版自带了这个功能，而用 Oracle 的话，你还得额外购买这个功能。这个功能可以让你记录生产环境的工作状况，然后在另外一个环境重现这些工作状况。

（10）PowerView：这是一个强大的自主 BI 工具，可以让用户创建 BI 报告。

（11）SQL Azure 增强：这和 SQL Server 2012 没有直接关系，但是微软确实对 SQL Azure 做了一个关键改进，例如 Report Service，备份到 Windows Azure。Azure 数据库的上限提高到了 150G。

（12）大数据支持：这是最重要的一点，虽然放在了最后。去年的 PASS（Professional Association for SQL Server）会议，微软宣布了与 Hadoop 的提供商 Cloudera 的合作。一是提供 Linux 版本的 SQL Server ODBC 驱动。主要的合作内容是微软开发 Hadoop 的连接器，也就是 SQL Server 也跨入了 NoSQL 领域。

2.2　SQL Server 2012 安装

2.2.1　选择 SQL Server 2012 数据库版本

在安装 SQL Server 2012 数据库软件时，确定安装版本是非常重要的，不同版本的 SQL

Server 能够满足单位和个人独特的性能、运行时以及价格要求。安装哪些 SQL Server 组件取决于用户的具体需要。SQL Server 2012 数据库版本分为主要版本、专业版本和扩展版本三大类。

1. SQL Server 2012 主要版本

SQL Server 2012 数据库主要版本包含企业版、商业智能版、标准版三个版本，其中企业版是全功能版本，商业智能版主要面向中小企业，而标准版主要面向的是工作组。

企业版提供了全面的高端数据中心功能，性能极为快捷、虚拟化不受限制，还具有端到端的商业智能，可为关键任务工作负荷提供较高服务级别，支持最终用户访问深层数据。

商业智能版提供了综合性平台，可支持组织构建和部署安全、可扩展且易于管理的 BI 解决方案。它提供基于浏览器的数据浏览与可见性等卓越功能、功能强大的数据集成功能，以及增强的集成管理。

标准版提供了基本数据管理和商业智能数据库，使部门和小型组织能够顺利运行其应用程序并支持将常用开发工具用于内部部署和云部署，有助于以最少的 IT 资源获得高效的数据库管理。

2. SQL Server 2012 专业版本

Web 版本为 SQL Server 2012 专业版本。对于为从小规模至大规模 Web 资产提供可伸缩性、经济性和可管理性功能的 Web 宿主和 Web VAP 来说，SQL Server 2012 Web 版本是一项总拥有成本较低的选择。

3. SQL Server 2012 扩展版本

SQL Server 2012 数据库扩展版本包括开发版和 Express 版。

开发版支持开发人员基于 SQL Server 构建任意类型的应用程序。它包括 Enterprise 版的所有功能，但有许可限制，只能用作开发和测试系统，而不能用作生产服务器。SQL Server Developer 是构建和测试应用程序的人员的理想之选。

Express 版是入门级的免费数据库，是学习和构建桌面及小型服务器数据驱动应用程序的理想选择。它是独立软件供应商、开发人员和热衷于构建客户端应用程序的人员的最佳选择。如果您需要使用更高级的数据库功能，则可以将 SQL Server Express 无缝升级到其他更高端的 SQL Server 版本。SQL Server Express LocalDB 是 Express 的一种轻型版本，该版本具备所有可编程性功能，但在用户模式下运行，并且具有快速的零配置安装和必备组件要求较少的特点。

本教材将以 SQL Server 2012 Express 为例，讲解 SQL Server 应用。

2.2.2 SQL Server 2012 Express 系统要求

1. 操作系统

Windows 7，Windows Server 2008 R2，Windows Server 2008 Service Pack 2，Windows Vista Service Pack 2，或更高的 Windows 版本。

2. 处理器

32 位系统：具有 Intel 1GHz（或同等性能的兼容处理器）或速度更快的处理器（建议用 2GHz 或速度更快的处理器）的计算机。

64 位系统：具有 Intel 1.4GHz（或同等性能的兼容处理器）或速度更快的处理器（建议使用 2GHz 或速度更快的处理器）的计算机。

3．内存要求

最低 512MB RAM，建议使用 2GB 或更大的 RAM。

4．硬盘要求

2.2GB 可用硬盘空间。

2.2.3　SQL Server 2012 Express 必备组件

Microsoft .Net Framework 3.5 SP1和Microsoft .Net Framework 4.0是 SQL Server 2012 Express 必备组件。

2.2.4　SQL Server 2012 安装过程

1．下载 SQL Server 2012 Express 版本

（1）打开http://www.microsoft.com/zh-cn/download/details.aspx?id=29062，进入 SQL Server 2012 Express 版本下载页面，如图 2-1 所示。

图 2-1　SQL Server 2012 Express 版本下载页面

（2）单击"下载"按钮，进入"选择您要下载的程序"页面，如图 2-2 所示。

图 2-2　"选择您要下载的程序"页面

Microsoft SQL Server 2012 Express SP1 分别为 32 位和 64 位操作系统提供 5 种不同的下载选项。下面简要说明 5 种选项，如表 2-1 所示。

表 2-1 下载选项

安装程序	说明	文件	操作系统
Express	数据库引擎，SQL Server 数据服务器的 Express 版本，接受远程连接或进行远程管理，可使用该选项	SQLEXPR_x64_CHS.exe	64 位
		SQLEXPR32_x86_CHS.exe	32 位
		SQLEXPR_x86_CHS.exe	32 或 64 位
LocalDB	LocalDB 是 Express 系列中新增的一种轻型版本的 Express，该版本具备所有可编程性功能	CHS\x64\SqlLocalDB.MSI	64 位
		CHS\x86\SqlLocaLDB.MSI	32 位
SQL Server Management Studio Express	包含用于管理 SQL Server 实例的工具。如果有数据库且只需要管理工具，则可使用此版本	SQLManagementStudio_x64_CHS.exe	64 位
		SQLManagementStudio_x86_CHS.exe	32 位
Express with Tools	包括数据库引擎和 SQL Server Management Studio Express，选择 LocalDB 或 Express 作为数据库服务器进行安装和配置的所有内容	SQLEXPRWT_x64_CHS	64 位
		SQLEXPRWT_x86_CHS.exe	32 位
Express with Advanced Services	包含 SQL Express 的所有组件、Express Tools、Reporting Services 和全文搜索	SQLEXPRADV_x64_CHS.exe	64 位
		SQLEXPRADV_x86_CHS.exe	32 位

（3）通过右击"计算机"→选择"属性"，可以查看系统是多少位，如图 2-3 所示，作者当前操作系统为 64 位 Windows 8.1 操作系统，所以在图 2-2 中选中 SQLEXPRWT_x64_CHS.exe 下载安装包。如果您的计算机是 32 位操作系统，请选择 CHS\x86\SQLEXPRWT_x86_CHS.exe。

图 2-3 查看操作系统版本及系统信息

2. 安装 SQL Server 2012 Express 版本

（1）运行 SQLEXPRWT_x64_CHS.exe 文件，进入 SQL Server 安装中心，如图 2-4 所示。

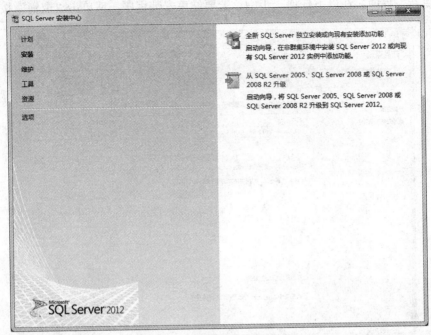

图 2-4　SQL Server 安装中心

（2）在图 2-4 所示的"SQL Server 安装中心"中，单击"全新 SQL Server 独立安装或向现有安装添加功能"按钮，打开如图 2-5 所示的"许可条款"界面。

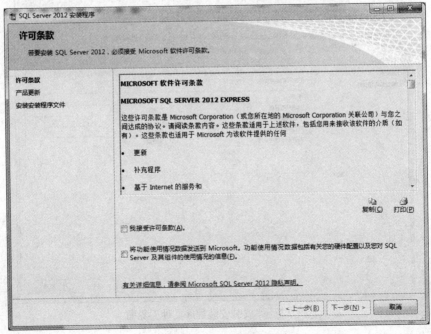

图 2-5　"许可条款"界面

（3）在"许可条款"界面，阅读软件许可条款，再选中"我接受许可条款"复选框，以表示接受许可条款和条件。若要继续，请单击"下一步"按钮，安装程序会打开如图 2-6 所示的"产品更新"界面。在以下任何一步中，若要结束安装程序，请单击"取消"按钮。

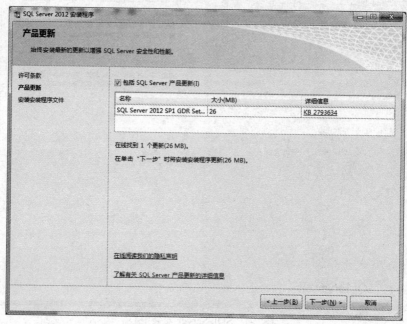

图 2-6　"产品更新"界面

（4）在图 2-6 中单击"下一步"按钮，进入如图 2-7 所示的 "安装安装程序文件"界面。

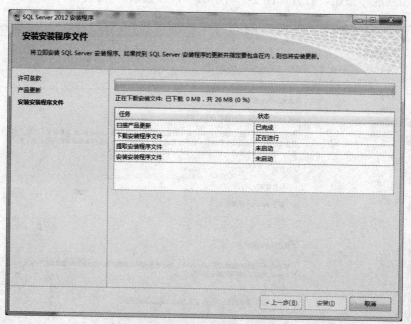

图 2-7　"安装安装程序文件"界面

（5）在"安装安装程序文件"完成后，进入"功能选择"界面，如图 2-8 所示。

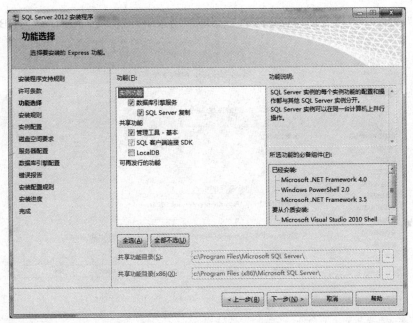

图 2-8　"功能选择"界面

（6）使用默认选项，单击"下一步"按钮，进入"安装规则"界面，如图 2-9 所示。安装程序运行规则以确定是否要阻止安装过程。

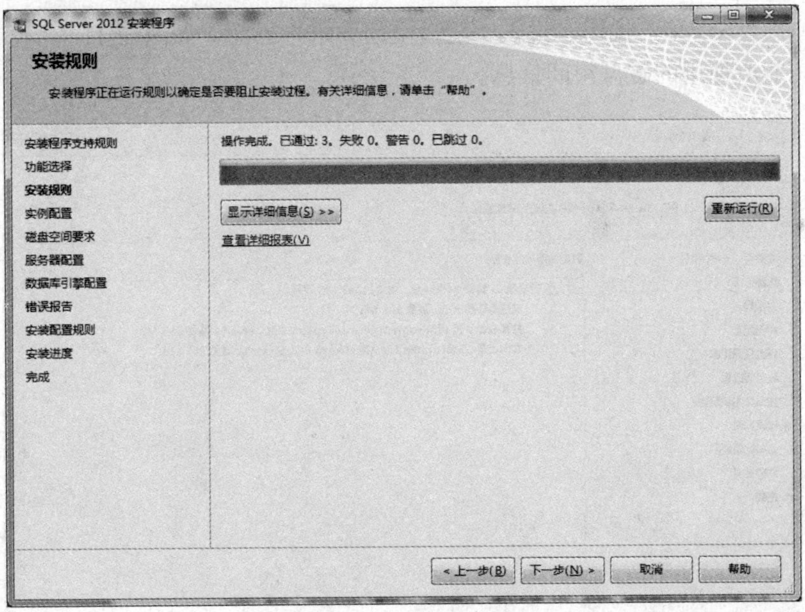

图 2-9　"安装规则"界面

（7）单击"下一步"按钮，进入"实例配置"界面，如图 2-10 所示。在这一步中，读者可以使用默认的选项"命名实例（A）"，并使用默认的实例名 SQLExpress，这样就可以直接单击"下一步"按钮。但是，如果您的计算机只安装 SQL Server 2012 Express 一个版本，这里建议你选择"默认实例（D）"选项，这时，实例名为"MSSQLSERVER"，并且不可以修改，这样选择的好处是：可以方便您以后进行数据库应用系统开发时在 JDBC 或 ODBC 连接串中省略实例名。

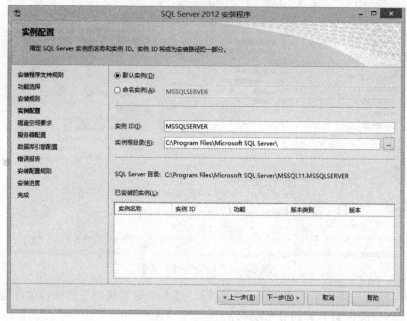

图 2-10 "实例配置"界面

（8）单击"下一步"按钮，进入"磁盘空间要求"界面，如图 2-11 所示。可看到所选 SQL Server 功能所使用的磁盘空间信息。

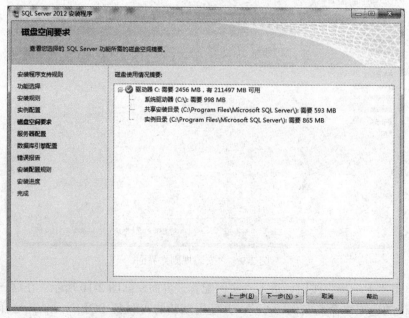

图 2-11 "磁盘空间要求"界面

（9）单击"下一步"按钮，进入"服务器配置"界面，如图 2-12 所示。使用默认配置。

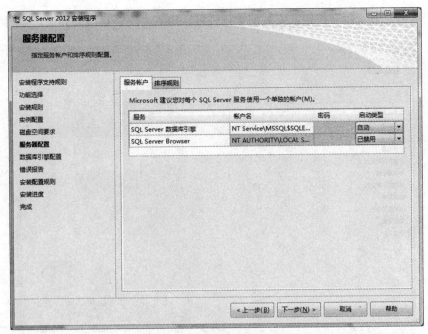

图 2-12　"服务器配置"界面

（10）单击"下一步"按钮，进入"数据库引擎配置"界面，如图 2-13 所示。选择登录 SQL Server 的身份验证模式，如果您的网络环境中只有 Windows 网络用户，可选择"Windows 身份验证模式"，否则建议使用"混合模式"。如果选择"混合模式"，还必须输入并确认用于 sa 的登录密码（sa 是 SQL Server 服务器中具有一切操作权限的系统管理员账户），其他标签中的选项使用默认值就可以了。

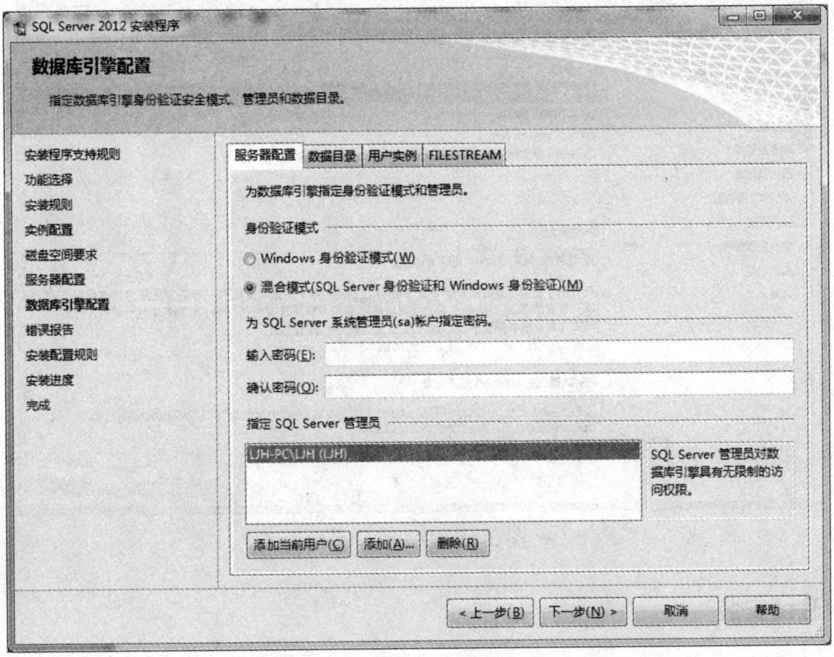

图 2-13　"数据库引擎配置"界面

（11）单击"下一步"按钮，安装配置规则后，进入"安装进度"界面，如图 2-14 所示。

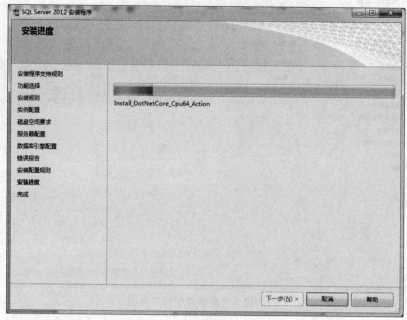

图 2-14 "安装进度"界面

（12）安装完后，弹出"完成"界面，如图 2-15 所示。单击"关闭"按钮完成安装。

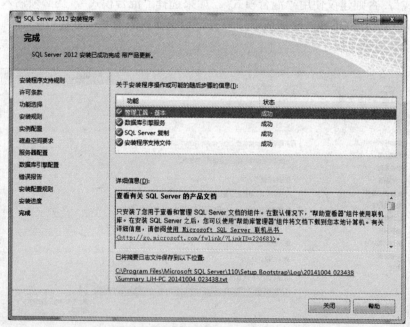

图 2-15 "完成"界面

2.2.5 验证安装

系统安装完毕，可以通过以下方式，确认安装是否成功。

（1）打开系统"服务"对话框（控制面板→管理工具→服务），可以看到对应的服务项。主要实例有：SQL Browse、SQL Server Agent（实例名）、SQL Server（实例名）等。其中"实例名"是指安装时设置的实例名称，如果安装时选择的是"默认实例"，则实例名为"MSSQLSERVER"。

（2）安装后，在系统的"程序"菜单中，可以看到"Microsoft SQL Server 2012"程序组和如图 2-16 所示的子菜单。

图 2-16　"Microsoft SQL Server 2012"菜单项

2.3　SQL Server Management Studio 管理工具

SQL Server Management Studio 是一个功能强大且灵活的工具，是 SQL Server 2012 数据库产品最重要的组件。用户可以通过该工具完成 SQL Server 2012 数据库的管理、操作、开发和测试任务。

注意： SQL Server Management Studio 是 SQL Server 2005 后新增的客户端实用程序，替代了 SQL Server 2000 中的企业管理器，并集成了 SQL Server 2000 中的查询分析器。

2.3.1　启动 SQL Server Management Studio 工具

（1）单击"开始"→"所有程序"→"Microsoft SQL Server 2012"→"SQL Server Management Studio"菜单命令，打开如图 2-17 所示的"连接到服务器"对话框。

图 2-17　"连接到服务器"对话框

（2）在"连接到服务器"对话框中，验证或修改默认设置，单击"连接"按钮。启动 SQL Server Management Studio 管理工具。单击"取消"按钮，也会启动 SQL Server Management Studio，但不会与数据库服务器建立连接。如果服务器没有启动，请单击"取消"按钮。

- 服务器类型：SQL Server 2012 中可以连接的服务器类型包括：数据库引擎、Analysis Services、Reporting Services、Integration Services、SQL Server Mobile 等。要连接"数据库引擎"外的其他服务，前提条件是这些服务已安装并已启动。本书只涉及数据库引擎服务。
- 服务器名称：服务器名称是指要连接的数据库实例，格式为：计算机名\实例名。如果是默认实例，实例名可缺省。如本例 liuchun，其中 liuchun 为作者的机器名，因为作者安装时选择的是"默认实例"，所以实例名（MSSQLSERVER）省略了。
- 身份验证：包括 Windows 身份验证和 SQL Server 身份验证，如果选择"SQL Server 身份验证"，必须同时提供用户名和密码。

（3）默认情况下，SQL Server Management Studio 中将显示"已注册的服务器""对象资源管理器"窗口，如图 2-18 所示。如果"已注册的服务器"窗口没出现，请单击"视图"菜单，选择"已注册的服务器"菜单项。

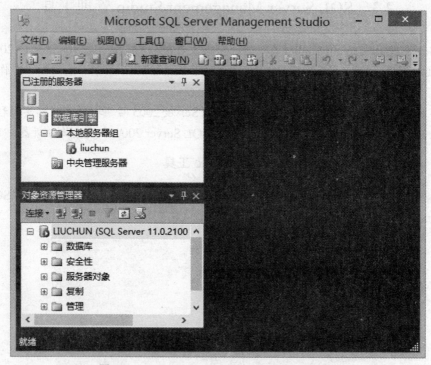

图 2-18　SQL Server Management Studio 主界面

2.3.2　在 SQL Server Management Studio 中注册服务器

在 SQL Server Management Studio 工具的"已注册的服务器"组件窗口中注册服务器，可保存经常访问的服务器的连接信息。将数据库实例注册到 SQL Server Management Studio 工具，可以通过该工具对注册的数据库实例进行设置、管理和操作。第一次启动 SQL Server

Management Studio 工具时，会自动将本机安装的所有数据库实例（包括 SQL Server 2012 Express）注册到"已注册的服务器"组件窗口。

如果有本地实例没有注册到"已注册的服务器"组件窗口中，在"已注册的服务器"组件窗口中，右击"数据库引擎"树中的"本地服务器组"节点，在弹出菜单中选择"任务"→"注册本地服务器"菜单命令，即可实现本地所有服务器实例的注册。

一般情况下，用户也可以采用手工注册方式注册本地或远程服务器，具体的操作可参考如下步骤。

（1）在"已注册的服务器"组件窗口的"数据库引擎"树中，右击"本地服务器组"，在弹出菜单中选择"新建服务器注册"，会弹出如图 2-19 所示的对话框。

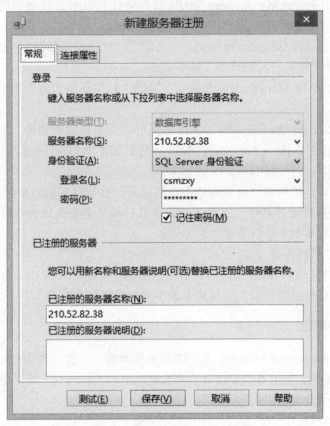

图 2-19　"新建服务器注册"对话框

（2）在"新建服务器注册"对话框中，单击"常规"选项卡。在"服务器名称"文本框中输入要注册的服务器名称（计算机名或 IP 地址[实例名]）。

（3）在"身份验证"中，使用默认设置"Windows 身份验证"。或选择"SQL Server 身份验证"，并填写"用户名"和"密码"。如果要 SQL Server Management Studio 保存密码（不推荐），请选中"记住密码"复选框。

（4）"已注册的服务器名称"文本框将使用"服务器名称"框中的名称自动填充。如果需要，可以使用一个好记的名称替换默认名称，以帮助记住注册过的服务器。

（5）用户还可以在"已注册的服务器说明"文本框中输入附加信息以帮助区分服务器。

（6）"连接属性"选项卡中的信息是可选操作，根据所注册的服务器的类型，设置连接属性，一般情况下，各选项均可接受默认值。如果是注册远程服务器，请将"网络协议"修改为"TCP/IP"。

（7）单击"测试"按钮，进行测试数据库实例连接，如果成功，单击"保存"按钮。

2.3.3　在 SQL Server Management Studio 中连接服务器

1. 连接服务器

用户要在 SQL Server Management Studio 工具中对数据库对象进行操作，必需先连接到数据库服务器。可以通过以下方法之一连接数据库。

（1）启动 SQL Server Management Studio 时，会打开如图 2-17 所示的"连接到服务器"对话框，输入相关连接信息。连接到指定的数据库实例。

（2）在 SQL Server Management Studio 工具的"已注册的服务器"组件窗口中，右击"已注册服务器"，选择"对象资源管理器"菜单命令。

（3）在 SQL Server Management Studio 工具的"已注册的服务器"组件窗口中，双击已注册服务器。

（4）在 SQL Server Management Studio 工具的"对象资源管理器"组件窗口中，单击工具栏上的"连接"按钮，选择"数据库引擎"，将打开如图 2-17 所示的"连接到服务器"对话框，输入相关连接信息，连接到指定的数据库。

如果连接成功，在"对象资源管理器"中将显示该数据库实例的全部对象。

注意： 如果服务器没有启动，上述连接服务器的操作都会失败。用户应该先启动要连接的服务器，启动服务器的方法请参考 2.5 节内容。

2. 断开与服务器的连接

在"对象资源管理器"组件窗口中，右击服务器，在弹出菜单中选择"断开连接"菜单命令，或者在"对象资源管理器"工具栏上单击"断开连接"按钮。

2.3.4　查询编辑器

SQL Server Management Studio 工具中的查询编辑器，是数据库管理员编写 Transact-SQL（Transact-SQL）代码、使用数据查询语言和数据操纵语言的组件。本书第 3 章的所有例题均要在以下介绍的查询编辑器中编写和运行。

1. 访问查询编辑器

SQL Server 2012 中没有类似于 SQL Server 2000 中的"查询分析器"，查询编辑器集成在 SQL Server Management Studio 工具中。可按如下方法打开查询编辑器。

方法一：

（1）启动 SQL Server Management Studio 工具。

（2）在"文件"菜单上，选择"新建"→"项目"，选择"SQL Server 脚本"选项，单击"确定"按钮，系统生成项目的解决方案。

（3）在打开的如图 2-20 所示"解决方案资源管理器"组件窗口中（右侧窗口），右击"查询"节点，选择"新建查询"菜单命令。弹出"连接到数据引擎"对话框，确认连接后，单击"连接"按钮，或者单击"取消"按钮都可以打开查询编辑器，如图 2-20 中间的窗口。

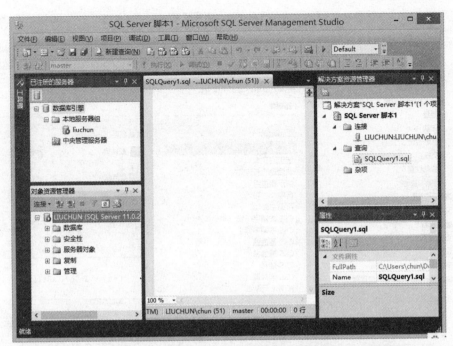

图 2-20 打开查询编辑器后的 SQL Server Management Studio 工具窗口

方法二：单击工具栏上的"新建查询"按钮。

方法三：在"对象资源管理器"组件窗口中，右击某服务器节点，在弹出菜单中选择"新建查询"菜单命令。

注意：方法二和方法三都不会打开"解决方案资源管理器"组件窗口。

2. 查询编辑器的使用

在查询编辑器中，用户可以用 Transact-SQL 语言对数据库进行管理和操作。在打开查询编辑器之后，SQL Server Management Studio 管理器窗口主菜单中会增加一个"查询"菜单，工具栏上会增加一个"SQL 编辑器"工具栏。用户编写好代码之后可以使用工具栏上的"√"（分析）按钮或"查询"菜单中的"分析"命令对代码进行语法检查。如果没有语法错误，可以使用工具栏上的"执行"按钮或"查询"菜单中的"执行"命令执行代码。

3. 配置编辑器选项

代码编辑器中输入的文本按类别显示为不同颜色，查看和修改这些信息可以参考如下方法。

在 SQL Server Management Studio 工具中，选择"工具"→"选项"菜单命令，在弹出的如图 2-21 所示的"选项"对话框中，选择"环境"→"字体和颜色"选项，可以查看颜色及其类别的完整列表，并可配置自定义配色方案。

4. 使用模板浏览器

"模板浏览器"是 SQL Server Management Studio 工具中的一个组件，它提供了多种模板，用户可以不用记忆大部分的 Transact-SQL 命令的语法结构，快速生成 Transact-SQL 代码。模板按要生成的代码类型进行分组。用户在 SQL Server Management Studio 工具中，选择"视图"→"模板浏览器"菜单命令，可以调用该组件，如图 2-22 所示，右侧组件窗口即为"模板浏览器"组件窗口。

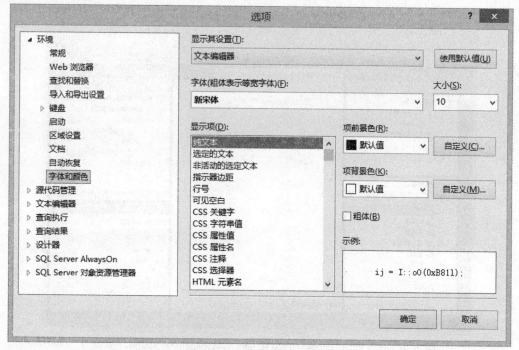

图 2-21　"选项"对话框

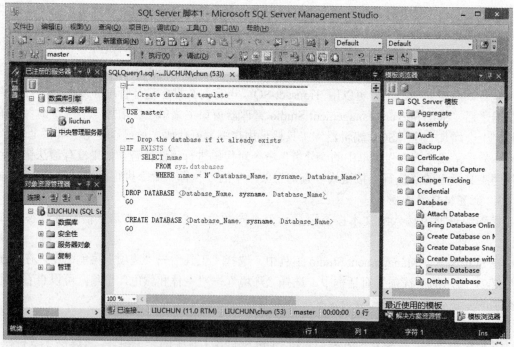

图 2-22　打开模板浏览器后的 SQL Server Management Studio 工具窗口

　　双击模板会在查询编辑器窗口中自动产生对应模板的代码，用户只需修改代码中用"<>"括起来的代码部分或使用"替换模板参数"对话框将模板参数替换为具体的值，从而快速编写代码。

2.4　SQL Server 2012 数据库对象的操作

数据库是用来保存数据库对象和数据的地方，所谓数据库对象是指表（Table）、存储过程（Stored Procedure）、视图（View）和触发器（Trigger）等。

SQL Server 支持在一台服务器上创建多数据库，每个数据库是由一组操作系统文件构成的，这组操作系统文件通常称之为数据库文件。数据库文件既可以是数据文件也可以是日志文件。数据文件有主要文件和次要文件两种类型。日志文件只用于保存事务日志信息。日志空间是与数据空间分开来管理的，不能成为数据文件的一部分。

（1）主数据文件：每个数据库只能有一个主数据文件，它不仅存储数据，而且还包含数据库的启动信息，其扩展名为.MDF。

（2）辅数据文件：用于存储主数据文件中未存储的剩余数据和数据库对象，一个数据库可以没有辅数据文件，但是也可以同时拥有多个辅数据文件，其扩展名为.NDF。

（3）日志文件：存储数据库的事务日志信息。当数据库损坏时，管理员可以使用事务日志恢复数据库。每个数据库至少拥有一个日志文件，其扩展名为.LDF。

所以，每个数据库至少由两部分构成：主数据文件和日志文件。

建议：为提高数据库的抗风险能力，应将数据文件和日志文件放到不同的物理或逻辑盘中。

为了方便管理，可将多个数据文件组织为一组，称为数据库文件组。文件组能够控制各个文件的存放位置，其中的每个文件通常建立在不同的磁盘驱动器上，这样可以减轻单个磁盘驱动器的存储负载，提高数据库的存储效率，从而达到提高系统性能的目的。

在 SQL Server 中建立数据文件和文件组时，应该注意以下两点：

（1）每个数据文件或文件组只能属于一个数据库，每个数据文件也只能成为一个文件组的成员。即，数据文件不能跨文件组使用，数据文件和文件组不能跨数据库使用。

（2）日志文件是独立的，它不能作为其他数据文件组的成员。

SQL Server 数据文件组有以下三种类型：

（1）主文件组（primary）：该组包含数据库的主数据文件。在创建数据库时，如果未指定其他数据文件所属的文件组，则这些文件将归属于主文件组。

（2）用户自定义文件组：数据库创建语句或修改语句中使用 FILEGROUP 关键字所指定的文件组。

（3）默认文件组：在数据库的所有文件组中，只有一个文件组为默认文件组。在创建数据库时，如果没有指定默认文件组，则主文件组将被设置为默认文件组。

SQL Server 2012 有几个初始的系统数据库，即 master、model、msdb 和 tempdb，但是在开发应用程序时，一般自己创建一个新的数据库，这样便于维护和管理。有两种方法可以创建数据库，一是使用 SQL Server Management Studio 管理器，二是使用 CREATE DATABASE 语句。

2.4.1　数据库的创建、修改及删除

1. 使用管理工具创建数据库

下面我们使用 SQL Server Management Studio 管理器创建"图书管理系统数据库（BookSys）"。具体操作步骤为：

（1）启动 SQL Server Management Studio 管理工具，连接到数据库服务器，参考 2.3.1 节。

（2）在"对象资源管理器"中，右击"数据库"，在弹出菜单中选择"新建数据库"命令，系统将弹出"新建数据库"对话框。单击"常规"选项，如图 2-23 所示。

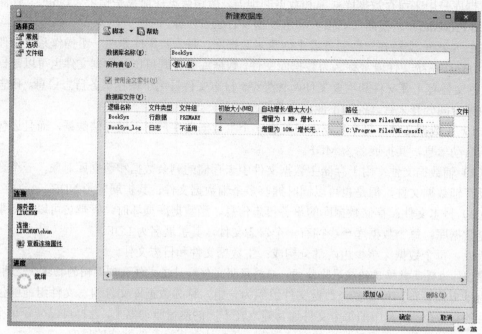

图 2-23　"新建数据库"对话框

（3）在图 2-23 所示"新建数据库"对话框中，在"数据库名称"文本框中，输入数据库的名称，系统会自动为数据库设定"逻辑名称"等信息。本例中数据库名称设为"BookSys"。系统会自动为该数据库建立一个数据库文件"BookSys.mdf"和一个日志文件"BookSys_log.ldf"，默认存储在"C:\Program Files\Microsoft SQL Server\MSSQL11.MSSQLSERVER\MSSQL\DATA\"目录下。"C:\Program Files\Microsoft SQL Server"为数据库服务器的安装目录，如果您的安装位置不同，这个目录也不同。

（4）最简单的情况，用户可以接受所有默认参数，单击"确定"按钮，SQL Server 创建数据库。在"对象资源管理器"中，展开"数据库"节点，可以看到新建的"BookSys"数据库。如果要调整参数，用户可以按以下方法调整相关参数：

1）使用全文索引：选中此选项将对数据库启用全文索引。清除此选项将对数据库禁用全文索引。

2）修改数据库文件逻辑名称：在"数据库文件（F）"下方的列表中，用户可以在"逻辑名称"列对逻辑名称进行修改。

3）修改数据文件或日志文件的初始大小：数据文件或日志文件的初始大小是指在数据库创建时第一次为该数据库文件分配的磁盘空间大小。

4）自动增长：在数据库工作过程中，随着数据量的增加，数据库文件的初始空间可能不够使用，"自动增长"就是设置数据库文件的初始空间用完后的处理方法。单击"自动增长"列右侧的按钮，打开"自动增长设置"对话框，如图 2-24 所示。选中"启用自动增长（E）"

复选框，如果选中"按百分比"单选按钮，可以在右侧的文本框输入一个 1～100 之间的数字，本例为"50"。

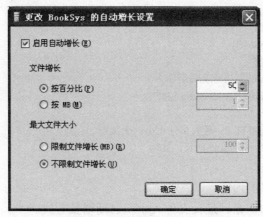

图 2-24   "自动增长设置"对话框

5）改变文件的存储位置：单击"路径"列右侧的 ⋯ 按钮，在打开的"定位文件夹"对话框中，选择一个目录，单击"确定"按钮。

6）添加新的数据文件或日志文件：在"常规"选项卡中，单击"添加"按钮，会在"数据库文件"列表中增加一行。输入文件的逻辑名称，指定文件类型，选择文件组，设置初始大小、增长方式、存储位置等参数。

2. 使用 Transact-SQL 语句创建数据库

下面我们使用 Transact-SQL 语句创建"图书管理系统数据库（BookSys）"，该数据库由两个数据文件和一个日志文件组成。具体参数如表 2-2 所示。

表 2-2   图书管理系统数据库参数表

文件参数	数据文件		日志文件
逻辑名称	BookSysData1	BookSysData2	BookSysLog
存储位置	C:\DB	D:\DB	D:\DB
初始尺寸	100MB	200MB	100MB
最大尺寸	500MB	600MB	无限制
增长幅度	20MB	30MB	20%

（1）打开 SQL Server Management Studio 管理器。

（2）单击工具栏上的"新建查询"按钮。

（3）在查询窗口中输入如下 Transact-SQL 语句：

```
CREATE DATABASE BookSys
ON PRIMARY --主文件组
(NAME=BookSysData1,--指定逻辑文件名
 FILENAME='C:\DB\ BookSysData1.MDF',--指定存储路径和物理文件名
 SIZE=100MB,--初始大小
 MAXSIZE=500MB, 最大文件大小
```

```
            FILEGROWTH=20MB),--按"MB"增长，每次 20MB
            (NAME=BookSysData2,--辅数据文件
            FILENAME='D:\DB\ BookSysData2.NDF',
            SIZE=200MB,
            MAXSIZE=600MB,
            FILEGROWTH=30MB)
        LOG ON --日志文件
            (NAME=BookSysLog, --日志文件逻辑名
            FILENAME='D:\DB\ BookSysLog.LDF',
            SIZE=100MB,
            MAXSIZE=UNLIMITED,--最大文件大小：无限制
            FILEGROWTH=20%) --文件增长：20%
```

3. 修改数据库

修改数据库包括以下的内容：

- 修改已有文件的初始、最大文件大小和自动增长方式。
- 增加数据/日志文件。
- 删除数据/日志文件。
- 增加文件组。
- 删除文件组。

在"对象资源管理器"组件窗口找到要修改的数据库，如 BookSys，用鼠标右键单击，在弹出的菜单中选择"属性"命令，出现"BookSys 属性"对话框。在对话框的"文件"选项卡可以修改已有文件属性，也可以添加或删除数据或日志文件。

4. 删除数据库

在左边的"对象资源管理器"组件窗口中找到要删除的数据库，如 BookSys，用鼠标右键单击，在弹出菜单中选择"删除"命令，即可删除该数据库。

注意：删除数据库时一定要特别慎重，因为在删除数据库后，与此数据库有关联的数据文件和日志文件及其他信息都会被删除。当数据库处于以下状态时不能被删除：数据库正在使用；数据库正在被恢复；数据库包含用于复制的已经出版的对象。

2.4.2　数据表的基本操作

在使用数据库的过程中，接触最多的是数据库中的表。表是存储数据的地方，是数据库中最重要的部分。可以说，创建表的过程是物理实施中最关键的一步。通常，创建一个表需要注意考虑以下问题：

- 确定表中需要哪些列，每列的数据类型是什么。
- 确定哪些列可以接受 NULL 值。
- 确定是否使用约束、默认和规则；如果要使用，在哪里使用。
- 确定需要什么索引，在哪些列创建索引；哪些列是主键或外键。

1. 新建数据表

新建数据表有两种方法：使用表设计器和 Transact-SQL 语句。使用 Transact-SQL 语句创建表将在第 3 章介绍。本节以第 1 章表 1-3、表 1-4、表 1-5 描述的三个表为例说明表创建过程，它们的结构如表 2-3、表 2-4、表 2-5 所示。

表 2-3　book（图书）表结构

字段名	字段描述	数据类型	长度	可为空	主键	关联表
BOOKID	书号	CHAR	20	否	是	
BOOKNAME	书名	VARCHAR	60	是		
EDITOR	作者	VARCHAR	50	是		
PRICE	价格	NUMERIC	(6,2)	是		
PUBLISHER	出版社	VARCHAR	50	是		
PUBDATE	出版日期	DATETIME		是		
QTY	数量	INT		是		

表 2-4　reader（读者）表结构

字段名	字段描述	数据类型	长度	可为空	主键	关联表
CARDID	读者卡号	CHAR	10	否	是	
NAME	读者姓名	VARCHAR	50	是		
SEX	性别	CHAR	2	是		
DEPT	所在部门	VARCHAR	50	是		
CLASS	读者类别	INT		是		

表 2-5　borrow（借阅）表结构

字段名	字段描述	数据类型	长度	可为空	主键	关联表
CARDID	读者卡号	CHAR	10	否	是	reader
BOOKID	所借书号	CHAR	20	否	是	book
BDATE	借书日期	DATETIME		否	是	
SDATE	还书日期	DATETIME		是		

（1）启动 SQL Server Management Studio 管理工具。

（2）在"对象资源管理器"中，依次展开"数据库"→"BookSys"，右击"表"节点，在弹出菜单中选择"新建表"，将打开如图 2-25 所示的"表设计器"。

（3）按 F4 键，在 SQL Server Management Studio 工具中显示"属性"视图，如图 2-25 所示右侧窗口，该视图显示创建的数据表的一些属性信息，用户可以通过该窗口，设置表存储的位置和表名等信息。这里设置表名为"book"。

（4）在"表设计器"中输入列名，选择数据类型，并选择列是否允许为空值等列属性。也可以在"属性"窗口中设置相关属性。

（5）设置主键：右击列名 BOOKID 前面的小方块（行选择器），在弹出菜单中选择"设置主键"命令，小方块中即出现一把小金钥匙的图标，表示该列已被设置为主键。

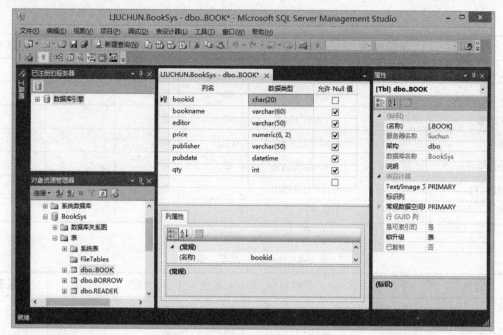

图 2-25　表设计器

注意：如果主键是一个组合属性，则设置时，先按住 Ctrl 键不放，用鼠标依次单击构成主键的列前面的小方块，选择完成后，松开 Ctrl 键，用鼠标右键单击选中的任一列，在弹出菜单中选择"设置主键"命令，这样，这些列前面的小方块中都会出现一把小金钥匙。

（6）单击"文件"→"保存"命令。保存前如果您没修改表名属性，保存时，系统会弹出"选择名称"对话框，输入表名"book"，单击"确定"按钮。请读者按上述相同步骤完成 reader 表和 borrow 表的创建。

2. 修改表结构

启动 SQL Server Management Studio 管理工具。在"对象资源管理器"中，展开数据库的"表"节点，选择要修改的数据表，如 book，右击该表，在弹出菜单中选择"设计"命令，将打开与图 2-25 相同的窗口，文档窗口将显示"表设计器"，用户可以修改表属性和列属性，还可以调整列的顺序。修改完成后，单击工具栏上的"保存"按钮或选择"文件"菜单中的"保存"命令。

3. 定义外键（关系）

外键即参照完整性约束。例如 borrow 表中读者卡号（cardid）要引用 reader 表的卡号（cardid），borrow 表中的书号（bookid）要引用 book 表中的书号（bookid）。下面以 borrow 表的 cardid 引用 reader 表的 cardid 为例说明外键的定义。

（1）在 borrow 表设计器窗口（新建或修改表时打开的窗口）的任意位置右击，在弹出菜单中选择"关系"命令；或者选择 borrow 表节点下的"键"节点，单击鼠标右键，在弹出菜单中选择"新建外键"，将打开如图 2-26 所示的"外键关系"对话框。

（2）在"选定的关系"列表中显示的是已有的外键关系，选择已有关系可以对已经创建的关系进行修改。如果要新建关系，单击"添加"按钮，然后单击"表和列规范"右边的按钮，打开如图 2-27 所示的"表和列"对话框。

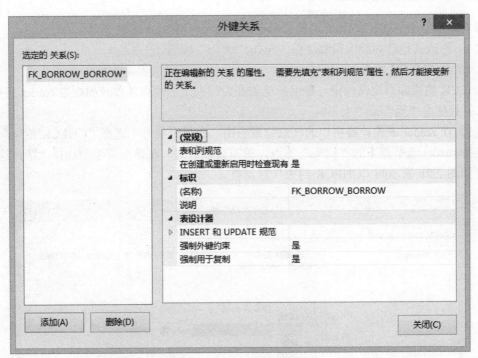

图 2-26　"外键关系"对话框

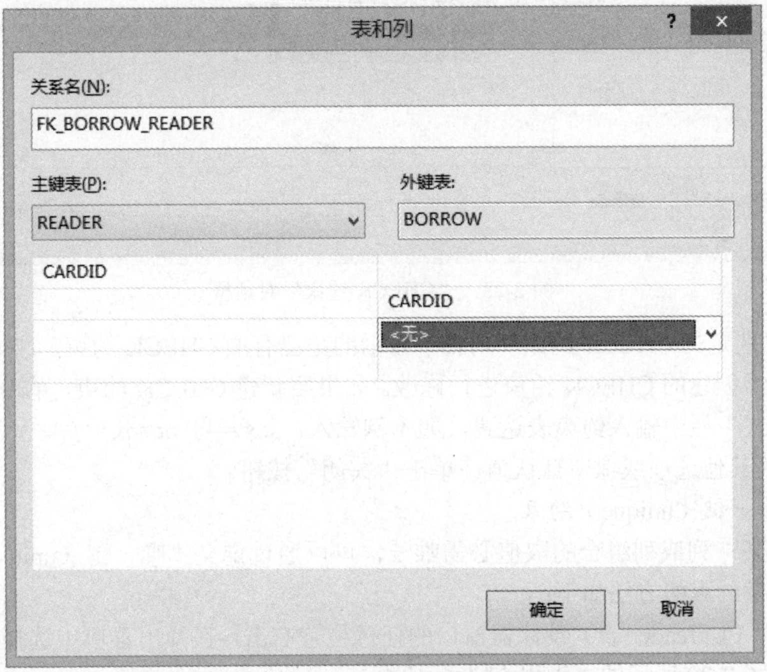

图 2-27　"表和列"对话框

（3）在"主键表"下拉列表框中选择被引用表，本例选择"reader"。在"外键表"下拉列表框中选择"borrow"，在列出的字段中，除了保留 cardid 外，其他字段的下拉列表中均选择"无"。设置完成后单击"确定"按钮，回到图 2-26 所示"外键关系"对话框。请读者按相同步骤再添加一个外键：borrow 表的书号（bookid）引用 book 表的书号。

（4）修改其他选项或保留默认值，单击"关闭"按钮。

4. 定义 CHECK 约束

CHECK 约束即自定义约束，是用户施加在表或列上的约束条件，如规定 reader 表中性别
（SEX）只能是"男"或"女"。

（1）在 reader 表设计器窗口的任意位置右击，在弹出菜单中选择"CHECK 约束"命令；
或者选择 reader 表节点下的"约束"节点，单击鼠标右键，在弹出菜单中选择"新建约束"。
将打开如图 2-28 所示的"CHECK 约束"对话框。

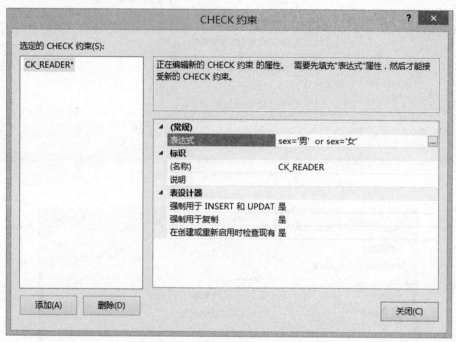

图 2-28　"CHECK 约束"对话框

（2）在"选定的 CHECK 约束"列表中显示的是已有的 CHECK 约束，选择已有 CHECK
约束可以对已经创建的 CHECK 约束进行修改。如果要新建 CHECK 约束，单击"添加"按钮，
然后在"表达式"栏中输入约束表达式，如本例输入：sex ='男' or sex ='女'。

（3）修改其他选项或保留默认值，单击"关闭"按钮。

5. 定义唯一键（unique）约束

如果要求某一列或列组合的取值必需唯一，可以通过定义"唯一键（unique）"约束来实
现。创建唯一键约束的方法如下：

（1）在表（如 reader 表）设计器窗口的任意位置右击，在弹出菜单中选择"索引/键"命
令，将打开如图 2-29 所示的"索引/键"对话框。

（2）在"选定的主/唯一键或索引"列表中显示的是已有的主键、唯一键或索引，选择已
有唯一键可以对已经创建的唯一键进行修改。如果要新建唯一键约束，单击"添加"按钮。

（3）在"索引/键"对话框中，选择"类型"为"唯一键"，单击列栏中的 … 按钮，在打
开的"索引列"对话框中，选择唯一键对应的列或列组合，如图 2-30 所示。

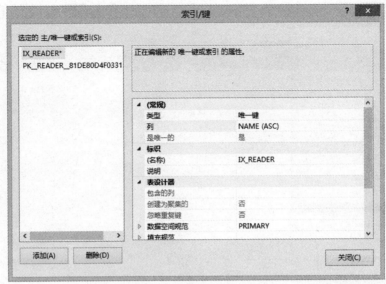

图 2-29　"索引/键"对话框

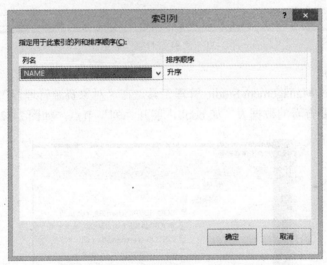

图 2-30　"索引/列"对话框

（4）修改其他选项或保留默认值，单击"关闭"按钮。

注意：创建唯一键，系统会自动创建唯一索引。创建唯一索引，系统也会自动创建唯一键。在 SQL Server 中，唯一键和唯一索引的作用相同。

6. 删除数据表

当一个表不再需要时，用户可以删除该表。删除表后，该表的结构定义、数据、全文索引、约束和索引都从数据库中永久删除；原来存储表及其索引的空间可用来存储其他表。

启动 SQL Server Management Studio 管理工具。在"对象资源管理器"中，展开"数据库"节点，然后选择表所在的数据库（如 BookSys），再展开"表"节点，右击要删除的表，选择"删除"命令，弹出如图 2-31 所示的"删除对象"对话框。如果确认要删除，单击"确定"按钮。

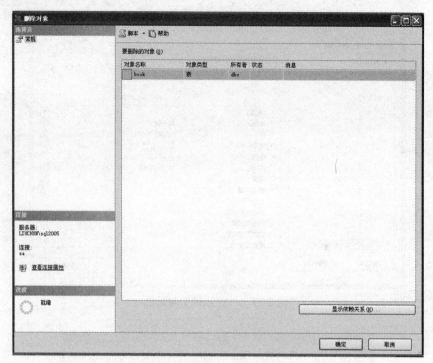

图 2-31   "删除对象"对话框

7. 查看表结构

启动 SQL Server Management Studio 管理工具。在"对象资源管理器"中，展开数据库的"表"节点，选择要查看的数据表，如 book，展开"列"节点，如图 2-32 所示。

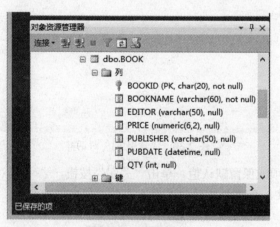

图 2-32   查看列定义

8. 表中数据编辑与查看

使用 SQL Server Management Studio 工具的图形界面，可以向数据表增加记录、修改记录、删除记录、浏览记录，具体操作可参考如下步骤：

（1）启动 SQL Server Management Studio 管理工具。

（2）在"对象资源管理器"中，右击要操作的数据表节点（如本例的 book）。在弹出菜单中选择"编辑前 200 行"命令。在文档窗口将显示表中所有数据，如图 2-33 所示。

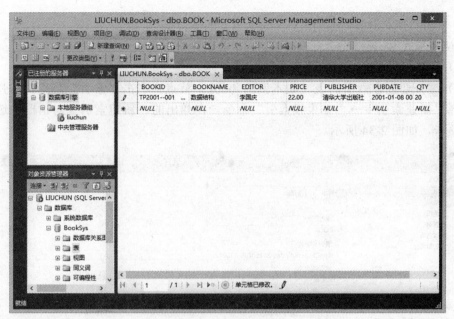

图 2-33 添加新的记录

1）插入新记录：在最后一行中（标有"*"）输入每一列的值即可完成新记录的插入。

2）修改现有记录：对现有记录，用户可以在数据表格中直接修改。

3）删除记录：右击要删除的数据行，在弹出菜单中选择"删除"命令。系统会弹出删除确认对话框，单击"确定"按钮完成数据行的删除。

（3）保存修改：输入或修改完一条记录后，单击"查询工具"工具栏上的 ▋ 按钮或单击任意其他记录，SQL Server ManagementStudio 将自动提交修改。

2.4.3 数据库索引的管理

1. 索引的概念

索引是数据库中的重要数据对象，通过建立索引可以提高数据查询或者其他操作的效率。SQL Server Management Studio 工具提供了图形化界面创建索引。

索引分为单一索引和组合索引。单一索引就是仅在表的一个列上定义的索引，组合索引是在表的多个列上定义的索引。

在 SQL Server 中，索引按照它们的存储结构分为两类：聚簇索引和非聚簇索引。

（1）聚簇索引。也称聚集索引，聚簇索引保证表中数据的物理存储顺序和排序顺序相同，它使用表中的一列或多列来排序记录。一个表中只能有一个聚簇索引。表设计时，如果定义了主键，系统会自动按主键创建聚簇索引。

（2）非聚簇索引。也称非聚集索引，非聚簇索引并不在物理上排列数据，它仅仅是指向表中数据的指针。这些指针本身是有序的，可以有助于在表中快速定位数据。非聚簇索引作为和表分离的对象存在，表中的每一列都可以有自己的非聚簇索引。

XML 索引：对 XML 列创建的索引称为 XML 索引。如果在应用程序环境中经常查询 XML 二进制大型对象（BLOB），则对 XML 类型列创建索引很有用。XML 索引分为两个类别：主 XML 索引和辅助 XML 索引。XML 类型列的第一个索引必须是主 XML 索引。

唯一索引：强制索引列或列组合不包含重复的值。

2．使用 SQL Server Management Studio 工具创建索引

（1）打开 SQL Server Management Studio 工具。

（2）展开要创建索引的表（如本例的 book）节点。右击"索引"节点，在弹出的菜单中选择"新建索引"→"非聚簇索引"命令。在弹出的"新建索引"对话框中选择"常规"选项卡，如图 2-34 所示。

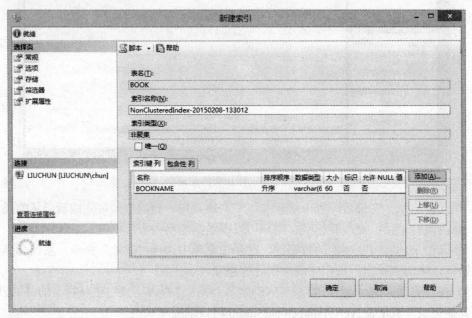

图 2-34　"新建索引"对话框

（3）输入索引名称（也可以使用默认值），单击"添加"按钮，在打开的"选择列"对话框中选择索引键列，键列可以选择一列也可以选择多列。

（4）如果是创建唯一索引，选中"唯一"复选框。默认情况下，此复选框处于未选中状态。如果表中数据有两行具有相同的值，唯一索引创建将会失败。

（5）单击"确定"按钮，完成索引的创建。

也可以在表设计器中创建索引，方法如下：

（1）在表设计器窗口的任意位置右击，在弹出菜单中选择"索引/键"命令，将打开如图 2-30 所示的"索引/键"对话框。

（2）在"索引/键"对话框中，选择"类型"为"索引"，单击列栏中的□按钮，在打开的"索引列"对话框中选择索引键列。

（3）修改其他选项或保留默认值，单击"关闭"按钮。

3．查看、修改、删除索引

展开数据表的索引节点，可看到对应表的所有索引。右击索引名称，在弹出菜单中选择"删除"命令，会打开"删除对象"对话框，单击"确定"按钮可以删除选定的索引。

右击索引名称，在弹出菜单中选择"属性"命令，在打开的"索引属性"对话框中，可以修改索引类型和索引列。

2.5 SQL Server 2012 服务器管理

2.5.1 启动、停止、暂停和重新启动 SQL Server 服务

如果服务器没有启动,就无法与服务器建立连接。启动、停止、暂停和重新启动 SQL Server 服务可以在 SQL Server Management Studio 或 SQL Server 配置管理器(SQL Server Configuration Manager)中完成。

1. 在 SQL Server Management Studio 中启动、停止、暂停和重新启动 SQL Server 服务

在"已注册的服务器"视图中右击要启动的服务实例,在弹出菜单中选择"服务控制"菜单,会有"启动""停止""暂停""重新启动"等命令,其中显示为灰色的命令表示不可用。本例选择"启动"命令,在弹出的确认对话框中,单击"是"按钮。当实例名称旁的图标上出现绿色箭头,则表示服务器已成功启动。这时"启动"命令为灰色,表示该命令不可用。

停止、暂停和重新启动 SQL Server 服务的步骤与启动服务类似。

2. 在 SQL Server 配置管理器中启动、停止、暂停和重新启动 SQL Server 服务

(1)在"开始"菜单中,单击"所有程序"→"Microsoft SQL Server 2012"→"配置工具"→"SQL Server Configuration Manager"命令,打开 SQL Server 配置管理器,如图 2-35 所示。

图 2-35 SQL Server 配置管理器

注意:用户也可以从 SQL Server Management Studio 中启动 SQL Server 配置管理器,方法如下:

在 SQL Server Management Studio 的"已注册的服务器"窗口中,右击服务器实例,在弹出菜单中选择"SQL Server 配置管理器"命令。

(2)在图 2-35 所示的配置管理器中,选择"SQL Server 服务"项,在右边的详细窗口中会列出已安装的所有 SQL Server 服务,单击选择某服务器实例,本例为"SQL Server (MSSQLSERVER)",工具栏上会出现如图 2-36 所示的"服务器操作工具",包括"启动服务""暂停服务""停止服务"和"重新启动服务"按钮。

图 2-36　服务器操作工具栏

（3）单击第一个按钮"启动服务"；单击第二个按钮"暂停服务"；单击第三个按钮"停止服务"；单击第四个按钮"重新启动服务"。

用户也可以直接在详细窗口中右击某服务器实例名，如本例的 SQL Server（MSSQLSERVER），在弹出菜单中选择相应的菜单命令。当实例名称旁的图标上出现绿色箭头，则表示服务器已启动。

2.5.2　配置启动模式

SQL Server 2012 启动模式有三种：

- 手动：计算机启动时，此服务不自动启动。必须使用 SQL Server 配置管理器或其他工具来启动该服务。
- 自动：计算机启动时，此服务将尝试启动。
- 已禁用：不能启动此服务。

配置启动模式方法如下：

（1）在"开始"菜单中，单击"所有程序"→"Microsoft SQL Server 2012"→"配置工具"→"SQL Server Configuration Manager"命令，打开 SQL Server 配置管理器。

（2）在 SQL Server 配置管理器中选择"SQL Server 服务"项。

（3）在详细窗口中，右击要配置启动模式的实例名称，如本例的 SQL Server（MSSQLSERVER），在弹出菜单中选择"属性"命令。打开"服务属性"对话框，单击"服务"选项卡，如图 2-37 所示。

图 2-37　"服务属性"对话框的"服务"选项卡

（4）在"启动模式"栏中，选择手动、自动或已禁用模式。

（5）单击"应用"按钮保存设置，但不会关闭对话框，用户可以继续设置其他属性；单击"确定"按钮，可以保存所有设置并关闭对话框。

2.5.3　更改登录身份

有时候，用户为了保障系统安全，可能对运行 SQL Server 服务的权限进行定制。对于 SQL Server 服务登录身份的更改过程，可以参考以下步骤。

（1）在"开始"菜单中，单击"所有程序"→"Microsoft SQL Server 2012"→"配置工具"→"SQL Server Configuration Manager"命令，启动该工具。

（2）在 SQL Server 配置管理器中，选择"SQL Server 服务"项，在详细窗口中，单击要更改登录身份的服务，如 SQL Server（MSSQLSERVER），右击该项，在弹出的快捷菜单中选择"属性"命令，弹出"服务属性"对话框，单击"登录"选项卡，如图 2-38 所示。

图 2-38　"服务属性"对话框的"登录"选项卡

（3）在"登录身份为"中选择"内置账户"或者"本账户"。如果选择"本账户"，请在"账户名"文本框中输入一个合法的用户名称，或单击"浏览"按钮来选择定制的系统用户。

（4）选择完用户后，输入密码并进行确认，单击"确定"按钮完成更改。

2.5.4　SQL Server 2012 网络配置

在客户端计算机连接到数据库引擎之前，服务器必须在侦听启用的网络库，并且要求启用服务器网络协议。使用 SQL Server 配置管理器工具可以进行如下的设置。

- 启用 SQL Server 实例要侦听的服务器协议。
- 禁用不再需要的服务器协议。
- 指定或更改每个数据库引擎将侦听的 IP 地址、TCP/IP 端口和命名管道。
- 为所有已启用的服务器协议启用安全套接字层加密。

若要连接到 SQL Server 2012 数据库引擎，必须启用网络协议。SQL Server 数据库可一次通过多种协议为请求服务。客户端用单个协议连接到 SQL Server。如果客户端程序不知道 SQL Server 在侦听哪个协议，可以配置客户端按顺序尝试多个协议。

1. 服务器支持的常用网络协议

（1）Shared Memory 协议。Shared Memory 是可供使用的最简单协议，没有可配置的设置。由于使用 Shared Memory 协议的客户端仅可以连接到同一台计算机上运行的 SQL Server 实例，因此它对于大多数数据库活动而言是没用的。如果怀疑其他协议配置有误，请使用 Shared Memory 协议进行故障排除。

（2）TCP/IP 协议。TCP/IP 是 Internet 上广泛使用的通用协议，它与互联网络中硬件结构和操作系统各异的计算机进行通信。它包括路由网络流量的标准，并能够提供高级安全功能。TCP/IP 协议是目前在商业中最常用的协议。

（3）Named Pipes 协议。Named Pipes 是为局域网而开发的协议。它的运行模式是内存的一部分被某个进程用来向另一个进程传递信息，因此一个进程的输出就是另一个进程的输入。第二个进程可以是本地的，也可以是远程的。

（4）VIA 协议。虚拟接口适配器（VIA）协议和 VIA 硬件一同使用。请咨询硬件供应商，了解有关使用 VIA 的信息。

2. 服务器端网络协议配置

（1）在"开始"菜单中，单击"所有程序"→"Microsoft SQL Server 2012"→"配置工具"→"SQL Server Configuration Manager"命令，启动 SQL Server 配置管理器。

（2）展开"SQL Server 网络配置"，选择"MSSQLSERVER 的协议"，如图 2-39 所示。

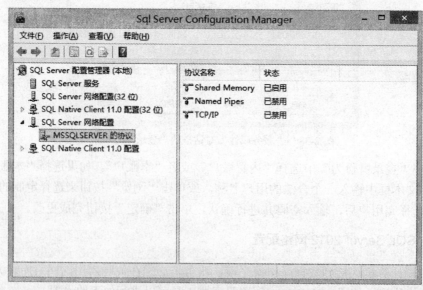

图 2-39　SQL Server 2012 网络配置

（3）启用或禁用服务器端协议：在右边的详细窗口中列出了服务器支持的所有协议及协议的状态，右击任何协议，在弹出菜单中可以启用或禁用该协议，如果要进行远程连接，一定要启用 TCP/IP 协议。

（4）配置 IP 地址与端口号：右击"TCP/IP"，在弹出菜单中选择"属性"命令，打开如图 2-40 所示的"TCP/IP 属性"对话框，选择"IP 地址"选项卡，即可对数据库引擎将侦听的 IP 地址、TCP/IP 端口等进行设置。SQL Server 数据库引擎默认的端口号为 1433。

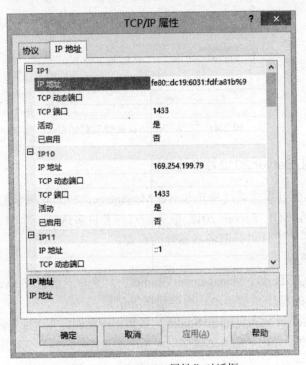

图 2-40　"TCP/IP 属性"对话框

2.5.5　配置客户端网络协议

用户可以根据需要管理客户端网络协议，如启用或者禁用、设置协议的优先级等，以提供更加可靠的性能。具体方法如下：

（1）在"开始"菜单中单击"所有程序"→"Microsoft SQL Server 2012"→"配置工具"→"SQL Server Configuration Manager"命令，启动 SQL Server 配置管理器。

（2）在 SQL Server 配置管理器中，展开"SQL Native Client11.0 配置"，右击"客户端协议"，在弹出菜单中选择"属性"命令，打开"客户端协议属性"对话框，如图 2-41 所示。

（3）单击"禁用的协议"框中的协议，单击">"按钮来启用协议。如本例中启用了"TCP/IP"和"Named Pipes"协议。同样，可以通过单击"启用的协议"框中的协议，再单击"<"按钮来禁用协议。

（4）在"启用的协议"框中，单击"⬇"或"⬆"按钮更改尝试连接到 SQL Server 时使用的协议的顺序。"启用的协议"框中最上面的协议是默认协议。

（5）单击"确定"按钮，完成配置客户端的网络协议。

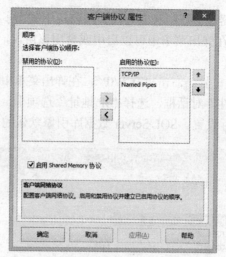

图 2-41　"客户端协议属性"对话框

2.5.6　配置 SQL Server 2012 服务器属性

可以使用系统存储过程或通过 SQL Server Management Studio 图形工具对 SQL Server 2012 服务器属性进行设置，SQL Server 2012 服务器对应着许多选项。本节讲述使用 SQL Server Management Studio 图形工具进行服务器属性的设置。

1．查看服务器属性

用户可以使用 SQL Server Management Studio 工具来查看 SQL Server 2012 数据库的服务器属性，包括服务器的操作系统版本、内存数据等信息。

（1）使用 SQL Server Management Studio 连接数据库实例，在对象资源管理器中，右击服务器，选择"属性"命令，弹出"服务器属性"对话框，选择"常规"选项卡，如图 2-42 所示。

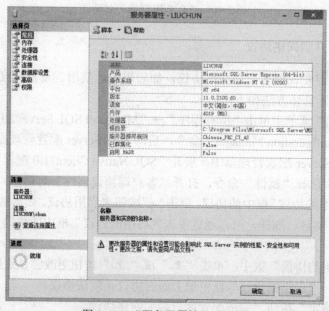

图 2-42　"服务器属性"对话框

（2）在"服务器属性"对话框中，依次单击各选项卡以查看有关该选项卡的服务器信息。

2. 设置处理器属性

在图 2-42 所示的"服务器属性"对话框中，单击"处理器"选项卡，可以对处理器属性进行设置。在多处理器环境中，处理器属性的合理设置有助于系统性能的提升。在多处理器环境下，用户也可以指定投入使用的处理器。在处理器属性设置中，值得注意的参数是"最大工作线程数"，它的含义是当实际的用户连接数量少于"最大工作线程数"的设置值时，每一个线程处理一个连接。但是，如果实际的用户连接数量超过"最大工作线程数"的设置值时，SQL Server 将建立工作线程池，使下一个可用的工作线程可以处理请求。如果"最大工作线程数"的默认值是 0，则允许 SQL Server 在启动时自动配置工作线程数。该设置对于大多数系统而言是最佳设置，但是，根据系统配置，将"最大工作线程数"设置为特定的值有时会提高性能。要设置该参数，可以在打开的"服务器属性"对话框中选择"处理器"选项卡，进行相关设置。

3. 设置安全性属性

在"安全性"选项卡中，主要涉及"服务器身份验证""登录审核""服务器代理账户"和"选项"几个部分。在图 2-42 所示的"服务器属性"对话框中，单击"安全性"选项卡，如图 2-43 所示。

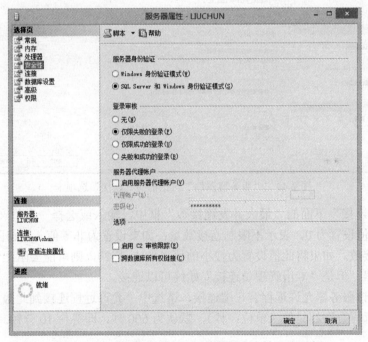

图 2-43　"服务器属性"对话框的"安全性"选项卡

（1）在图 2-43 所示的"服务器属性"对话框的"安全性"选项卡中，用户可以更改"服务器身份验证"模式。可供选择的验证模式有"Windows 身份验证模式"和"SQL Server 和 Windows 身份验证模式"。如果您的服务器仅限于本机或局域网内访问，可以选择"Windows 身份验证模式"，否则请选择"SQL Server 和 Windows 身份验证模式"。

（2）"启用 C2 审核跟踪"选项将配置服务器，以记录对语句和对象的失败和成功的访问尝试。这些信息可以帮助用户了解系统活动并跟踪可能的安全策略冲突。如果"启用 C2 审核跟踪"选项，数据库运行速度会变慢，所以一般只在发现数据库运行异常时才启用"启用 C2 审核跟踪"选项。

（3）"跨数据库所有权链接"可以为 SQL Server 实例配置跨数据库所有权链接。

4. 设置连接属性

在图 2-42 所示的"服务器属性"对话框中，单击"连接"选项卡，如图 2-44 所示。连接属性的设置主要有"连接""默认连接选项""远程服务器连接"三个部分。

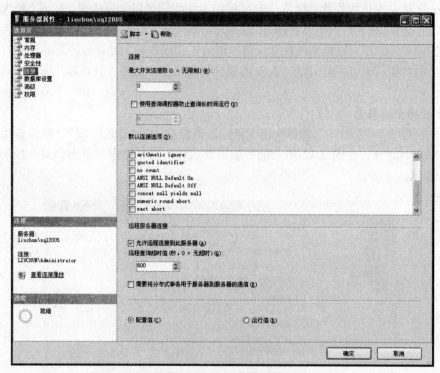

图 2-44 "服务器属性"对话框的"连接"选项卡

（1）在"连接"下面的"最大并发连接数"框中，输入或选择一个值（介于 0～32767 之间），如果该值设置为 0，表示不限制连接数量；如果设置为非零值，则将限制 SQL Server 允许的并发连接数。如果将此值设置为较小的值（如 1 或 2），则可能会阻止管理员进行连接以管理该服务器；但是"专用管理员连接"始终可以连接。

（2）如果该服务器允许远程客户端连接，请选中"允许远程连接到此服务器"复选框。同时可以设置远程查询超时值（单位：秒），默认为 600 秒，即等待 10 分钟。

第3章 关系数据库标准语言 SQL

SQL 语言也叫结构化查询语言（Structured Query Language），是一种介于关系代数与关系演算之间的语言。其功能包括：数据定义、数据查询、数据操作和数据控制四个方面，是一个通用的、功能很强的关系数据库语言。目前已成为关系数据库的标准语言。

3.1 SQL 概述

1. SQL 语言

SQL 语言是 1974 年由 Boyce 和 Chamberlin 提出的。1975 年至 1979 年 IBM 公司 Sanjose Research Laboratory 研究的关系数据库管理系统原型系统 System R 实现了这种语言，由于它功能丰富、语言简洁、使用方便，被众多计算机公司和软件公司所采用，并经各公司不断修改、扩充和完善，SQL 语言最终发展为关系数据库的标准语言。

第一个 SQL 标准是 1986 年 10 月由美国国家标准局（American National Standards Institute，ANSI）公布的，所以该标准也称 SQL-86。1987 年国际标准化组织（International Organization for Standardization，ISO）也通过了这一标准，此后 ANSI 不断修改和完善 SQL 标准，并于 1989 年第二次公布 SQL 标准（SQL-89），1992 年又公布了 SQL-92 标准。目前常用的数据库管理软件都支持标准的 SQL 语句。

2. 扩展 SQL 语言

尽管 ASNI 和 ISO 已经针对 SQL 制定了一些标准，但标准 SQL 语言只能完成数据库的大部分操作，不适合为关系数据库编写各种类型的程序，各家厂商针对其各自的数据库软件版本又做了某些扩充和修改，一般都根据需要增加了一些非标准的 SQL 语言。经扩充后的 SQL 语言称为扩展 SQL 语言。微软的 SQL Server 数据库服务器支持的 SQL 语言为 Transact-SQL，Oracle 支持的 SQL 语言称为 PL/SQL。

3.2 数据定义

SQL 数据定义功能包括定义基本表、定义视图和定义索引等，如表 3-1 所示。由于视图是基于基本表的虚表，索引是基于基本表的，因此 SQL 通常不提供修改视图和索引语句，用户如果要修改视图或索引，只能先将它们删除，然后重新创建。

表 3-1　SQL 数据定义语句

操作对象	操作方式		
	创建	删除	修改
基本表	CREATE TABLE	DROP TABLE	ALTER TABLE
视图	CREATE VIEW	DROP VIEW	
索引	CREATE INDEX	DROP INDEX	

本节只介绍如何定义基本表和索引，视图的概念和定义在 3.5 节讨论。

1. 基本表定义

CREATE TABLE 〈表名〉
(列名 1　数据类型　[列级完整性约束条件]，
列名 2　数据类型　[列级完整性约束条件]，
……
列名 N　数据类型　[列级完整性约束条件]
[表级完整性约束条件])

说明：

（1）其中表名是要定义的基本表的名称。一个表可以由一个或多个属性列组成。

（2）创建表时通常还可以定义与该表有关的完整性约束条件。完整性约束条件被存入系统的数据字典中。当用户对表中的数据进行更新操作（插入和修改）时，DBMS 会自动检查该操作是否违背这些约束条件。如果完整性约束条件涉及表的多个属性列，则必须定义在表级上，否则既可以定义在列级，也可以定义在表级。

1）实体完整性定义语法：

在具体数据库系统中，实体完整性通过定义主键来实现，定义主键的语法为：

[CONSTRAINT 约束名] PRIMARY KEY[(属性列表)]

注意：如果定义在表级，[(属性列表)]不可省略。

2）参照完整性定义语法：

[CONSTRAINT 约束名] FOREIGN KEY(列名)REFERENCES <被参照表表名>(被参照表列名)。

3）自定义完整性定义语法：

- 列值非空：[CONSTRAINT 约束名] NOT NULL。
- 列值唯一：[CONSTRAINT 约束名] UNIQUE[(属性列表)]。
- 逻辑表达式：[CONSTRAINT 约束名] CHECK(表达式)。

（3）数据类型：SQL Server 2012 常用数据类型。

- Int 或 Smallint：整型。
- Bit：整型，只能存储 0 或 1。通常用于存储逻辑型数据。
- Float：浮点型。
- Real：实型。
- decimal [(p[,s)]]和 numeric[(p[,s)]]：固定精度数值型，使用最大精度时，有效值的范围为-10^38+1 到 10^38-1。p（精度）：最多可以存储的十进制数字的总位数，包括小数点左边和右边的位数，该精度必须是从 1 到最大精度 38 之间的值。默认精度为 18。s（小数位数）：小数点右边可以存储的十进制数字的位数。从 p 中减去此数字可确定小数点左边的最大位数，小数位数必须是从 0 到 p 之间的值。仅在指定精度后才可以指定小数位数。默认的小数位数为 0；因此，0≤s≤p。最大存储大小基于精度而变化。
- Text 或 Ntext：文本。Ntext 采用的是 Unicode 编码，Text 采用的是非 Unicode 编码，最大可以存储 2GB。
- Image：图形和图像，最大可以存储 2GB。
- Binary(n)：长度为 n 字节的固定长度二进制数据，其中 n 是从 1 到 8000 的值。存储大小为 n 字节。

- Varbinary(n|max)：可变长度二进制数据。n 的取值范围为 1 至 8000。max 指示最大存储大小是 2^31-1 个字节。
- Char(n)或 Nchar(n)：固定长度字符型。Nchar 采用的是 Unicode 编码，Char 采用的是非 Unicode 编码，n 的取值范围为 1 至 8000。
- Varchar(n)或 Nvarchar(n)：可变长字符型。Nvarchar 采用的是 Unicode 编码，Varchar 采用的是非 Unicode 编码，n 的取值范围为 1 至 8000。
- Datetime 和 Smalldatetime：日期时间。
- Date 和 Time：Date 只存日期，Time 只存时间（hh:mm:ss.nnnnn）。

例 3-1　创建图书信息表、读者信息表和借阅表（表中列定义请参考表 2-3 至表 2-5）。

（1）创建图书信息表。

```
CREATE TABLE BOOK
(BOOKID CHAR(20) PRIMARY KEY,
BOOKNAME VARCHAR(60) NOT NULL,
EDITOR VARCHAR(50),
PRICE NUMERIC(6,2),
PUBLISHER   VARCHAR(50),
PUBDATE DATETIME,
QTY INT)
```

（2）创建读者信息表。

```
CREATE TABLE READER
(CARDID CHAR(10) PRIMARY KEY,
NAME VARCHAR(50),
SEX CHAR(2),
DEPT VARCHAR(50),
CLASS INT)
--读者类型：1 代表教师，2 代表学生，3 代表临时读者
```

（3）创建借阅表。

```
CREATE TABLE BORROW
(BOOKID CHAR(20),
CARDID CHAR(10),
BDATE DATETIME NOT NULL,
SDATE DATETIME,
PRIMARY KEY(BOOKID,CARDID,BDATE),
CONSTRAINT FK_BOOKID FOREIGN KEY(BOOKID) REFERENCES BOOK(BOOKID),
CONSTRAINT FK_CARDID FOREIGN KEY(CARDID) REFERENCES READER (CARDID))
```

2. 修改基本表

随着应用环境和应用需求的变化，有时需要修改已建立好的基本表，包括增加新列、增加新的完整性约束条件、修改原有的列定义或删除已有的完整性约束条件等。SQL 语言用 ALTER TABLE 语句修改基本表，其一般格式为：

```
ALTER TABLE <表名>
ALTER COLUMN <列名> <新的类型>[NULL| NOT NULL]
```

    ADD <新列名> <数据类型> [完整性约束]

    ADD <表级完整性定义>

    DROP CONSTRAINT <完整性约束名>

    DROP COLUMN <列名>

  其中<表名>指定需要修改的基本表，ADD 子句用于增加新列或新的完整性约束条件，DROP 子句用于删除指定的完整性约束条件或列定义，ALTER 子句用于修改原有列的定义。

  注意：ALTER TABLE 每次只能使用一个子句。

  例 3-2 在图书信息表中增加一列出版时间（PUBDATE），并将 BOOKID 列宽改为 15。

    ALTER TABLE BOOK

     ADD PUBDATE DATETIME

    GO

    ALTER TABLE BOOK

     ALTER COLUMN BOOKID CHAR(15)

  例 3-3 删除借阅表中的参照完整性。

    ALTER TABLE BORROW

     DROP CONSTRAINT FK_BOOKID

    GO

    ALTER TABLE BORROW

     DROP CONSTRAINT FK_CARDID

  例 3-4 如果例 3-1 中没为借阅表创建参照完整性，或者已按例 3-3 将参照完整性删除，则可按下面方法创建参照完整性。

    ALTER TABLE BORROW

     ADD CONSTRAINT FK_BOOKID FOREIGN KEY(BOOKID) REFERENCES BOOK(BOOKID)

    GO

    ALTER TABLE BORROW

     ADD CONSTRAINT FK_CARDID FOREIGN KEY(CARDID) REFERENCES READER(CARDID)

  3. 删除基本表

  当某个基本表不再需要时，可以使用 SQL 语句 DROP TABLE 进行删除。其一般格式为：

    DROP TABLE <表名>

  基本表一旦删除，表中的数据和在此表上建立的索引都将自动被删除，而建立在此表上的视图虽仍然保留，但已无法引用。因此执行删除操作一定要格外小心。

  4. 建立索引

  在 SQL 语言中，建立索引使用 CREATE INDEX 语句，其一般格式为：

    CREATE [UNIQUE] [CLUSTER] INDEX <索引名>

     ON <表名> (<列名> [<ASC|DESC>] [,<列名> [<ASC|DESC>]]...);

  其中，<表名>指定要建索引的基本表的名称。索引可以建在该表的一列或多列上，各列之间用逗号分隔。每个<列名>后面可以用 ASC（升序）或 DESC（降序）指定索引值的排列次序，缺省值为 ASC。

- UNIQUE 表示如果基本表中对应索引列有多条记录具有相同的值，在索引中只出现一次，即只有一条记录参与索引。
- CLUSTER 表示要建立的索引是聚簇索引。所谓聚簇索引是指索引项的顺序与表中记录的物理顺序一致的索引组织。

用户可以在最常查询的列上建立聚簇索引以提高查询效率。显然在一个基本表上最多只能建立一个聚簇索引。建立聚簇索引后，更新索引列数据时，往往导致表中记录的物理顺序的变更，代价较大，因此对于经常更新的列不宜建立聚簇索引。

5. 删除索引

索引一经建立，就由系统使用和维护它，不需要用户干预。建立索引是为了减少查询操作的时间，如果数据修改频繁，系统会花费许多时间来维护索引。这时，可以删除一些不必要的索引。

在 SQL 语言中，删除索引使用 DROP INDEX 语句，其一般格式为：

　　　DROP INDEX <表名>.<索引名>

例 3-5　对图书信息表按书名创建索引（升序）。

　　　CREATE INDEX B_NAME
　　　ON BOOK(BOOKNAME)

注意：SQL Server 中，系统会自动为主键创建索引，所以用户不必再为主键创建索引。

3.3　数据查询

建立数据库的目的是查询数据，因此，可以说数据库查询是数据库的核心操作。SQL 语言提供了 SELECT 语句来进行数据库的查询，该语句具有灵活的使用方式和丰富的功能。其一般格式为：

　　　SELECT [ALL | DISTINCT] <目标列表达式> [, <目标列表达式>...]
　　　FROM <表名或视图名 [别名]> [, <表名或视图名>[别名]]...
　　　[WHERE <条件表达式>]
　　　[GROUP BY <分组表达式> [HAVING <条件表达式>]]
　　　[ORDER BY <排序列名> [ASC | DESC]];

整个 SELECT 语句的含义是，根据 WHERE 子句的条件表达式，从 FROM 子句指定的基本表或视图中找出满足条件的元组，再按 SELECT 子句中的目标列表达式，选出元组中的属性值形成结果集合。如果有 GROUP 子句，则将结果按<分组表达式>的值进行分组，该属性列值相等的元组为一个组，每个组产生结果表中的一条记录。如果是 GROUP 子句带 HAVING 短语，则只有满足指定条件的组才输出。如果有 ORDER BY 子句，则结果集按<排序列名>的值的升序或降序排序。

ALL | DISTINCT：选择 DISTINCT 表示去掉结果中相同的记录；选择 ALL 表示不去掉相同的记录，默认为 ALL。

SELECT 语句既可以完成简单的单表查询，也可以完成复杂的连接查询和嵌套查询。

本节通过大量的实例介绍了 SELECT 语句的用法，涉及的表结构请参考表 2-3、表 2-4、表 2-5，表中数据请参照第 1 章的表 1-3、表 1-4 和表 1-5。

3.3.1　单表查询

单表查询是指仅涉及一个数据库表的查询，比如选择一个表中的某些列值、选择一个表中的满足条件的行等。单表查询是一种最简单的查询操作。

1. 选择表中的若干列

选择表中的全部列或部分列，这类运算又称为投影。其变化方式主要表现在 SELECT 子句的<目标表达式>上。

例 3-6 查询所有读者的卡号和姓名。

SELECT CARDID, NAME

FROM READER

例 3-7 查询所有图书信息。

SELECT *

FROM BOOK

说明：*代表所有列

查询结果如下：

Bookid	Bookname	Editor	Price	Publisher	PubDate	Qty
TP2001--001	数据结构	李国庆	22	清华大学出版社	2001-01-08	20
TP2003--002	数据结构	刘娇丽	19	中国水利水电出版社	2003-10-15	50
TP2002--001	高等数学	刘自强	12	中国水利水电出版社	2002-01-08	60
TP2003--001	数据库系统	汪 洋	14	人民邮电出版社	2003-05-18	26
TP2004--005	数据库原理与应用	刘 淳	24	中国水利水电出版社	2004-07-25	100

例 3-8 使用别名，查询所有读者的卡号和姓名。

SELECT CARDID 卡号, NAME 姓名

FROM READER

如果 READER 表中的数据如下：

CARDID	NAME	SEX	DEPT	CLASS
T0001	刘勇	男	计算机系	1
S0101	丁钰	女	人事处	2
S0111	张清蜂	男	培训部	3
T0002	张伟	女	计算机系	1

则查询结果为：

卡号	姓名
T0001	刘勇
S0101	丁钰
S0111	张清蜂
T0002	张伟

2. 选择表中满足条件的记录

查询满足指定条件的元组可以通过 WHERE<条件表达式>子句实现。条件表达式是操作数与运算符的组合，操作数可以包括常数、变量和字段等。常用运算符如表 3-2 所示。

表 3-2   常用运算符

查询条件	运算符
比较	=, >, >=, <, <=, !=, <>
确定范围	BETWEEN…..AND…... NOT BETWEEN….AND…

续表

查询条件	运算符
集合运算	IN，NOT IN
字符匹配	LIKE，NOT LIKE
空值判断	IS NULL，IS NOT NULL
逻辑运算	AND，OR，NOT

（1）比较运算：比较运算的操作数一般为数值型、字符型和日期时间型。英文字母按 ASCII 码比较，中文按拼音比较，日期时间按先后顺序比较。

比较运算符一般包括：

=   等于

>   大于

>=   大于或等于

<   小于

<=   小于或等于

!=或<>   不等于

例 3-9   查询价格在 20 元以上的所有图书信息。

```
SELECT *
FROM BOOK
WHERE PRICE>=20
```

例 3-10   查询在 2003 年后的借书记录。

```
SELECT *
FROM BORROW
WHERE BDATE>'2003-01-01'
```

（2）确定范围：判断查找属性值在（BETWEEN AND）或不在（NOT BETWEEN AND）指定范围。

例 3-11   查询价格在 20～30 元之间的所有图书信息。

```
SELECT *
FROM BOOK
WHERE PRICE BETWEEN 20 AND 30
```

（3）集合运算：关键字 IN 可用于查找属性值是否属于指定集合中的元素。

例 3-12   查询电子工业出版社、清华大学出版社和高等教育出版社出版的所有图书的书名。

```
SELECT BOOKNAME
FROM BOOK
WHERE PUBLISHER IN ('电子工业出版社', '清华大学出版社', '高等教育出版社')
```

（4）字符匹配：LIKE 可以用来进行字符串匹配。其语法格式如下：

[NOT] LIKE "<匹配串>" [ESCAPE] "<换码字符>"

含义是查找指定的属性列与<匹配串>相匹配的元组。

<匹配串>可以是一个完整的字符串，也可以含有通配符%和_。

●   %：代表任意长度（长度可以为 0）的字符串。

●   _：代表任意单个字符。

如果<匹配串>是不含通配符的完整字符串，则 LIKE 和 "=" 功能相同。

例 3-13　查询以"数据库"开头的所有图书的书名和出版社。

```
SELECT BOOKNAME, PUBLISHER
FROM BOOK
WHERE BOOKNAME LIKE '数据库%'
```

查询结果如下：

BOOKNAME	PUBLISHER
数据库系统	人民邮电出版社
数据库原理与应用	中国水利水电出版社

如果用户要查询的字符串本身就含有%或_，这时可以使用[ESCAPE] "<换码字符>"选项进行转义。

例 3-14　查询书名含有 DELPHI_6 的所有图书信息。

```
SELECT *
FROM BOOK
WHERE BOOKNAME LIKE '%DELPHI\_6%' ESCAPE '\'
```

"ESCAPE '\'" 短语表示"\"为转义字符。这样，匹配的串中紧跟在"\"后面的字符"_"就不再具有通配符的含义，而被转义为普通的"_"字符。

（5）空值判断：如果某字段允许取空值，并且没有指定默认值，那么如果在该字段上没有赋值，系统将为其赋空值（NULL），空值不是 0，也不是空字符，而是表示不确定。判断一个字段是否为空值，只能使用 IS NULL 或者 IS NOT NULL。

例 3-15　读者借书后还未还书时，借阅表中的还书日期为空值。查询所有未还书籍的读者号和借书时间。

```
SELECT CARDID , BDATE
FROM BORROW
WHERE SDATE IS NULL
```

如果 BORROW 表的数据如下：

BOOKID	CARDID	BDATE	SDATE
TP2003--002	T0001	2003-11-18	2003-12-09
TP2001--001	S0101	2003-02-28	2003-05-20
TP2003--001	S0111	2004-05-06	NULL
TP2003--002	S0101	2004-02-08	NULL

则查询结果如下：

CARDID	BDATE
S0111	2004-05-06
S0101	2004-02-08

（6）逻辑运算：利用逻辑运算符可以将上述条件进行组合，实现多重条件查询。

例 3-16　查询单位为"计算机系"且类别为教师的所有读者信息。

```
SELECT *
FROM READER
WHERE DEPT='计算机系' AND CLASS=2
```

3. 对查询结果排序

如果没有指定查询结果的显示顺序，DBMS 将按其最方便的顺序（通常是元组在表中的先后顺序）输出查询结果。用户也可以用 ORDER BY 子句指定按照一个或多个属性列的升序（ASC）或降序（DESC）重新排列查询结果，其中升序 ASC 为缺省值。

注意： 对查询结果排序只作用于显示的结果，不会影响表的物理顺序。

例 3-17　查询 2003 年后出版的所有图书并按出版先后顺序排序。

```
SELECT *
FROM BOOK
WHERE PUBDATE>='2003-01-01'
ORDER BY PUBDATE
```

4. 使用集函数

为了进一步方便用户，增强检索功能，SQL 提供了许多集函数，主要包括：

- COUNT ([DISTINCT |ALL] *)　统计元组个数。
- COUNT ([DISTINCT | ALL] <列名>)　统计一列中值的个数。
- SUM ([DISTINCT | ALL] <列名>)　计算一列值的总和（此列必须是数值型）。
- AVG([DISTINCT | ALL] <列名>)　计算一列值的平均值（此列必须是数值型）。
- MAX([DISTINCT | ALL] <列名>)　计算一列值的最大值。
- MIN([DISTINCT | ALL] <列名>)　计算一列值的最小值。

如果指定 DISTINCT，则表示在计算时要取消指定列中的重复值。如果不指定 DISTINCT 或指定 ALL（为默认），则表示不取消重复值。

例 3-18　查询读者总数。

在 READER 表中，每个读者有一条记录，所以读者数等于记录数。

```
SELECT COUNT(*)
FROM READER
```

例 3-19　查询有未还书的读者数。

```
SELECT COUNT(DISTINCT CARDID)
FROM BORROW
WHERE SDATE IS NULL
```

这里一定要使用 DISTINCT 选项，因为有些读者会有多本未还图书。

例 3-20　查询库存书总数。

```
SELECT SUM(QTY)
FROM BOOK
```

5. 分组统计

GROUP BY<分组表达式>子句可以将查询结果中的各行按一列或多列取值相等的原则进行分组。分组一般与集函数一起使用。

对查询结果分组的目的是为了细化集函数的作用范围。如果未对查询结果分组，集函数将作用于整个查询结果，即对查询结果中的所有记录进行计算。如果有分组，集函数将作用于每一个分组，即集函数对每个组分别进行计算。

例 3-21　统计不同类型的读者数。

```
SELECT CLASS, COUNT(CARDID)
FROM READER
GROUP BY CLASS
```

例 3-22 按出版年份统计库存量。

```
SELECT DATEPART(YY,PUBDATE), SUM(QTY)
FROM BOOK
GROUP BY DATEPART(YY,PUBDATE)
```

注：DATEPART(YY,PUBDATE)是 SQL Server 2012 中的函数，其作用是从一个日期中分离出年份。DATEPART 函数的用法请读者查阅在线帮助。

注意：如果要对分组进行条件筛选，可以使用 HAVING <条件表达式>。WHERE 中的条件作用于每一个元组，HAVING 中的条件作用于每一个分组，其用法和作用都不相同，不能相互替代。

例 3-23 查询借书数量大于 10 本的读者卡号。

```
SELECT CARDID
FROM BORROW
WHERE SDATE IS NULL
GROUP BY CARDID HAVING COUNT(BOOKID)>10
```

3.3.2 多表查询

一个数据库中的多个表之间一般都存在某种内在联系，它们共同提供有用的信息。前面的查询都是针对一个表进行的。若一个查询同时涉及两个以上的表，则称之为多表查询或连接查询。连接查询实际上是关系数据库中最主要的查询，主要包括等值查询、非等值连接查询、自身连接查询、外连接查询和复合条件连接查询。

1. 等值与非等值连接查询

当用户的一个查询请求涉及到数据库的多个表时，必须按照一定的条件把这些表连接在一起，以便能够共同提供用户需要的信息。用来连接两个表的条件称为连接条件或连接谓词，其一般格式为：

　　　[<表名 1> .]<列名 1> <比较运算符>[<表名 2> .]<列名 2>

当连接运算符为"＝"时，称为等值连接。使用其他运算符称为非等值连接。

连接谓词中的列名称为连接字段。连接条件中的各连接字段类型必须是可比的，但不必是相同的。例如，可以都是字符型或日期型；也可以一个是整型，另一个是实型，整型和实型都是数值型，因此是可比的。但若一个是字符型，另一个是整型就不允许了，因为它们是不可比的类型。

从概念上讲，DBMS 执行连接操作的过程为：首先在表 1 中定位到第一个元组，然后从表 2 的第一个元组开始顺序扫描或按索引扫描表 2 的所有元组，查找满足连接条件的元组，每找到一个元组，就将表 1 中的第一个元组与该元组拼接起来，形成结果表中的一个元组。表 2 全部扫描完成后，再到表 1 中找到第二个元组，然后从头开始顺序扫描或按索引扫描表 2，查找满足连接条件的元组，每找到一个元组，就将表 1 中的第二个元组与该元组拼接起来，形成结果表中的一个元组。重复上述操作，直到表 1 全部处理完成为止。

例 3-24 查询所有借书未还的读者的姓名。

```
SELECT NAME
FROM READER,BORROW
WHERE READER.CARDID=BORROW.CARDID AND SDATE IS NULL
```

结果如下：

```
NAME
----------
丁钰
张清蜂
----------
```

读者可根据连接的操作过程，参考第 2 章的表 2-3 和表 2-4 分析查询的结果，并与计算机的查询结果进行比较。

如果属性名在参与连接的表中不是唯一的，则必须在属性名前加表名，如例 3-24 中的 CARDID。如果属性名在参与连接的表中是唯一的，则属性名前可以加表名也可以不加表名。

例 3-25   查询所有读者信息及借阅情况。

```
SELECT READER.* , BORROW.*
FROM READER , BORROW
WHERE READER.CARDID=BORROW.CARDID
```

该查询结果中将包含 READER 和 BORROW 表中的所有列。

2. 自然连接

如果按照两个表中的相同属性进行等值连接，且目标列中去掉了重复的属性列，但保留所有不重复的属性列，则称为自然连接。

例 3-26   自然连接 READER 和 BORROW 表。

```
SELECT READER.CARDID, NAME, SEX, DEPT, CLASS , BOOKID, BDATE, SDATE
FROM READER,BORROW
WHERE READER.CARDID=BORROW.CARDID
```

查询结果如下：

CARDID	NAME	SEX	DEPT	CLASS	BOOKID	BDATE	SDATE
T0001	刘勇	男	计算机系	1	TP2003--002	2003-11-18	2003-12-09
S0101	丁钰	女	人事处	2	TP2001--001	2003-02-28	2003-05-20
S0111	张清蜂	男	培训部	3	TP2003--001	2004-05-06	NULL
S0101	丁钰	女	人事处	2	TP2003--002	2004-02-08	NULL

3. 自身连接

连接操作不仅可以在两个表之间操作，也可以是一个表与其自己进行连接，这种操作称为自身连接。

例 3-27   查询书名相同而出版社不同的所有图书的书名。

```
SELECT DISTINCT B1.BOOKNAME
FROM BOOK B1,BOOK B2
WHERE B1.BOOKNAME=B2.BOOKNAME
        AND B1.PUBLISHER<>B2.PUBLISHER
```

查询结果为：

```
BOOKNAME
-------------
数据结构
-------------
```

如果连接查询涉及同一个表中的不同记录，一般要使用自身连接。

其中 B1、B2 为表的别名。如果要打开两个相同的表，一定要使用别名。

4. 外连接

在通常的连接操作中（一般也叫内连接），只有满足连接条件的元组才能作为结果输出。如例 3-24，如果某读者还没有借书记录，在结果集中就看不到该读者的信息。如果希望没有借书的读者也出现在结果集合中，只能使用外连接语法实现。

外连接又分为左外连、右外连和全外连。

● 左外连：查询结果中不仅包含符合连接条件的行，而且包含左表中所有数据行。

● 右外连：查询结果中不仅包含符合连接条件的行，而且包含右表中所有数据行。

● 全外连：查询结果中不仅包含符合连接条件的行，而且包含两个连接表中所有数据行。

外连接的实现：外连接可以使用 SELECT 语句中的 FORM 子句来实现。SQL-92 标准所定义的 FROM 子句的连接语法格式为：

FROM JOIN_TABLE JOIN_TYPE JOIN_TABLE [ON (JOIN_CONDITION)]

其中：

JOIN_TABLE 指出参与连接操作的表名。

JOIN_CONDITION 为连接条件。

JOIN_TYPE 为连接类型，可以是：INNER 内连接；LEFT OUTER 左外连；RIGHT OUTER 右外连；FULL OUTER 全外连。

例 3-28 在例 3-24 中要求将没有借书记录的读者也显示出来。

```
SELECT READER.CARDID, NAME, SEX, DEPT, CLASS, BOOKID, BDATE, SDATE
FROM READER LEFT OUTER JOIN  BORROW
ON READER.CARDID=BORROW.CARDID
```

查询结果如下：

CARDID	NAME	SEX	DEPT	CLASS	BOOKID	BDATE	SDATE
T0001	刘勇	男	计算机系	1	TP2003--002	2003-11-18	2003-12-09
S0101	丁钰	女	人事处	2	TP2001--001	2003-02-28	2003-05-20
S0101	丁钰	女	人事处	2	TP2003--002	2004-02-08	NULL
S0111	张清蜂	男	培训部	3	TP2003--001	2004-05-06	NULL
T0002	张伟	女	计算机系	1	NULL	NULL	NULL

读者 T0002 没有借书记录，外连接时相当于 BORROW 用一条空记录与之匹配。

5. 连接查询综合实例

例 3-29 查询借书期限超过 2 个月的所有读者的姓名、所借书籍名和借书日期。

```
SELECT NAME,BOOKNAME,BDATE
FROM BOOK,READER,BORROW
WHERE BOOK.BOOKID=BORROW.BOOKID
AND READER.CARDID=BORROW.CARDID
AND DATEDIFF(MM, BDATE,GETDATE()) >2
AND SDATE IS NULL
```

注：DATEDIFF 是 SQL Server 提供的函数，其作用是计算两个日期相差的年、月或日等，第一个参数用 MM 代表计算两个日期相差的月数；GETDATE()是获取系统当前日期，有关日期函数的具体用法请参照 SQL Server 的在线帮助。

例 3-30 按读者姓名查询指定读者的借还书历史记录。假设读者姓名为"刘勇"。

```
SELECT BOOKNAME,BDATE,SDATE
FROM BORROW,BOOK,READER
WHERE BOOK.BOOKID=BORROW.BOOKID
AND READER.CARDID=BORROW.CARDID
AND READER.NAME='刘勇'
```

如果按卡号查询，只须将 READER.NAME='刘勇'改为：

```
READER.CARDID='指定的卡号'。
```

例 3-31 查询指定图书的去向。如指定书名为"数据结构"。

```
SELECT READER.NAME,DEPT
FROM BORROW,READER,BOOK
WHERE BORROW.CARDID=READER.CARDID
AND BORROW.BOOKID=BOOK.BOOKID
AND BOOK.BOOKNAME='数据结构'
AND SDATE IS NULL
```

该例稍做修改即可完成按书号查询。

3.3.3 嵌套查询

在 SQL 语言中，一个 SELECT-FROM-WHERE 语句称为一个查询块。将一个查询块嵌套在另一个查询块的 WHERE 子句或 HAVING 短语条件中的查询称为嵌套查询或子查询。嵌套查询的求解方法是由里向外处理。即每个子查询在其上一级查询处理之前求解，子查询的结果将作为其父查询的查找条件。嵌套查询使得可以用一系列简单查询构成复杂的查询，从而明显地增强了 SQL 的查询能力。

1. 带 IN 谓词的子查询

带有 IN 谓词的子查询是指父查询与子查询之间用 IN 进行连接，判断某个属性列值是否在子查询的结果中。由于在嵌套查询中，子查询的结果往往是一个集合，所以谓词 IN 是嵌套查询中最经常使用的谓词。

例 3-32 查询借了"数据库系统"书籍的所有读者的姓名。

```
SELECT NAME
FROM READER
WHERE CARDID IN
    (SELECT CARDID
      FROM BORROW
      WHERE BOOKID IN
          (SELECT BOOKID
            FROM BOOK
            WHERE BOOKNAME='数据库系统'))
```

上例中各个子查询都只执行一次，其结果作为父查询的条件，操作过程可以如下描述：

第一步：根据书籍名称查出书籍 ID 号。

第二步：根据书籍 ID 号查询读者卡号。

第三步：根据读者卡号查询读者姓名。

上例有一个特点：子查询的查询条件不依赖于父查询，这类子查询称为不相关子查询（Uncorrelated Subquery）。

上例的嵌套查询也可以用连接查询实现（读者自己完成），但其执行速度远远快于连接查询。假设 READER 表、BORROW 表和 BOOK 表的记录数分别为 M、N 和 P，则上例的嵌套查询扫描记录的次数为 M+N+P，而连接查询扫描记录的次数为 M*N*P。

2．带有比较运算符的子查询

带有比较运算符的子查询是指父查询与子查询之间用比较运算符进行连接。当用户能确切知道内层查询返回的是单值时，可以用>、<、=、>=、<=、!=或<>等比较运算符。

例 3-33　查询与"刘勇"在同一个部门的所有读者的信息。

```
SELECT *
FROM READER
WHERE DEPT =(
    SELECT DEPT
    FROM READER
    WHERE NAME='刘勇')
```

3．带有 ANY 或 ALL 谓词的子查询

如果用户不能确切知道子查询的返回结果为单值时，可以使用带有 ANY 或 ALL 谓词的子查询，但 ANY 或 ALL 谓词必须与比较运算符一起使用。其语义为：

- >ANY：大于子查询结果中的某个值。
- <ANY：小于子查询结果中的某个值。
- >=ANY：大于等于子查询结果中的某个值。
- <=ANY：小于等于子查询结果中的某个值。
- =ANY：等于子查询结果中的某个值。
- !＝ANY 或<>ANY：不等于子查询结果中的某个值。
- >ALL：大于子查询结果中的所有值。
- <ALL：小于子查询结果中的所有值。
- >=ALL：大于等于子查询结果中的所有值。
- <=ALL：小于等于子查询结果中的所有值。
- !＝ALL 或<>ANY：不等于子查询结果中的任何一个值。

例 3-34　查询所有正借阅"中国水利水电出版社"出版的书籍的读者姓名。

```
SELECT NAME
FROM READER
WHERE CARDID =ANY(
    SELECT CARDID
    FROM BORROW
    WHERE SDATE IS NULL AND BOOKID =ANY(
        SELECT BOOKID
        FROM BOOK
        WHERE Publisher='中国水利水电出版社'))
```

事实上，用集函数实现子查询通常比直接用 ANY 或 ALL 查询效率要高。ALL 和 ANY 与集函数的对应关系如表 3-3 所示。

表 3-3　ANY，ALL 谓词与集函数及 IN 谓词的等价转换关系

	=	<> 或 !=	<	<=	>	>=
ANY	IN	--	< MAX	<=MAX	>MIN	>=MIN
ALL	--	NOT IN	<MIN	<=MIN	>MAX	>=MAX

4. 带有 EXISTS 谓词的子查询

EXISTS 代表存在。带有 EXISTS 谓词的子查询不返回任何实际数据，它只产生逻辑真值 true 或逻辑假值 false。若内层查询结果非空，则外层的 WHERE 子句返回真值，否则返回假值。

例 3-35　查询借阅了书号为 TP2004--005 图书的所有读者姓名。

```
SELECT NAME
FROM READER
WHERE EXISTS (
    SELECT *
    FROM BORROW
    WHERE BORROW.CARDID=READER.CARDIDID AND BOOKID='TP2004--005')
```

由 EXISTS 引出的子查询，其目标列表达式通常都用*，因为带 EXISTS 的子查询只返回真值或假值，给出列名也无实际意义。

这类查询与前面的不相关子查询有一个明显区别，即子查询的查询条件依赖于外层父查询的某个属性值（在本例中是依赖于 READER 表的 CARDID 值），我们称这类查询为相关子查询（Correlated Subquery）。求解相关子查询不能像求解不相关子查询那样，一次将子查询求解出来，然后求解父查询。相关子查询的内层查询由于与外层查询有关，因此必须反复求值。从概念上讲，相关子查询的一般处理过程如下：

首先取外层查询表中的第一个元组，根据它与内层查询相关的属性值处理内层查询，如果内查询找到一条记录，则停止进一步的查询，并返回真值（即内层查询结果非空），取此元组放入结果表；然后再检查外层查询表的下一个元组；重复这一过程，直至外层查询表全部检查完为止。

与 EXISTS 量词相对应的是 NOT EXISTS 谓词。使用不存在量词 NOT EXISTS 后，若内层查询结果为空，则外层的 WHERE 子句返回真值，否则返回假值。

3.3.4　SQL 集合运算——差集、并集、交集

SQL-3 标准中提供了三种对检索结果进行集合运算的命令：并集 UNION、交集 INTERSECT、差集 EXCEPT（在 Oracle 中叫做 MINUS）。在有些数据库中对集合运算的支持不够充分，如 MySQL 中只有 UNION，没有其他两种。实际上这些运算都可以通过普通的 SQL 语句来实现，但读者掌握这些方法有时会使查询语句写起来更简洁。

SQL Server 2008 之后已经完全支持 UNION、EXCEPT 以及 INTERSECT 集合运算符。其语法格式为：

查询 1

UNION 或 EXCEPT 或 INTERSECT

查询 2

（1）UNION 运算符：UNION 运算符是合并查询 1 和查询 2 的结果，并消去结果集合中

任何重复行。如果不想消除重复行，可以使用 UNION ALL 运算符。

（2）EXCEPT 运算符：EXCEPT 运算符是将查询 1 的结果集合减去也在查询 2 的结果中的行，即结果集合是包含在查询 1 中但不包含在查询 2 中的行，并消除所有重复行而派生出一个结果集合。如果不想消除重复行，可以使用 EXCEPT ALL 运算符。

（3）INTERSECT 运算符：取两个查询结果中的交集，即最终结果中包含既在查询 1 的结果中又在查询 2 的结果中的行，并消除所有重复行。如果不想消除重复行，可以使用 INTERSECT ALL 运算符。

注意：使用 UNION、INTERSECT 或 EXCEPT 运算符合并的所有查询必须在其目标列表中有相同数目的表达式。

例 3-36 查询所有图书的借出数量，并要求没有被借出的图书也要显示借出数量为 0。

```
SELECT BOOKID,COUNT(CARDID) NUM
FROM BORROW
WHERE SDATE IS NULL
GROUP BY BOOKID
UNION
SELECT BOOKID,0 NUM
FROM BOOK
WHERE BOOKID NOT IN (SELECT BOOKID FROM BORROW WHERE SDATE IS NULL)
```

查询结果如下：

bookid	num
TP2001--001	0
TP2002--001	0
TP2003--001	1
TP2003--002	1
TP2004--005	0

没有被借出的图书也要显示借出数量为 0 的查询语句也可以用 EXCEPT 实现，所以上面的代码也可以写成如下形式：

```
SELECT BOOKID,COUNT(CARDID) NUM
FROM BORROW
WHERE SDATE IS NULL
GROUP BY BOOKID
UNION
(SELECT BOOKID,0 NUM
FROM BOOK
EXCEPT
SELECT BOOKID,0 NUM
FROM BORROW
WHERE SDATE IS NULL)
```

3.4 数据更新

SQL 中数据更新包括插入数据、修改数据和删除数据三条语句。

3.4.1 插入数据

SQL 的数据插入语句 INSERT 通常有两种形式：一种是插入一个元组，另一种是插入子查询结果。后者可以一次插入多个元组。

1. 插入单个元组

插入单个元组的 INSERT 语句的语法格式为：

```
INSERT INTO<表名>[(<属性列 1>[,<属性列 2>...])]
VALUES(<常量 1>[,<常量 2>...])
```

其功能是将新元组插入指定表中。如果有属性列表，VALUES 中的参数将按次序分别赋予各属性列，即新记录属性列 1 的值为常量 1，属性 2 的值为常量 2……如果某些属性列在 INTO 子句中没有出现，则新记录在这些列上将取默认值或空值。

注意： 在表定义时说明了 NOT NULL 的属性列不能取空值，否则会出错。

如果 INTO 子句中没有指明任何列名，则新插入的记录必须在每个属性列上均有值。其赋值顺序与表中字段顺序相同。

例 3-37 在读者表中插入一条新的记录（'T0031', '刘伟', '男', '计算机系',1）

```
INSERT INTO READER
VALUES('T0031','刘伟','男','计算机系',1)
```

2. 插入子查询结果

插入子查询结果的 INSERT 语句的格式为：

```
INSERT INTO<表名>[(<属性列 1>[,<属性列 2>...])]
子查询;
```

其功能是以批量插入，一次将子查询的结果全部插入指定表中。子查询结果中列数应与 INTO 子句中的属性列数相同，否则会出现语法错误。

例 3-38 按书号统计每种图书的借出数量并保存到另一个表中。

```
CREATE TABLE BOOKQTY
(BOOKID CHAR(20),
   QTY INT)
GO
INSERT INTO BOOKQTY
SELECT BOOKID, COUNT(*)
FROM BORROW
WHERE SDATE IS NULL
GROUP BY BOOKID
```

3.4.2 修改数据

修改操作又称为更新操作，其语句格式为：

```
UPDATE <表名>
SET<列名>=<表达式>[, <列名>=<表达式>]...
[WHERE<条件>];
```

其功能是修改指定表中满足 WHERE 条件的元组。其中 SET 子句用于指定修改方法，即用<表达式>的值取代相应的属性列值。如果省略 WHERE 子句，则表示要修改表中的所有元组。

例 3-39 读者还书操作。设读者卡号为 T0001，书号为 TP2003--002。

```
UPDATE BORROW
SET SDATE=GETDATE()
WHERE BOOKID='TP2003--002' AND CARDID='T0001'
GO
UPDATE BOOK
SET QTY=QTY+1
WHERE BOOKID='TP2003--002'
```

例 3-40 读者借书操作。设读者卡号为 T0001，书号为 TP2004--005。

```
UPDATE BOOK
SET QTY=QTY-1
WHERE BOOKID='TP2004--005'
GO
INSERT INTO    BORROW(BOOKID,CARDID,BDATE)
VALUES('TP2004--005', 'T0001',GETDATE())
```

修改操作要注意数据库的一致性，UPDATEA 语句一次只能操作一个表。但如果执行完一条语句之后，机器突然出现故障，无法再继续执行第二条 UPDATE 语句，则数据库中的数据就会处于不一致状态。如例 3-39，如果第二个更新语句没有执行，就会出现实际图书数量与数据库不符。因此必须保证这两条 UPDATE 语句要么都做，要么都不做。为解决这个问题，数据库系统通常都引入了事务（Transaction）的概念（参考第 6 章）。

3.4.3 删除数据

删除数据指删除表中的某些记录，删除语句的一般格式为：

```
DELETE
FROM<表名>
[WHERE<条件>];
```

DELETE 语句的功能是从指定表中删除满足 WHERE 子句条件的所有元组。如果省略 WHERE 子句，表示删除表中的全部元组，但表的结构仍在。也就是说，DELETE 语句删除的是表中的数据，而不是表的结构。

例 3-41 删除卡号为 T0035 的读者的所有借书记录，然后删除该读者信息。

```
DELETE
FROM BORROW
WHERE CARDID='T0035'
GO
DELETE
FROM READER
WHERE CARDID ='T0035'
```

本例要先删除借书记录，是因为借阅表引用了读者表中的 CARDID 字段。

DELETE 操作也是一次只能操作一个表，因此同样会遇到 UPDATE 操作中提到的数据不一致问题。

例 3-42 清空借阅表。

```
DELETE
FROM BORROW
```

例 3-43 带子查询的删除操作。删除没有借书记录的所有读者。

```
DELETE
FROM READER
WHERE NOT EXISTS(
SELECT *
FROM BORROW
WHERE BORROW.CARDID=READER.CARDID)
```

3.5 视图

视图是关系数据库系统提供给用户以多种角度观察数据库中数据的重要机制。视图是从一个或几个基本表（或视图）导出的表，它与基本表不同，是一个虚表。换句话说，数据库中只存放视图的定义，而不存放视图对应的数据，这些数据仍存放在原来的基本表中。基本表中的数据发生变化，从视图中查询出的数据也就随之变化了。从这个意义上讲，视图就像一个窗口，透过它可以看到数据库中自己感兴趣的数据及其变化。

视图一经定义，就可以和基本表一样被查询和删除，也可以在一个视图之上再定义新的视图，但对视图的更新（增、删、改）操作则有一定的限制。

1. 建立视图

SQL 语言用 CREATE VIEW 命令建立视图，其一般格式为：

```
CREATE VIEW<视图名>[(<列名 1>[, <列名 2>]…)]
AS<子查询>
[WITH CHECK OPTION];
```

其中子查询可以是任意复杂的 SELECT 语句，但通常不允许含有 ORDER BY 子句和 DISTINCT 短语。

WITH CHECK OPTION 表示对视图进行 UPDATE、INSERT 和 DELETE 操作时要保证更新、插入或删除的行满足视图定义中的条件（即子查询中的条件表达式）。

如果 CREATE VIEW 语句仅指定了视图名，省略了组成视图的各个属性列名，则隐含该视图由子查询中 SELECT 子句目标列中的字段组成。但在下列三种情况下必须明确指定组成视图的所有列名：

（1）其中某个目标列不是单纯的属性名，而是集函数或列表达式。

（2）多表连接并选出了几个同名列作为视图的字段。

（3）需要在视图中为某个列启用新的更合适的名字。

需要说明的是，组成视图的属性列名必须依照上面的原则，或者全部省略或者全部指定，没有第三种选择。

若一个视图是从单个基本表导出的，并且只是去掉了基本表的某些行和某些列，但保留了码，称这类视图为行列子集视图。

视图不仅可以建立在一个或多个基本表上，也可以建立在一个或多个已定义好的视图上，或同时建立在基本表与视图上。

定义基本表时，为了减少数据库中的冗余数据，表中只存放基本数据，由基本数据经过各种计算派生出的数据一般是不存储的。由于视图中的数据并不实际存储，所以定义视图时可以根据应用的需要，设置一些派生属性列。这些派生属性列由于在基本表中并不实际存在，所以有时也称它们为虚拟列。

例 3-44　建立读者类别为学生（CLASS=1）的读者视图。

```
CREATE VIEW S_READER
AS
SELECT *
FROM READER
WHERE CLASS=1
```

本例中省略了视图的列名，隐含了该视图由子查询中 SELECT 子句中的目标列组成，由于 SELECT 的目标列为*，即为基本表 READER 中的全部列，所以视图 S_READER 中包含 READER 表的全部列。

例 3-45　创建教师读者视图，并要求进行修改和插入操作时仍保证视图只有教师记录。

```
CREATE VIEW T_READER
AS
SELECT CARDID, NAME, SEX, DEPT
FROM READER
WHERE CLASS=2
WITH CHECK OPTION
```

由于在定义视图时加上了 WITH CHECK OPTION 子句，以后对该视图行进行插入、修改和删除操作时，DBMS 会自动加上 WHERE CLASS=2 条件。

例 3-46　创建教师借阅视图。

```
CREATE VIEW T_BORROW
AS
SELECT CARDID, BOOKID, BDATE, SDATE
FROM BORROW
WHERE CARDID IN(
SELECT CARDID
FROM READER
WHERE CLASS=2)
```

本例虽然涉及两个表，但结果仍是从一个表中导出，所以仍是行列子集视图。

例 3-47　创建尚有未归还图书的读者借阅视图，包括读者姓名、所借书名和借书时间。

```
CREATE VIEW V_BORROW
AS
SELECT NAME,BOOKNAME,BDATE
FROM BORROW,READER,BOOK
WHERE BORROW.BOOKID=BOOK.BOOKID
AND BORROW.CARDID=READER.CARDID
AND SDATE IS NULL
```

例 3-48　统计每种图书的藏书数量（=在库数量+借出数量）。在库数量即 BOOK 表中的 QTY 字段。

```
CREATE VIEW B_QTY(BOOKID,NUM)
AS
SELECT BOOKID,COUNT(*)
FROM BORROW
```

```
WHERE SDATE IS NULL
GROUP BY BOOKID
UNION
SELECT BOOKID,0
FROM BOOK
WHERE BOOKID NOT IN (SELECT BOOKID FROM BORROW WHERE SDATE IS NULL)
GO
CREATE VIEW BOOK_QTY(BOOKID,SUMQTY)
AS
SELECT BOOK.BOOKID, QTY+NUM
FROM BOOK, B_QTY
WHERE BOOK.BOOKID=B_QTY.BOOKID
```

可能有些读者认为上面的代码也可以用如下代码实现：

```
CREATE    VIEW B_QTY(BOOKID,NUM)
AS
SELECT BOOKID,COUNT(*)
FROM BORROW
WHERE SDATE IS NULL
GROUP BY BOOKID
GO
CREATE    VIEW BOOK_QTY(BOOKID,SUMQTY)
AS
SELECT BOOK.BOOKID, QTY+NUM
FROM BOOK LEFT OUTER JOIN    B_QTY
ON    BOOK.BOOKID=B_QTY.BOOKID
```

查询视图 BOOK_QTY(SELECT * FROM BOOK_QTY)，发现结果如下：

BOOKID	SUMQTY
TP2001--001	NULL
TP2002--001	NULL
TP2003--001	27
TP2003--002	51
TP2004--005	NULL

为什么 SUMQTY 列会出现 NULL 呢？原因是：左外连时，如果左表中记录在右表中找不到匹配的记录时，右表用一条空记录与之匹配，这样，视图中 QTY+NUM 表达式就会出现数字与 NULL 相加，而在 SQL Server 中，当整数与空值相加时，结果为空值。

2. 删除视图

视图建好后，若导出此视图的基本表被删除了，该视图将失效，但一般不会被自动删除。删除视图通常需要显式地使用 DROP VIEW 语句进行。该语句的格式为：

```
DROP VIEW<视图名>;
```

一个视图被删除后，由该视图导出的其他视图也将失效，用户应该使用 DROP VIEW 语句将它们一一删除。

例 3-49　删除例 3-46 创建的视图 T_BORROW。

```
DROP VIEW T_BORROW
```

3. 查询视图

视图定义后，用户就可以像对基本表进行查询一样对视图进行查询了。也就是说，在 3.3

节中介绍的对基本表的各种查询操作一般都可以用于查询视图。

例 3-50 查询读者"刘伟"的借书信息。

```
SELECT NAME, BOOKNAME, BDATE
FROM V-BORROW
WHERE NAME='刘伟'
```

注：V-BORROW 是例 3-47 创建的视图。

例 3-51 统计图书馆藏书总量。

```
SELECT SUM(SUMQTY)
FROM B-QTY
```

注：B-QTY 是例 3-48 创建的视图。

4．更新视图

更新视图包括插入（INSERT）、删除（DELETE）和修改（UPDATE）三类操作。

由于视图是不实际存储数据的虚表，因此对视图的更新，最终要转换为对基本表的更新。

为防止用户通过视图对数据进行增、删、改操作时，无意或故意操作不属于视图范围内的基本表数据，可在定义视图时加上 WITH CHECK OPTION 子句，这样在视图上增、删、改数据时，DBMS 会进一步检查视图定义中的条件，若不满足条件，则拒绝执行该操作。

例 3-52 通过视图 T_READER 修改读者（T0001）为"电子系"。

```
UPDATE T_READER
SET DEPT='电子系'
WHERE CARDID='T0001'
```

由于 T_READER 定义时带了 WITH CHECK OPTION 子句，所以 DBMS 实际执行的操作相当于：

```
UPDATE READER
SET DEPT='电子系'
WHERE CARDID='T0001' AND CLASS=2
```

一般对所有行列子集视图都可以执行修改和删除元组的操作，如果基本表中所有不允许空值的列出现在视图中，并不带 WITH CHECK OPTION 子句，则也可以对其执行插入操作。除行列子集视图外，视图理论上是可更新的，但它们的确切特征还是尚待研究的课题。目前各个关系数据库系统一般都只允许对行列子集的更新，而且各个系统对视图的更新还有更进一步的规定，由于各系统实现方法上的差异，这些规定也不尽相同。

应该指出的是，不可更新的视图与不允许更新的视图是两个不同的概念。前者指理论上已证明其是不可更新的视图。后者指实际系统中不支持其更新，但它本身有可能是可更新的视图。

5．视图的用途

视图最终是定义在基本表之上的，对视图的一切操作最终也要转换为对基本表的操作。既然如此，为什么还要定义视图呢？这是因为合理使用视图能够带来许多好处。

（1）视图能够简化用户的操作。视图机制使用户可以将注意力集中在他所关心的数据上。如果这些数据不是直接来自基本表，则可以通过定义视图，使用户眼中的数据库结构简单、清晰，并且可以简化用户的数据查询操作。

（2）视图使用户能以多种角度看待同一数据。视图机制能使不同的用户以不同的方式看待同一数据，当许多不同种类的用户使用同一个数据库时，这种灵活性是非常重要的。

（3）视图对重构数据库提供了一定程度的逻辑独立性。数据的物理独立性是指用户和用户程序不依赖于数据库的物理结构。数据的逻辑独立性是指当数据库重构时，如增加新的关系或对原有关系增加新的字段等，用户和用户程序不会受影响。层次数据库和网状数据库一般能较好地支持数据的物理独立性，而对于逻辑独立性则不能完全地支持。

（4）视图能够对机密数据提供安全保护。有了视图机制，就可以在设计数据库应用系统时，对不同的用户定义不同的视图，使机密数据不出现在不应看到这些数据的用户视图上，这样就由视图机制自动提供了对机密数据的安全保护功能。视图还可以实现对记录行的授权。

3.6 数据控制

由 DBMS 提供统一的数据控制功能是数据库系统的特点之一。数据控制也称为数据保护，包括数据的安全性控制、完整性控制、并发控制和恢复。

SQL 语言提供了数据控制功能，能够在一定程度上保证数据库中数据的安全性和完整性，并提供了一定的并发控制及恢复能力。

数据库的完整性是指数据库中数据的正确性与相容性。SQL 语言定义完整性约束条件的功能主要体现在 CREATE TABLE 语句中，可以在该语句中定义码、取值唯一的列、参照完整性及其他一些约束条件。

并发控制指的是当多个用户并发地对数据库进行操作时，对他们加以控制、协调，以保证并发操作正确执行，并保持数据库的一致性。恢复指的是当发生各种类型的故障，使数据库处于不一致状态时，将数据库恢复到一致状态的功能。SQL 语言也提供了并发控制及恢复的功能，支持事务、提交和回滚等概念。

数据库的安全性是指保护数据库，防止不合法的使用所造成的数据泄露和破坏。数据库系统中保证数据安全性的主要措施是进行存取控制，即规定不同用户对于不同数据对象所允许执行的操作，并控制各用户只能存取他有权存取的数据。不同的用户对不同的数据应具有何种操作权力，是由 DBA 和表的建立者（即表的属主）根据具体情况决定的，SQL 语言则为 DBA 和表的属主定义与回收这种权力提供了手段。本节只介绍数据库对象授权机制。

1. 授权

SQL 语言用 GRANT 语句向用户授予操作权限，GRANT 语句的一般格式为：

GRANT <权限 1> [,<权限>2]…
[ON <对象名>]
TO <用户 1> [,<用户 2>]…
[WITH GRANT OPTION]

其功能是将指定对象的指定操作权限授予指定的用户。

对象主要包括数据库、基本表、属性列、存储过程和视图。不同对象类型具有不同的操作权限（见表 3-4）。

表 3-4 不同对象类型允许的操作权限

对象	对象类型	操作权限
属性列	TABLE	SELECT，INSERT，UPDATE，DELETE，ALL PRIVILEGES
基本表	TABLE	SELECT，INSERT，UPDATE，DELETE，ALTER，INDEX，ALL PRIVILEGES

续表

对象	对象类型	操作权限
视图	TABLE	SELECT，INSERT，UPDATE，DELETE，ALL PRIVILEGES
数据库	DATABASE	CREATE TABLE，CREATE VIEW
存储过程	PROCEDURE	EXEC

接受权限的用户可以是一个或多个具体用户，也可以是角色，如 PUBLIC，即全体用户。

如果指定了 WITH GRANT OPTION 子句，则获得某种权限的用户还可以把这种权限再授予别的用户。如果没有指定 WITH GRANT OPTION 子句，则获得某种权限的用户只能使用该权限，但不能传播该权限。

例 3-53 假若 USER1 是数据库 BOOKSYS 的用户，把对 BOOK 表的查询和修改权限授给用户 USER1。

```
USE BOOKSYS
GRANT SELECT,UPDATE ON BOOK TO USER1
```

例 3-54 授予用户 USER1 创建表的权限，并允许他将此权限授予其他用户。

```
USE BOOKSYS
GRANT CREATE TABLE TO USER1
WITH GRANT OPTION
```

例 3-55 授予用户 USER1 有更新读者表（READER）中读者姓名字段的权限。

```
GRANT UPDATE ON READER(NAME)TO USER1
```

例 3-56 将 BOOK 表的 SELECT 权限授予所有用户。

```
GRANT SELECT ON BOOK TO PUBLIC
```

例 3-57 让用户 USER1 有操作 BOOK 表的所有权限。

```
GRANT ALL PRIVILEGES ON BOOK TO USER1
```

或者：

```
GRANT ALL ON BOOK TO USER1
```

ALL PRIVILEGES 或 ALL 代表所有操作权限，但不包括 CREATE TABLE、CREATE VIEW 等权限。

2. 权限收回

授予的权限可以由 DBA 或其授权者用 REVOKE 语句收回，REVOKE 语句的一般格式为：

```
REVOKE <权限 1> [,<权限 2>]…
[ON <对象名>]
FROM <用户 1> [,<用户 2>]…
```

其功能是从指定的用户中收回指定的权限。

可见，SQL 提供了非常灵活的授权机制。用户对自己建立的基本表和视图拥有全部的操作权限，并且可以用 GRANT 语句把其中某些权限授予其他用户。被授权的用户如果有"继承授权"的许可，还可以把获得的权限再授予其他用户。DBA 拥有对数据库中所有对象的所有权限，并可以根据应用的需要将不同的权限授予不同的用户。而所有授予出去的权限在必要时又都可以用 REVOKE 语句收回。

例 3-58 回收 USER1 对 BOOK 表的查询与修改权限。

```
REVOKE SELECT, UPDATE ON BOOK FROM USER1
```

如果要收回 USER1 的所有权限可以使用下面的命令：

    REVOKE ALL PRIVILEGES ON BOOK FROM USER1

3. 拒绝语句

有时要对用户在某对象上的操作权限暂时禁用，或取消某用户从角色中继承下来的权限，可以使用拒绝语句，其语法格式如下：

    DENY〈ALL | 权限〉ON<对象> TO〈用户〉

例 3-59 如果按例 3-56 将 BOOK 表的 SELECT 权限授予了 PUBLIC，因为所有用户都是 PUBLIC 的成员，所以 USER1 也获得了对 BOOK 表的 SELECT 操作权限，如果要收回这个权限，必须用 DENY 语句。

    DENY SELECT ON BOOK TO USER1

习题三

一、用 SQL 语言完成下列操作：

1. 在数据库 ST 中创建如下表：

    STUDENT(SNO, SNAME, SEX, AGE)

    其中：SNO 为学号；SNAME 为学生姓名；SEX 为性别；AGE 为年龄。

    COURSE(CNO, CNAME, CREDIT)

    其中：CNO 为课程号；CNAME 为课程名；CREDIT 为学分。

    SC(SNO, CNO, GRADE)

    其中：SNO、CNO 的含义同上；GRADE 为成绩。

要求：

（1）各字段数据类型请读者按语义分析自行决定。

（2）每个表要定义主键。

（3）为 SEX 字段定义约束条件：只能为"男"或者"女"。

2. 给用户 USER10 授权：USER10 对以上三个表有查询和插入权限。

3. 创建一个视图 TEST。视图的功能为：查询所有学生的姓名、所选课程名称和成绩。

二、假设某数据库中有如下 4 个表，请用 SQL 语言完成下列操作。

STUDENT

学号	姓名	性别	班级名	系别代号	地址	出生日期
011110	李建国	男	计 0121	01	湖北武汉	1984-9-28
011103	李宁	女	电 0134	02	江西九江	1985-5-6
011202	赵娜	女	英 0112	03	广西南宁	1984-2-21
021204	孙亮	男	电 0134	02	湖南长沙	1986-9-8
011110	赵琳	女	计 0121	01	江苏南京	1985-11-18
021405	罗宇波	男	英 0112	03	江苏南通	1985-12-12

SC

学号	课程号	成绩
011110	01	50
021204	02	70
011103	03	90
011202	04	98
021405	02	67
021204	03	45
011110	02	80
021405	04	75
011202	03	89
011110	04	59
011103	01	80

COURSE

课程号	课程名	教师
01	英语	刘江虎
02	数学	李小则
03	C 语言	何晓敏
04	数据库	张 超

DEP

代号	系别名
01	计算机系
02	机电系
03	英语系

1. 查询计算机系所有学生的信息，并按学号排序。
2. 查询所有学生的学号、姓名、所选课程的课程名、所选课程的成绩。
3. 删除学生"李宁"的信息及选课记录。
4. 插入新的学生信息（031259，张明，01）。
5. 查询"李宁"所在系的所有学生信息。
6. 更新"李建国"的学号为 021110。
7. 创建"计算机系"的学生信息视图。
8. 按学生姓名创建索引。
9. 计算 03 号课程的最高分。
10. 统计选修 03 课程的学生人数。

第 4 章　关系数据库设计理论

前面系统介绍了关系数据库的基本概念、关系模型的三个部分以及关系数据库的标准语言。关系数据库是由一组关系组成的，那么针对一个具体问题，应该如何构造一个适合它的数据模式，即应该构造几个关系，每个关系由哪些属性组成等。这是关系数据库逻辑设计问题。

实际上设计任何一种数据库应用系统，不论是层次型、网状型还是关系型，都会遇到如何构造合适的数据模式即结构的问题。由于关系模型有严格的数学理论基础，并且可以向别的数据模型转换，因此人们往往以关系模型为背景来讨论这一问题，形成了数据库逻辑设计的一个有力工具——关系数据库的规范化理论。规范化理论虽然是以关系模型为背景，但是它对于一般的数据库逻辑设计同样具有理论上的意义。

4.1　数据依赖

关系数据库是以关系模型为基础的数据库，它利用关系来描述现实世界。一个关系就是现实世界中的一个实体，而属性则代表了该实体的某种性质，因此关系既可用来描述一个实体及其属性，也可用来描述实体间的一种联系。

4.1.1　关系模式中的数据依赖

关系是一张二维表，它是所涉及属性的笛卡尔积的一个子集。从笛卡尔积中选取哪些元组构成该关系，通常是由现实世界赋予该关系的元组语义来确定的。元组语义实质上是一个 N 目谓词（其中 N 是属性集中属性的个数）。使该 N 目谓词为真的笛卡尔积中的元素（或者说凡符合元组语义的元素）的全体就构成了该关系。

关系模式是对关系的描述，为了能够清楚地刻画出一个关系，它需要由五部分组成，即应该是一个五元组：

R(U, D, DOM, F)

其中：R 为关系名，U 为组成该关系的属性名集合，D 为属性组 U 中属性所来自的域，DOM 为属性向域的映像集合，F 为属性间数据的依赖关系集合。

属性间数据的依赖关系集合 F 实际上就是描述关系的元组语义，限定组成关系的各个元组必须满足的完整性约束条件。在实际应用中，这些约束或者通过对属性取值范围的限定（例如，图书管理系统中图书价格必须是一个大于 0 的数，而图书的数量则是一个可以大于等于 0 的整数），或者通过属性值间的相互关联反映出来，后者即称为数据依赖，它是数据库模式设计的关键。

关系是关系模式在某一时刻的状态或内容。关系模式是静态的、稳定的，而关系则是动态的，不同时刻关系模式中的关系可能会有所不同，但它们都必须满足关系模式中数据依赖关系集合 F 所指定的完整性约束条件。

由于在关系模式 R(U, D, DOM, F)中，影响数据库模式设计的主要是 U 和 F，而 D 和 DOM

对其影响不大，因此为简单起见，一般将关系模式简化为一个三元组：

R(U, F)

当且仅当 U 上的一个关系 r 满足 F 时，称 r 为关系模式 R(U, F)的一个关系。

4.1.2 数据依赖对关系模式的影响

关系数据库设计理论的中心问题是数据依赖性。所谓数据依赖是实体属性值之间相互联系和相互制约的关系，是现实世界属性间相互联系的抽象，是数据内在的性质，是语义的体现。

现在人们已经提出了许多类型的数据依赖，其中函数依赖（Functional Dependency，FD）和多值依赖（Multivalued Dependency，MVD）是数据库设计理论中最重要的两种数据依赖类型。

例如，描述一个"图书"的关系，可以用书号（Bookid）、书名（BookName）和出版社（Publisher）等几个属性。书号具有唯一性，即每本图书有一个唯一的 ISBN 号，而同时一本书也只属于唯一的一个出版社。因此当图书的"书号（Bookid）"值被确定之后，书名及其所属的出版社也会被相应确定。属性间的这种依赖关系类似于数学中的函数，即称 Bookid 函数决定了 BookName 和 Publisher，或者说 BookName 和 Publisher 函数依赖于 Bookid，可以记为 Bookid→BookName，Bookid→Publisher。

现在要建立一个描述"学校图书管理"的数据库，该数据库涉及的对象包括图书的书号（Bookid）、读者借书卡号（Cardid）、借书时间（Bdate）、还书时间（Sdate）、读者类别（Class）和允许最多可借书的数量（Maxcount）。假设"学校图书管理"数据库模式由一个单一的关系模式 BOOK 构成，则该关系模式的属性集合为 U：

U={Bookid, Cardid, Bdate, Sdate, Class, Maxcount}

同时，从现实世界的事实可以得知：

（1）一个读者只属于一个类别，但一个类别一般对应有多名读者。

（2）读者类别决定允许最多可借书的数量。

（3）一个读者可以同时借阅多本图书，但一本图书不能在同一时间被同一个读者借阅多次。

（4）一个读者对一本图书的借阅时间被确定之后就会有一个唯一的还书时间。

从上述事实可以得到属性组 U 上的一组函数依赖 F（如图 4-1 所示）：

F＝{Cardid→Class, Class→Maxcount,(Bookid, Cardid, Bdate)→Sdate}

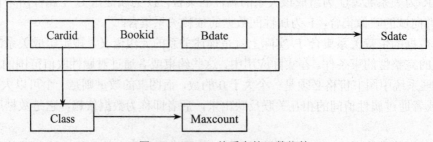

图 4-1 BOOK 关系中的函数依赖

如果仅仅考虑函数依赖这一种数据依赖，就得到一个描述"学校图书管理"的关系模式 BOOK＜U, F＞。但这个关系模式存在 4 个问题：

- 存在较大数据冗余（Data Redundancy）。"允许最多可借书的数量"将在每条借书记录中重复出现。
- 更新异常（Update Anomalies）。由于数据冗余的存在，当更新数据库中的数据时，系统要付出很大的代价来维护数据库的完整性。否则会面临数据不一致的危险。比如，修改某类别读者的"允许最多可借书的数量"，系统必须修改每一个元组。
- 插入异常（Insertion Anomalies）。由于在 BOOK 关系模式中，Bookid 是码，如果在这个"学校图书管理"系统中要新增加一个读者，但该读者不会马上借书，即此时的 Bookid 码值将为空，但按照码值不能为空的原则，则不能插入。这样就造成无法把这个读者的相关信息存入数据库。
- 删除异常（Deletion Anomalies）。如果要删除某读者的所有借书记录，则会将该读者在系统中一起删除。

鉴于以上存在的种种问题，可以认为 BOOK 关系模式不是一个"好"的关系模式，因为一个"好"的关系模式应当不会发生诸如上述所述的插入异常、删除异常和更新异常，同时数据冗余应尽可能少。

一个关系模式之所以会产生这些问题，是由于模式中存在的某些数据依赖引起的。规范化理论正是用来改造关系模式，通过分解关系模式来消除其中不合适的数据依赖，以解决插入异常、删除异常、更新异常和数据冗余问题。

4.1.3　有关概念

关系数据库设计理论的中心问题是数据依赖性。所谓的数据依赖是实体属性之间相互联系和相互制约的关系。规范化理论则是致力于解决关系模式中不合适的数据依赖问题，而函数依赖和多值依赖是最重要的数据依赖。

1. 函数依赖

定义 4.1　设 $R(U)$ 是一个关系模式，U 是 R 的属性集合，X 和 Y 是 U 的子集。对于 $R(U)$ 的任意一个可能的关系 r，如果 r 中不可能存在两个元组在 X 上的属性值相同，而在 Y 上的属性值不同，则称"X 函数确定 Y"或"Y 函数依赖于 X"，记作 $X \rightarrow Y$。

对于函数依赖，需要说明以下几点：

（1）函数依赖是指关系模式 R 的所有元组均要满足的约束条件，而不仅仅是指 R 中某个或某些元组满足的约束条件特例。

（2）函数依赖并不一定具有可逆性。例如一般认为 Cardid→Class，即由于读者的卡号具有唯一性，因此读者的卡号可确定读者的类别，而反之则不行。

（3）若 $X \rightarrow Y$，则 X 称为这个函数依赖的决定属性集（Determinant）。

（4）函数依赖和别的数据之间的依赖关系一样，是语义范畴的概念。我们只能根据数据的语义来确定函数依赖。例如：在 BOOK 关系模式中，"图书书名→出版社"这个函数依赖只有在没有同名图书存在的条件下成立。

（5）数据库设计者可以对描述现实世界的关系模式作强制性的规定。例如，在上例中，设计者可以规定不允许相同"图书书名"的情况出现，因而使得函数依赖"图书书名→出版社"成立。这样当插入某个元组时这个元组上的属性值必需满足规定的函数依赖，若发现有相同值存在，则拒绝插入该元组。

（6）若 X→Y，并且 Y→X，则记为 X←→Y。

（7）若 Y 不函数依赖于 X，则记为 X ⇸ Y。

2. 平凡函数依赖与非平凡函数依赖

定义 4.2 在关系模式 R(U)中，对于 U 的子集 X 和 Y，如果 X→Y，但 Y⊄X，则称 X→Y 是非平凡函数依赖。若 Y⊆X，则称 X→Y 为平凡函数依赖。

对于任意一种关系模式，平凡函数依赖都是必然成立的，它不反映新的语义，因此在本章中，若不特别声明，总是讨论非平凡函数依赖。

3. 完全函数依赖与部分函数依赖

定义 4.3 在关系模式 R(U)中，如果 X→Y，并且对于 X 的任何一个真子集 X′，都有 X′ ⇸ Y，则称 Y 完全函数依赖于 X，记作 X $\xrightarrow{f}$ Y；若 X→Y，但 Y 不完全函数依赖于 X，则称 Y 部分函数依赖于 X，记作 X $\xrightarrow{P}$ Y。

4. 传递函数依赖

定义 4.4 在关系模式 R(U)中，如果 X→Y，Y→Z，且 Y⊄X，Y ⇸ X，则称 Z 传递函数依赖于 X，记为 X $\xrightarrow{传递}$ Z。

传递函数依赖定义中之所以要加上条件 Y ⇸ X，是因为如果 Y→X，则 X←→Y，这实际上是 Z 直接依赖于 X，而不是传递函数依赖了。

例如，对于借阅关系模式 BORROW(Bookid,Bookname,Cardid,Bdate,Sdate,Class, Maxcount)有函数依赖关系：

Cardid→Class

Class→Maxcount

而 Maxcount ⇸ Cardid，所以 Cardid $\xrightarrow{传递}$ Maxcount

(Bookid, Cardid, Bdate) $\xrightarrow{f}$ Sdate

Bookid→Bookname, (Bookid, Cardid, Bdate) $\xrightarrow{P}$ Bookname

5. 码

定义 4.5 设 K 为关系模式 R<U, F>中的属性或属性组合。若 K $\xrightarrow{f}$ U，则 K 称为 R 的一个候选码（Candidate Key）。若关系模式 R 有多个候选码，则选定其中的一个作为主码（Primary Key）。

码是关系模式中的一个重要概念，候选码能唯一标识一个元组（二维表中的一行），是关系模式中一组最重要的属性。另一方面，主码又和外码一同提供了表示关系间联系的手段。

4.2 范式

关系数据库设计中，数据库合理存储和组织的核心是设计一个科学的关系模式，使它能够准确地反映现实世界实体及实体与实体之间的联系，最大限度地减少数据冗余等。这就是关系模式的规范化问题。

范式（Normal Form，NF）的概念和关系模式的规范化问题是由 E.F.Codd 提出的，从 1971 年到 1972 年，E.F.Codd 系统地提出了 1NF、2NF 和 3NF 的概念，1974 年 Codd 和 Boyce 共同提出了 BCNF，1976 年 Fagin 又提出了 4NF，以后又有人提出了 5NF 概念。

现实世界中的实体可以用关系来描述，而对于某些关系模式，改变其中的数据可能导致一些不希望的结果，这种情况称为异常。可以通过把原有的关系重新定义为两个或多个关系来消除异常。这种关系重定义的过程即为规范化。

范式是符合某一种级别的关系模式的集合。关系数据库中的关系必须满足一定的要求。满足不同程度要求的为不同范式。目前主要有六种范式：第一范式、第二范式、第三范式、BC 范式、第四范式和第五范式。满足最低要求的叫第一范式，简称为 1NF；在第一范式基础上进一步满足一些要求的为第二范式，简称为 2NF；其余以此类推。显然各种范式之间存在联系：

$$1NF \supset 2NF \supset 3NF \supset BCNF \supset 4NF \supset 5NF$$

4.2.1　第一范式（1NF）

定义 4.6　如果一个关系模式 R 的所有属性都是不可分的基本数据项（即每个属性都只包含单一的值），则称 R 满足第一范式，记为 $R \in 1NF$。

简单地说，第一范式要求关系中的属性必须是原子项，即不可再分的基本类型，集合、数组和结构不能作为某一属性出现，严禁关系中出现"表中有表"的情况。

在任何一个关系数据库系统中，满足第一范式是关系模式的一个最起码的要求。不满足第一范式的数据库模式不能称为关系数据库。

但是满足第一范式的关系模式并不一定是一个好的关系模式。例如，关系模式：

BRB(Bookid,Cardid,Readername,Class,Maxcount,Bdate,Sdate)

其中：Class 为读者类别，它决定一个读者可以借书的最大数量。例如，学生最多可以借 5 本，教师最多可以借 10 本。Maxcount 为最多可借书的数量；Readername 为读者姓名；Cardid 为读者卡号即借书证号；Bookid 为书号即图书的 ISBN 号；Bdate 为借书日期；Sdate 为还书日期。

BRB 的候选码为(Cardid,Bookid,Bdate)。函数依赖包括：

Cardid→Readername

Cardid→Class

Class→Maxcount

Cardid $\xrightarrow{\text{传递}}$ Maxcount

(Cardid,Bookid,Bdate) $\xrightarrow{P}$ Class

(Cardid,Bookid,Bdate) $\xrightarrow{P}$ Readername

(Cardid,Bookid,Bdate) $\xrightarrow{f}$ Sdate

显然 BRB 关系模式满足第一范式。但是，如图 4-2 所示，(Cardid,Bookid,Bdate)为候选码。(Cardid,Bookid,Bdate)函数决定 Readername。但实际上仅 Cardid 就可以函数决定 Readername。因此非主属性 Readername 部分函数依赖于码(Cardid,Bookid,Bdate)。

注：图中的实线即表示完全函数依赖，虚线表示部分函数依赖。

BRB 关系存在以下 4 个问题：

（1）插入异常。假若要插入一个新读者，但其还未借阅任何图书，即这个读者暂无 Bookid 值，而实际上这样的元组不能插入 BRB 关系中，因为插入时必须给定码的值，而此时码(Cardid,Bookid,Bdate)的值一部分为空，因而该读者的信息无法插入。

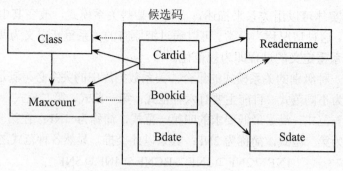

图 4-2　BRB 的函数依赖

（2）删除异常。假定某位读者只借阅了一本书籍，如借书卡号为 T0001 的读者只借阅了图书号为 TP2003--002 的图书。现在他不借了，要删除这条记录。那么借书卡号为 T0001 的读者信息将一并删除。产生了删除异常，即不应删除的信息也被删除了。

（3）数据冗余度大。如果一个读者借阅了多本书籍，那么他的 Class 和 Maxcount 这些相同值就要重复存储多次，造成了数据大量冗余。

（4）修改复杂。如果要修改某读者的类别，本来只需要修改读者的 Class 值。但因为 BRB 关系模式中还含有读者的 Maxcount 属性，因而还必须修改该读者对应的所有元组中的 Maxcount 值。因此，此时的 BRB 关系不是一个好的关系模式。

4.2.2　第二范式（2NF）

BRB 关系模式之所以出现上述问题，其原因是 Class、Readername 等非主属性对码的部分函数依赖。为了消除这些部分函数依赖，可以采用投影分解法，把 BRB 关系分解为两个关系模式：借阅和读者。

BORROW(Bookid, Cardid, Bdate, Sdate)

READER(Cardid, Readername, Class, Maxcount)

其中：READER 关系模式的码为(Cardid)，BORROW 关系模式的码为(Bookid, Cardid, Bdate)。它们的函数依赖如图 4-3 所示。

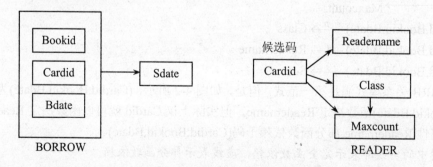

图 4-3　"借阅"关系模式的函数依赖与"读者"关系模式的函数依赖

显然，在分解后的关系模式中，非主属性都完全函数依赖于码了。从而使上述 4 个问题在一定程度上得到了解决。

（1）在 READER 关系中可以插入尚未借阅任何图书的读者的相关信息。

（2）删除读者的借阅书籍情况仅涉及到"借阅"关系模式，如果一个读者所有的借阅书籍已经全部归还了，只是"借阅"关系中没有了关于该读者的相关记录，不会牵涉到"读者"关系中关于该读者的其他相关记录和信息。

（3）由于读者的借阅情况与其本身的基本情况是分开存储在两个关系模式"读者"和"借阅"中，因此不论某个读者借阅了多少本书籍，该读者对应的 Class 和 Maxcount 的值都只会在 READER 关系模式中存储 1 次。这就降低了数据冗余。

定义 4.7 若关系模式 R 满足第一范式，即 R∈1NF，并且每一个非主属性都完全函数依赖于 R 的码（即不存在部分依赖），则 R 满足第二范式，记为 R∈2NF。

2NF 就是不允许关系模式的属性之间有这样的函数依赖 X→Y，其中 X 是码的真子集，Y 是非主属性。显然，如果一个关系模式 R 的码只包含一个属性，并且 R 属于 1NF，那么它一定属于 2NF，因为它不可能存在非主属性对码的部分函数依赖。

上例中从 BRB 关系分解出的"读者"关系 READER 和"借阅"关系 BORROW 都属于 2NF。可见，采用投影分解法将一个 1NF 的关系分解为多个 2NF 的关系，可以在一定程度上减轻原 1NF 关系中存在的插入异常、删除异常、数据冗余度大和修改复杂等问题。

但是将一个 1NF 关系分解为多个 2NF 关系，并不一定能完全消除关系模式中的各种异常情况。也就是说，属于 2NF 的关系模式并不一定是一个好的关系模式。

例如，属于 2NF 的"读者"关系模式 READER(Cardid, Readername, Class, Maxcount)中有下列函数依赖：

Cardid→Readername

Cardid→Class

Class→Maxcount

Cardid $\xrightarrow{\text{传递}}$ Maxcount

我们看到，Maxcount 传递函数依赖于 Cardid，即"读者"关系模式 READER 中存在非主属性对码的传递函数依赖。

READER 关系还是存在一些问题：

（1）插入异常。如果要添加一个"读者类别"，但该类别暂无读者，就无法将类别信息存入数据库。

（2）删除异常。如果删除一个类别中的所有读者，则该类别信息（如该类别对应的 Maxcount 信息）将一并被删除了。

（3）仍有较大数据冗余。一个读者类别对应一个 Maxcount，但在 READER 关系中 Maxcount 却重复出现，重复次数为该类别读者数。例如，有 1000 个学生类别的读者，则 Maxcount 重复 1000 次。

（4）修改复杂。如果要修改某"读者类别"的 Maxcount 值，本来只须修改一次，但在 READER 关系中，要修改该类型对应的所有读者的 Maxcount 值。

所以 READER 仍不是一个好的关系模式。

4.2.3 第三范式（3NF）

"读者"关系模式 READER 出现上述问题的原因是该关系模式含有传递函数依赖。为了消除该传递函数依赖，可以采用投影分解法，把"读者"关系模式 READER 分解为两个关系模式：读者和读者类别。

READER(Cardid, Readername, Class)

READERCLASS(Class, Maxcount)

其中"读者"关系模式 READER 中的码为 Cardid，"读者类别"关系模式 READERCLASS 中的码为 Class。这两个关系模式的函数依赖如图 4-4 所示。

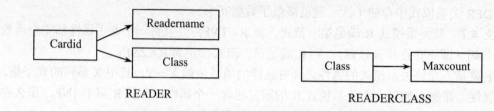

图 4-4　READER 的函数依赖与 READERCLASS 的函数依赖

显然，在分解后的关系模式中既没有非主属性对码的部分函数依赖，也没有非主属性对码的传递函数依赖，这在一定程度上解决了上述 4 个问题。

（1）"读者类别"READERCLASS 关系模式中可以插入暂无读者信息的"读者类别"相关信息。

（2）如果删除一个类别中的所有读者，只是删除 READER 关系中的相应元组，READERCLASS 关系中关于该类别的相关信息（如 Maxcount）仍将保存。

（3）每个"读者类别"对应的 Maxcount 信息只在 READERCLASS 关系中存储一次。

（4）当图书管理部门要修改某"读者类别"对应的 Maxcount 值时，只需修改 READERCLASS 关系中一个相应元组的 Maxcount 属性值即可。

定义 4.8　如果关系模式 R<U, F>中不存在候选码 X、属性组 Y 以及非主属性 Z($Z \nsubseteq Y$)，使得 X→Y，Y→Z 和 Y ↛ X 成立，则 R∈3NF。

换句话说，如果一个关系模式 R 不存在部分函数依赖和传递函数依赖，则 R 满足 3NF。

由定义 4.8 可以证明，若 R∈3NF，则 R 的每一个非主属性既不部分函数依赖于候选码，也不传递函数依赖于候选码。显然，如果 R∈3NF，则 R 也是 2NF。

3NF 就是不允许关系模式的属性之间有这样的非平凡函数依赖 X→Y，其中 X 不包含码，Y 是非主属性。X 不包含码有两种情况，一种情况 X 是码的真子集，这是 2NF 也不允许的，另一种情况 X 含有非主属性，这是 3NF 进一步限制的。

上例中的"读者"READER 关系模式和"读者类别"READERCLASS 关系模式都属于 3NF。可见，采用投影分解法将一个 2NF 的关系分解为多个 3NF 的关系，可以在一定程度上解决原 2NF 关系中存在的插入异常、删除异常、数据冗余度大和修改复杂等问题。

在实际应用中，一般将关系模式分解到 3NF 就可以了。

但是一个属于 3NF 的关系模式并不一定是一个最好的关系模式。特殊情况下也可能会出现异常。

例如，关系模式 STJ(S, T, J)，S 表示学生，T 表示教师，J 表示课程。假设每一个教师只教一门课，每门课由若干教师教，某一学生选定某门课程，就确定了一个固定的教师，于是有如下函数依赖关系，如图 4-5 所示。

(S, J)→T，(S, T)→J，T→J

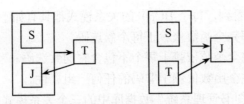

图 4-5　STJ 关系模式的函数依赖

　　显然，(S, J) 和 (S, T) 都可以作为候选码。这两个候选码各自由两个属性组成，而且是相交的。该关系模式没有任何非主属性对码传递依赖或部分依赖（因为所有属性都是主属性），所以 STJ∈3NF。但另一方面，T→J，即 T 是决定属性集，可是 T 只是主属性，它既不是候选码，也不包含候选码。

　　属于 3NF 的 STJ 关系模式也存在一些问题：

　　（1）插入异常。如果某个学生刚刚入校，尚未选修课程，则因受主属性不能为空的限制，有关信息不能存入数据库。同样原因，如果某个教师开设某门课程，但尚未有学生选修，则有关信息也无法存入数据库。

　　（2）删除异常。如果选修某门课程的学生全部毕业了，在删除这些学生的记录的同时，相应教师开设这门课程的信息也一并删除了。

　　（3）数据冗余度大。虽然一个教师只教一门课，但每个选修该教师该门课程的学生元组都要记录这一信息。

　　（4）修改复杂。某个教师开设的某门课程改名后，所有选修了该门课程的学生元组都要进行相应的修改。

　　因此，虽然 STJ∈3NF，但它仍不是一个理想的关系模式。

4.2.4　BC 范式（BCNF）

　　BCNF（Boyce Codd Normal Form）是由 Boyce 和 Codd 联合提出的，比 3NF 更进一步。通常认为 BCNF 是修正的第三范式。

　　STJ 关系模式出现上述问题的原因在于主属性 J 依赖于 T，即主属性 J 部分依赖于码 (S, T)。解决这一问题仍然可以采用投影分解法，将 STJ 关系分解为两个关系模式：

　　ST(S, T)

　　TJ(T, J)

　　其中 ST 关系的码为 S，TJ 关系的码为 T。

　　它们的函数依赖关系如下：

　　ST 的函数依赖为：S→T。

　　TJ 的函数依赖为：T→J。

　　在分解后的关系模式中没有任何属性对码的部分函数依赖和传递函数依赖。它能解决上述 4 个问题。

　　定义 4.9　设关系模式 R<U, F>∈1NF，如果对于 R 的每个函数依赖 X→Y，若 Y⊄X，则 X 必含有候选码，那么 R∈BCNF。

　　换句话说，在关系模式 R<U, F> 中，如果每一个决定属性集都包含候选码，则 R∈BCNF。一个关系范式 R∈BCNF，则必有 R∈3NF。但是若 R∈3NF，R 未必属于 BCNF。

由 BCNF 的定义可以看到，每个 BCNF 的关系模式都具有如下 3 个性质：

（1）所有非主属性都完全函数依赖于每个候选码。

（2）所有主属性都完全函数依赖于每个不包含它的候选码。

（3）没有任何属性完全函数依赖于非码的任何一组属性。

对于本书所涉及的"图书管理系统"数据库中的三个关系模式：

Book(Bookid,BookName,Editor,Price,Publisher,PubDate,Qty)

Reader(Cardid,Name,Sex,Dept,Class)

Borrow(Bookid,Cardid,Bdate,Sdate)

在 Reader(Cardid,Name,Sex,Dept,Class)中，由于读者有可能重名，因此它只有一个候选码（Cardid），不存在任何部分函数依赖或传递函数依赖，所以 Reader∈BCNF。

在 Book(Bookid,BookName,Editor,Price,Publisher,PubDate,Qty)中，假设图书名称具有唯一性，则 Bookid 和 BookName 均为候选码，这两个码都由单个属性组成，彼此不相交，在该关系模式中，除 Bookid 和 BookName 外没有其他决定属性组，所以 Book∈BCNF。

在 Borrow(Bookid,Cardid,Bdate,Sdate)中，组合属性(BookId,Cardid,Bdate)为码，也是唯一的决定属性组，所以 Borrow∈BCNF。

如果一个关系数据库中的所有关系都属于 3NF，则已在很大程度上消除了插入异常和删除异常，但由于可能存在主属性对候选码的部分依赖和传递依赖，因此关系模式的分解仍不够彻底。

如果一个关系数据库中的所有关系模式都属于 BCNF，那么在函数依赖范畴内，它已实现了模式的彻底分解，达到了最高的规范化程序，即消除了插入、删除和修改的异常。

4.2.5 多值依赖与第四范式（4NF）

前面完全是在函数依赖的范畴内讨论关系模式的范式问题。如果仅考虑函数依赖这一种数据依赖，属于 BCNF 的关系模式已经很完美了。但如果考虑其他数据依赖（例如多值依赖），则属于 BCNF 的关系模式仍可能存在问题，不能算作是一个完美的关系模式。

例如，有关系模式 Teach(C,T,B)，C 表示课程，T 表示教师，B 表示参考书。假设该关系如图 4-6 所示。

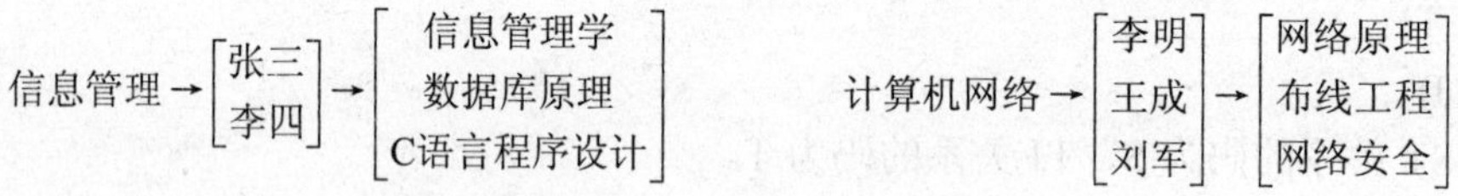

图 4-6　课程－教师－参考书之间的关系

该关系可用表 4-1 所示的二维表表示。

表 4-1　Teach(C,T,B)关系

课程（C）	教师（T）	参考书（B）
信息管理	张三	信息管理学
信息管理	张三	数据库原理
信息管理	张三	C 语言程序设计

续表

课程（C）	教师（T）	参考书（B）
信息管理	李四	信息管理学
信息管理	李四	数据库原理
信息管理	李四	C 语言程序设计
计算机网络	李明	网络原理
计算机网络	李明	布线工程
计算机网络	李明	网络安全
计算机网络	王成	网络原理
计算机网络	王成	布线工程
计算机网络	王成	网络安全
计算机网络	刘军	网络原理
计算机网络	刘军	布线工程
计算机网络	刘军	网络安全

Teach 具有唯一候选码(C,T,B)，即全码，因而 Teach∈BCNF。但 Teach 模式中存在一些问题：

（1）数据冗余度大。每一门课程的参考书是固定的，但在 Teach 关系中，有多少名任课教师，参考书就要存储多少次，造成大量的数据冗余。

（2）增加操作复杂。当某一课程增加一名任课教师时，该课程有多少本参考书，就必须插入多少个元组。例如，信息管理课增加一名教师李军，需要插入三个元组：

（信息管理，李军，信息管理学），（信息管理，李军，数据库原理），（信息管理，李军，C 语言程序设计）。

（3）删除操作复杂。某一门课要去掉一本参考书，该课程有多少名教师，就必须删除多少个元组。例如信息管理课去掉《信息管理学》一书，需要删除两个元组：

（信息管理，张三，信息管理学），（信息管理，李四，信息管理学）。

（4）修改操作复杂。某一门课要修改一本参考书，该课程有多少名教师，就必须修改多少个元组。

BCNF 的关系模式 Teach 之所以会产生上述问题，是因为参考书的取值和教师的取值是彼此毫无关系的，它们都只取决于课程名。也就是说，关系模式 Teach 中存在一种称之为多值依赖的数据依赖。

1. 多值依赖

定义 4.10 设 R(U)是属性集 U 上的一个关系模式，X、Y 和 Z 是 U 的子集，并且 Z=U-X-Y，多值依赖 X→→Y 成立当且仅当对 R 的任一关系 r，r 在(X,Z)上的每个值对应一组确定的 Y 值，这组 Y 值仅仅决定于 X 而与 Z 值无关。

若 X→→Y，而 Z=ϕ，则称 X→→Y 为平凡的多值依赖；否则称 X→→Y 为非平凡的多值依赖。

作为数据依赖中最重要的两种形式，多值依赖与函数依赖既有联系也有区别。函数依赖可以看成是多值依赖的特殊情况。$X \to Y$ 描述了属性值 X 与 Y 之间一一对应的关系，而 $X \to\to Y$ 描述了属性值 X 与 Y 之间一对多的关系。如果在 $X \to\to Y$ 中规定对每个 X 值仅有一个 Y 值与之对应，则 $X \to\to Y$ 就变成了 $X \to Y$。

在 Teach 关系中，每个(C,B)上的值对应一组 T 值，而且这种对应与 B 无关。例如(C,B)上的一个值（计算机网络，网络管理）对应一组 T 值 ｛李明，王成，刘军｝，这组值仅仅决定于课程 C，也就是说对于(C,B)上的另一个值（计算机网络，布线工程），它对应的一组 T 值仍是 ｛李明，王成，刘军｝，尽管这里参考书 B 的值已经改变了。因此 T 多值依赖于 C，即 $C \to\to T$。

多值依赖具有下列性质：

（1）多值依赖具有对称性。即若 $X \to\to Y$，则 $X \to\to Z$，其中 Z＝U-X-Y。

例如，在关系模式 Teach(C,T,B)中，已经知道 $C \to\to T$。根据多值依赖的对称性，必然有 $C \to\to B$。

（2）多值依赖具有传递性。若 $X \to\to Y$，$Y \to\to Z$，则 $X \to\to Z$。

（3）函数依赖可以看作是多值依赖的特殊情况。若 $X \to Y$，则 $X \to\to Y$ 一定成立。这是因为当 $X \to Y$ 时，对 X 的每一个值 x，Y 有一个确定的值 y 与之对应，所以 $X \to\to Y$。

（4）若 $X \to\to Y$，$X \to\to Z$，则 $X \to\to Y \cap Z$。

（5）若 $X \to\to Y$，$X \to\to Z$，则 $X \to\to Y-Z$，$X \to\to Z-Y$。

（6）多值依赖的有效性与属性集的范围有关。如果 $X \to\to Y$ 在 U 上成立，则在 W（$XY \subseteq W \subseteq U$）上一定成立；但 $X \to\to Y$ 在 W（$W \subset U$）上成立，在 U 上并不一定成立。这是因为多值依赖的定义中不仅涉及属性组 X 和 Y，而且涉及 U 中其余属性 Z。一般的，如果 R 的多值依赖 $X \to\to Y$ 在 W（$W \subset U$）上成立，则称 $X \to\to Y$ 为 R 的嵌入型多值依赖。

但是函数依赖 $X \to Y$ 的有效性仅决定于 X 和 Y 这两个属性集的值，与其他属性无关。只要 $X \to Y$ 在属性集 W 上成立，则 $X \to Y$ 在属性集 U（$W \subset U$）上必定成立。

（7）若多值依赖 $X \to\to Y$ 在 R(U)上成立，对于 $Y' \subset Y$，并不一定有 $X \to\to Y'$ 成立。但是如果函数依赖 $X \to Y$ 在 R 上成立，则对于任何 $Y' \subset Y$ 均有 $X \to Y'$ 成立。

2. 第四范式（4NF）

定义 4.11 关系模式 R<U,F>∈1NF，如果对于 R 的每个非平凡多值依赖 $X \to\to Y$（$Y \nsubseteq X$），X 都含有候选码，则 R∈4NF。

通俗地说，一个关系模式如果已满足 BCNF，且没有非平凡且非函数依赖的多值依赖，则关系模式属于 4NF。一个关系模式 R∈4NF，则必有 R∈BCNF。

4NF 就是限制关系模式的属性之间不允许有非平凡且非函数依赖的多值依赖。

因为根据定义，对于每一个非平凡的多值依赖 $X \to\to Y$（$Y \nsubseteq X$），X 都含有候选码，当然 $X \to Y$ 成立，所以 4NF 所允许的非平凡多值依赖实际上是函数依赖。

前面讨论过的关系模式 Teach 中存在非平凡的多值依赖 $C \to\to T$，且 C 不是候选码，因此 Teach 不属于 4NF。这正是它存在数据冗余度大、插入和删除操作复杂等弊病的根源。可以用投影分解法把 Teach 分解为如下两个 4NF 关系模式以减少数据冗余：

CT(C,T)

CB(C,B)

CT 中虽然有 C→→T，但这是平凡多值依赖，即 CT 中已不存在既非平凡也非函数依赖的多值依赖。所以 CT 属于 4NF。同理，CB 也属于 4NF。分解后 Teach 关系中的几个问题可以得到解决。

（1）参考书只需要在 CB 关系中存储一次。

（2）当某一课程增加一名任课教师时，只需要在 CT 关系中增加一个元组。

（3）某一门课要去掉一本参考书，只需要在 CB 关系中删除一个相应的元组。

函数依赖和多值依赖是两种最重要的数据依赖。如果只考虑函数依赖，则属于 BCNF 的关系模式已经很完美了；如果考虑多值依赖，则属于 4NF 的关系模式已经很完美了。事实上，数据依赖中除函数依赖和多值依赖之外，还有一种连接依赖。函数依赖是多值依赖的一种特殊情况，而多值依赖实际上又是连接依赖的一种特殊情况。但连接依赖不像函数依赖和多值依赖可由语义直接导出，而是在关系的连接运算时才反映出来。存在连接依赖的关系模式仍可能遇到数据冗余及插入、修改、删除异常等问题。如果消除了属于 4NF 的关系模式中存在的连接依赖，则可以进一步投影分解为 5NF 的关系模式。到目前为止，5NF 是最终范式。

第五范式讨论的依赖比较模糊，目前尚未有清楚直观的意义。因此，在数据库的设计实践中是很少用到的，它更多的是存在于理论的研究中。

4.3 关系模式的分解

一个关系只要其分量都是不可分的数据项，它就是规范化的关系，但这只是最基本的规范化。规范化程度可以有 6 个不同的级别，即 6 个范式。一个低一级范式的关系模式，通过模式分解可以转换为若干个高一级范式的关系模式集合，这种过程就叫关系模式的规范化。

4.3.1 关系模式规范化的步骤

在 4.2 节中已经看到，规范化程度过低的关系不一定能够很好地描述现实世界，可能会存在插入异常、删除异常、修改复杂和数据冗余等问题，解决的方法是对其进行规范化，转换成高级范式。

规范化的基本思想是通过对已有的关系模式进行分解来实现的，它逐步消除数据依赖中不合适的部分，把低一级的关系模式分解为多个高一级的关系模式，使模式中的各关系模式达到某种程度的“分离”。即采用“一事一地”的模式设计原则，让一个关系描述一个概念、一个实体或者实体间的一种联系，若多于一个概念就把它“分离”出去。因此所谓规范化实质上是概念的单一化。

关系模式规范化的基本步骤如图 4-7 所示。

（1）对 1NF 关系进行投影，消除原关系中非主属性对码的部分函数依赖，将 1NF 关系转换为若干个 2NF 关系。

（2）对 2NF 关系进行投影，消除原关系中非主属性对码的传递函数依赖，从而产生一组 3NF 关系。

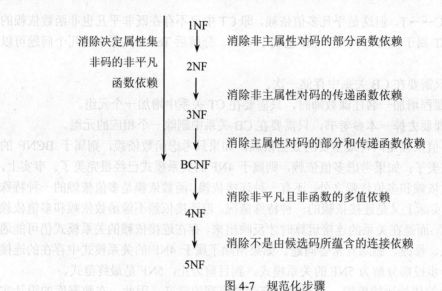

图 4-7　规范化步骤

（3）对 3NF 关系进行投影,消除原关系中主属性对码的部分函数依赖和传递函数依赖（也就是说,使决定属性都成为投影的候选码）,得到一组 BCNF 关系。

以上三步也可以合并为一步:对原关系进行投影,消除决定属性不是候选码的任何函数依赖。

（4）对 BCNF 关系进行投影,消除原关系中非平凡且非函数依赖的多值依赖,从而产生一组 4NF 关系。

（5）对 4NF 关系进行投影,消除原关系中不是由候选码所蕴含的连接依赖,即可得到一组 5NF 关系。5NF 是最终范式。

诚然,规范化程度过低的关系可能会存在插入异常、删除异常、修改复杂和数据冗余等问题,需要对其进行规范化,转换成高级范式。但这并不意味着规范化程度越高的关系模式就越好。在设计数据库模式结构时,必须对现实世界的实际情况和用户应用需求作进一步分析,确定一个合适的、能够反映现实世界的模式。这也就是说,上面的规范化步骤可以在其中任何一步终止。

4.3.2　关系模式的分解

关系模式的规范化过程是通过对关系模式的分解来实现的,但是把低一级的关系模式分解为若干个高一级的关系模式的方法并不是唯一的。在这些分解方法中,只有能够保证分解后的关系模式与原关系模式等价的方法才有意义。

将一个关系模式 $R<U, F>$ 分解为若干个关系模式 $R_1<U_1, F_1>$,$R_2<U_2, F_2>$,...,$R_n<U_n, F_n>$（其中 $U=U_1 \cup U_2 \cup ... \cup U_n$,且不存在 $U_i \subseteq U_j$,F_i 为 F 在 U_i 上的投影）,意味着相应地将存储在一个二维表 t 中的数据分散到若干个二维表 t_1,t_2,...,t_n 中去（其中 t_i 是 t 在属性集 U_i 上的投影）。

例如,对于"读者"关系模式 READER(Cardid,Class,Maxcount),其中 Class 为读者类别,它决定一个读者可以借书的最大数量（Maxcount）。

READER 关系模式有下列函数依赖:

Cardid→Class

Class→Maxcount

Cardid→Maxcount

由于存在传递函数依赖，所以 READER∈2NF，该关系模式存在插入异常、删除异常、数据冗余度大和修改复杂的问题。因此需要分解该关系模式，使其成为更高范式的关系模式。分解方法可以有很多种。例如表 4-2 是该关系模式的一个关系。

表 4-2　READER

Cardid	Class	Maxcount
T0001	1	10
T0101	1	10
S0111	3	5
S0102	2	5

第一种分解方法是将 READER 分解为 3 个关系模式：R1(Cardid)，R2(Class)，R3(Maxcount)。分解后的关系如图 4-8 所示。

R1	R2	R3
Cardid	Class	Maxcount
T0001	1	10
T0101	3	5
S0111	2	
S0102		

图 4-8　分解方法一

R1、R2、R3 都是规范化程度很高的关系模式（5NF）。但分解后的数据库丢失了许多信息，例如无法查询 T0001 读者的读者类别和最多可借书的数量。因此这种分解方法是不可取的。

如果分解后的关系可以通过自然连接恢复为原来的关系，那么这种分解就没有丢失信息。

第二种分解方法是将 READER 分解为两个关系模式：RM(Cardid, Maxcount)，CM(Class, Maxcount)。

分解后的关系如图 4-9 所示。

RM		CM	
Cardid	Maxcount	Class	Maxcount
T0001	10	1	10
T0101	10	3	5
S0111	5	2	5
S0102	5		

图 4-9　分解方法二

对 RM 和 CM 关系进行自然连接的结果如表 4-3 所示。

表 4-3 RM⋈CM

Cardid	Class	Maxcount
T0001	1	10
T0101	1	10
S0111	3	5
S0111	2	5
S0102	3	5
S0102	2	5

RM⋈CM 比关系 READER 多了两个元组(S0111, 2, 5)和(S0102, 3, 5)。

因此也无法知道原来的 READER 关系中究竟有哪些元组，从这个意义上说，此分解方法仍然丢失了信息。

第三种分解方法是将 READER 关系分解为两个关系模式：RC(Cardid, Class)，RM(Cardid, Maxcount)。

分解后的关系如图 4-10 所示。

RC			RM	
Cardid	Class		Cardid	Maxcount
T0001	1		T0001	10
T0101	1		T0101	10
S0111	3		S0111	5
S0102	2		S0102	5

图 4-10 分解方法三

对 RC 和 RM 关系进行自然连接的结果如表 4-4 所示。

表 4-4 RC⋈RM

Cardid	Class	Maxcount
T0001	1	10
T0101	1	10
S0111	3	5
S0102	2	5

RC⋈RM 与 READER 关系完全一样，因此第三种分解方法没有丢失信息。

设关系模式 R<U,F>被分解为若干个关系模式 $R_1<U_1,F_1>$，$R_2<U_2,F_2>$，...，$R_n<U_n,F_n>$（其中 $U=U_1 \cup U_2 \cup ... \cup U_n$，且不存在 $U_i \subseteq U_j$，F_i 为 F 在 U_i 上的投影），若 R 与 R_1，R_2，...，R_n 自然连接的结果相等，则称关系模式 R 的这个分解具有无损连接性（Lossless Join）。只有具有

无损连接性的分解才能够保证不丢失信息。

第三种分解方法虽然具有无损连接性，保证了不丢失原关系中的信息，但它并没有解决插入异常、删除异常、修改复杂和数据冗余等问题。例如，修改 T0001 的读者的类别，RC 关系的元组(T0001,1)和 RM 关系的元组(T0001,1)必须同时进行修改，否则会破坏数据库的一致性。之所以会出现上述问题，是因为分解得到的两个关系不是互相独立的。READER 关系中的函数依赖 Class→Maxcount 既没有投影到关系模式 RC 上，也没有投影到关系模式 RM 上，而是跨在这两个关系模式上。也就是说这种分解方法没有保持原关系中的函数依赖。

设关系模式 R<U,F>被分解为若干个关系模式 $R_1<U_1,F_1>$，$R_2<U_2,F_2>$，…，$R_n<U_n,F_n>$（其中 $U=U_1 \cup U_2 \cup ... \cup U_n$，且不存在 $U_i \subseteq U_j$，F_i 为 F 在 U_i 上的投影），若 F 所逻辑蕴含的函数依赖一定也由分解得到的某个关系模式中的函数依赖 F_i 所蕴含，则称关系模式 R 的这个分解是保持函数依赖的（Preserve Dependency）。

第四种分解方法是将 READER 分解为两个关系模式：RC(Cardid, Class)，CM(Class, Maxcount)。

这种分解方法保持了函数依赖。

判断关系模式的一个分解是否与原关系模式等价可以有三种不同的标准：

（1）分解具有无损连接性。

（2）分解要保持函数依赖。

（3）分解既要保持函数依赖，又要具有无损连接。

如果一个分解具有无损连接性，则它能够保证不丢失信息。如果一个分解保持了函数依赖，则它可以减轻或解决各种异常情况。

分解具有无损连接性和分解保持函数依赖是两个互相独立的标准。具有无损连接性的分解不一定能够保持函数依赖。同样，保持函数依赖的分解也不一定具有无损连接性。例如，上面的第一种分解方法既不具有无损连接性，也未保持函数依赖，它不是原关系模式的一个等价分解；第二种分解方法保持了函数依赖，但不具有无损连接性；第三种分解方法具有无损连接性，但未保持函数依赖；第四种分解方法既具有无损连接性，又保持了函数依赖。

习题四

1. 数据依赖对关系模式有什么影响？

2. 解释下列术语：

函数依赖、平凡函数依赖、非平凡函数依赖、完全函数依赖、部分函数依赖、传递函数依赖、多值依赖、码、候选码、1NF、2NF、3NF、BCNF、4NF。

3. 建立一个关于系、学生、班级和社团等信息的关系数据库系统。假设一个系有若干专业，每一个专业一年只招一个班级，每个班级有若干名学生，一个系的学生住在同一个宿舍区，每个学生可参加若干个社团，每个社团有若干名学生。

描述学生的属性有：学号、姓名、出生年月、系名、班号、宿舍区。

描述班级的属性有：班号、专业名称、系名、人数、入校年月。

描述系的属性有：系名、系号、系办公室地点、人数。

描述社团的属性有：社团名称、成立年份、活动地点、人数、学生加入社团的年份。

试给出关系模式，写出每个关系模式的所有完全函数依赖集，指出是否存在传递函数依赖。对于函数依赖决定因素是多属性的情况，讨论函数依赖是完全函数依赖，还是部分函数依赖。指出各关系中的候选码。

4. 举出三个多值依赖的实例。

5. 下面的结论哪些是正确的，哪些是错误的？对于错误的结论请给出一个反例说明。

（1）任何一个二目关系都是属于 3NF 的。

（2）任何一个二目关系都是属于 BCNF 的。

（3）任何一个二目关系都是属于 4NF 的。

6. 试述关系模式规范化的基本步骤。

第 5 章 数据库安全性和完整性

为了保证数据库数据的安全可靠性和正确有效，DBMS 必须提供统一的数据保护功能。数据保护也称为数据控制，主要包括数据库的安全性、完整性、并发控制和恢复。并发控制与恢复的内容将在第 7 章讨论，本章着重讨论数据库安全性和完整性。数据库的安全性是为了保护数据库以防止不合法的使用所造成的数据泄露、更改或破坏；数据库的完整性是为了防止数据库存在不符合语义的数据，防止错误信息输入，即数据要遵守由 DBA 或应用开发者所决定的一组预定义的规则。

5.1 数据库的安全性

数据库的一大特点是数据可以共享，但数据共享必然带来数据库的安全性问题。数据库中放置了组织、企业和个人的大量数据，其中许多数据可能是非常关键的、机密的或者涉及到个人隐私的，例如：军事秘密、国家秘密、新产品实验数据、市场需求分析、市场营销策略、销售计划、客房档案、医疗档案、银行储蓄数据等，数据拥有者往往只允许一部分人访问这些数据。如果 DBMS 不能严格地保证数据库中数据的安全性，就会严重制约数据库的应用。

因此，数据库系统中的数据共享不能是无条件的共享，而必须是在 DBMS 统一的严格控制下，确保只有授权用户才能使用数据库中的数据和执行相应的操作，这就是数据库的安全性保护。安全性管理包含两方面的内容：一是用户是否有权限登录到系统；二是用户能否使用数据库中的对象和执行相应操作。

数据库系统的安全性保护措施是否有效是数据库系统的主要性能指标之一。

5.1.1 安全性控制的一般方法

用户非法使用数据库可以有很多种情况，例如，用户编写一段合法的程序绕过 DBMS 及其授权机制，通过操作系统直接存取、修改或备份数据库中的数据；编写应用程序执行非授权操作；通过多次合法查询数据库中的数据，从中推导出一些保密数据等。这些破坏安全性的行为可能是无意的，也可能是故意的，甚至可能是恶意的。安全性控制就是要尽可能地杜绝所有可能的数据库非法访问，不管它们是有意的还是无意的。

实际上，安全性问题并不是数据库系统所独有的，所有计算机系统中都存在这个问题，只是由于数据库系统中存放了大量数据，并为许多用户直接共享，使安全性问题更为突出而已。所以，在计算机系统中，安全措施一般是一级一级层层设置的，例如，图 5-1 就是一种很常用的安全模型。

在图 5-1 的安全模型中，用户要求进入计算机系统时，系统首先根据输入的用户标识进行用户身份鉴定，只有合法的用户才准许进入计算机系统。对已进入系统的用户，DBMS 还要进行存取控制，只允许用户执行合法操作。操作系统一级也会有自己的保护措施。数据最后还可以以加密方式存储到数据库中。操作系统一级的安全保护措施可参考操作系统的有关书籍。这里只讨论与数据库有关的用户标识和鉴定、存取控制和密码存储三类安全性措施。

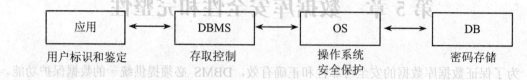

图 5-1　安全模型

1. 用户标识和鉴定

用户标识和鉴定是系统提供的最外层安全保护措施。其方法是由系统提供一定的方式让用户标识自己的名字或身份。系统内部记录着所有合法用户的标识，每次用户要求进入系统时，由系统将用户提供的身份标识与系统内部记录的合法用户标识进行核对，通过鉴定后才提供机器使用权。用户标识和鉴定的方法有很多种，而且在一个系统中往往是多种方法并举，以获得更强的安全性。

标识和鉴定一个用户最常用的方法是用一个用户名或者用户标识号来标明用户身份，系统鉴别此用户是否是合法用户。若是，则可进入下步的核实；若不是，则不能进入系统。

为了进一步核实用户，在用户输入了合法用户名或用户标识号来标明用户身份后，系统常常要求用户输入口令（Password），然后系统核对口令以鉴别用户身份。为保密起见，用户在终端上输入的口令是不显示在屏幕上的。

通过用户名和口令来鉴定用户的方法简单易行，但用户名和口令容易被人窃取，因此还可以使用更复杂的方法。例如，每个用户都预先约定好一个计算过程或者函数，鉴别用户身份时，系统提供一个随机数，用户根据自己预先约定的计算过程或者函数进行计算，系统根据用户计算结果是否正确进一步鉴定用户身份。用户可以约定比较简单的计算过程或者函数，以便计算起来方便；也可以约定比较复杂的计算过程或者函数，以便安全性更好。用户标识和鉴定可以重复多次。

2. 存取控制

在数据库中，为了保证用户只能访问他有权存取的数据，必须预先对每个用户定义存取权限。对于通过鉴定进入系统的用户（即合法用户），系统根据他的存取权限定义对他的各种操作请求进行控制，确保他只执行合法操作。

存取权限由数据对象和操作类型两个要素组成。定义一个用户的存取权限就是要定义这个用户可以在哪些数据对象上进行哪些类型的操作。在数据库系统中，定义存取权限称为授权（Authorization）。这些授权定义经过编译后存放在数据字典中。对于进入系统后又进一步发出存取数据库操作的用户，DBMS 查找数据字典，根据其存取权限对操作的合法性进行检查，若用户的操作请求超出了定义的权限，系统将拒绝此操作。这就是存取控制。

在非关系数据库系统中，用户只能对数据进行操作，存取控制的数据对象也仅限于数据本身。而在关系数据库系统中，DBA 可以把建立、修改基本表的权限授予用户，用户获得此权限后可以建立和修改基本表、索引和视图。因此，关系数据库系统中存取控制的数据对象不仅有数据本身（如表和属性列等），还有模式、外模式和内模式等数据字典的内容，如表 5-1 所示。

表 5-1　关系数据库系统中的存取权限

数据对象		操作类型
模式	模式	建立、修改、检索
	外模式	建立、修改、检索
	内模式	建立、修改、检索
数据	表	查找、插入、修改、删除
	属性列	查找、插入、修改、删除

授权编译程序和合法检查机制一起组成了安全性子系统。如表 5-2 所示就是一个授权表的实例。

表 5-2　一个授权表的实例

用户名	数据对象名	允许的操作类型
刘勇	关系 Book	Select
张伟	关系 Book	All
张伟	关系 Reader	All
张伟	关系 Borrow	Update
丁钰	关系 Borrow	Select
丁钰	关系 Borrow	Insert
……	……	……

衡量授权机制是否灵活的一个重要指标是授权粒度，即可以定义的数据对象的范围。授权定义中数据对象的粒度越细，即可以定义的数据对象越小，授权子系统就越灵活。

在关系数据库系统中，实体以及实体间的联系都是用一个单一的数据结构即表来表示的，表由行和列组成。所以在关系数据库中，授权的数据对象粒度包括表、属性列和行（记录）。

表 5-2 就是一个授权粒度很粗的表，它只能对整个关系授权，如用户刘勇拥有对 Book 关系的 Select 权限；用户张伟拥有对 Book 和 Reader 关系的一切权限，以及对 Borrow 关系的 Update 权限；用户丁钰可以查询 Borrow 关系以及向 Borrow 关系中插入新记录。

表 5-3 中的授权表则精细到可以对属性列授权，用户张伟拥有对 Book 和 Reader 关系的一切权限，但只能查询 Borrow 关系和修改 Borrow 关系的 Bdate 属性；丁钰只能查询 Borrow 关系的 Bookid 属性和 Cardid 属性。

表 5-3　一个授权表的实例

用户名	数据对象名	允许的操作类型
刘勇	关系 Book	Select
张伟	关系 Book	All
张伟	关系 Reader	All
张伟	关系 Borrow	Select

续表

用户名	数据对象名	允许的操作类型
张伟	关系 Borrow.Bdate	Update
丁钰	关系 Borrow.Bookid	Select
丁钰	关系 Borrow.Cardid	Select
……	……	……

表 5-2 和表 5-3 中的授权均独立于数据值，用户能否执行某个操作与数据内容无关。而表 5-4 中的授权表则不但可以对属性列授权，还可以提供与数据有关的授权，即可以对关系中的一组记录授权。比如，刘勇只能查询"中国水利水电出版社"的相关数据。提供与数据值有关的授权，要求系统必须能支持存取谓词。

表 5-4　一个授权表的实例

用户名	数据对象名	允许的操作类型	存取谓词
刘勇	关系 Book	Select	Publisher="中国水利水电出版社"
张伟	关系 Book	All	
张伟	关系 Reader	All	
张伟	关系 Borrow	Select	
张伟	关系 Borrow.Bdate	Update	
丁钰	关系 Borrow.Bookid	Select	
丁钰	关系 Borrow.Cardid	Select	

另外，还可以在存取谓词中引用系统变量。如终端设备号、系统时钟等，这就是与时间、地点有关的存取权限，这样用户只能在某段时间内、某台终端上存取有关数据。例如，规定"读者只能在星期一至星期五上午 8 点至下午 5 点查询相关图书的信息"。

可见，授权粒度越细，授权子系统就越灵活，能够提供的安全性就越完善。但另一方面，因数据字典变大变复杂，系统定义与检查权限的开销也会相应地增大。

DBMS 一般提供了存取控制语句进行存取权限的定义。

3. 定义视图

进行存取的控制，不仅可以通过授权与收回权力来实现，还可以通过定义用户的外模式来提供一定的安全保护功能。在关系数据库系统中，就是为不同的用户定义不同的视图，通过视图机制把要保密的数据对无权存取这些数据的用户隐藏起来，从而自动地对数据提供一定程度的安全保护。但视图机制更主要的功能在于提供数据独立性，其安全保护功能不太精细，往往远不能达到应用系统的要求，因此，在实际应用中通常是将视图机制与授权机制配合使用，首先用视图机制屏蔽掉一部分保密数据，然后在视图上面进一步定义存取权限。

4. 审计

用户识别和鉴定、存取控制、视图等安全性措施均为强制性机制，即将用户操作限制在规定的安全范围内。但实际上任何系统的安全性措施都不可能是完美无缺的，蓄意盗窃、破坏数据的人总是想方设法打破控制。所以，当数据相当敏感，或者对数据的处理极为重要时，就必须以审计技术作为预防手段，监测可能的不合法行为。

审计追踪使用的是一个专用文件或数据库，系统自动将用户对数据库的所有操作记录在上面，利用审计追踪的信息，就能重现导致数据库现有状况的一系列事件，以找出非法存取数据的人。

审计通常是很费时间和空间的，所以 DBMS 往往都将其作为可选特征，允许 DBA 根据应用对安全性的要求，灵活地打开或关闭审计功能。审计功能主要用于安全性要求较高的部门。

5. 数据加密

对于高度敏感性数据，例如财务数据、军事数据和国家机密，除采用以上安全性措施外，还可以采用数据加密技术，以密码形式存储和传输数据。这样企图通过不正常渠道获取数据，例如，利用系统安全措施的漏洞非法访问数据，或者在通信线路上窃取数据，都只能看到一些无法辨认的二进制代码。用户正常检索数据时，首先要提供密码钥匙，由系统进行译码后，才能得到可识别的数据。

目前不少数据库产品均提供数据加密程序，可根据用户的要求自动对存储和传输的数据进行加密处理。另一些数据库产品虽然本身未提供加密程序，但提供了接口，允许用户用其他厂商的加密程序对数据加密。

所有提供加密机制的系统必然也提供了相应的解密程序。这些解密程序本身也必须具有一定的安全性保护措施，否则数据加密的优点也就遗失殆尽了。

由于数据加密与解密也是比较费时的操作，而且数据加密与解密程序会占用大量系统资源，因此数据加密功能通常也作为可选特征，允许用户自由选择，只对高度机密的数据加密。

5.1.2 数据库用户的种类

数据库用户按其操作权限的大小可分为三类：

1. 数据库系统管理员

数据库系统管理员（DBA）具有数据库中全部的权限，当用户以系统管理员身份进行操作时，系统不对其权限进行检验。

2. 普通用户

普通用户只具有增、删、改、查数据库数据的权限。

在数据库中，为了简化对用户操作权限的管理，可以将具有相同权限的一组用户组织在一起，这组用户在数据库中称为"角色"。

5.2 SQL Server 2012 数据库的安全性管理

SQL Server 2012 系统提供了强大的安全机制来保证数据库数据的安全，主要包括两个方面：身份验证和访问许可。

身份验证用于确认客户端有无访问数据库系统的权力。访问许可用于为数据库使用者授予数据库对象的访问权限。可以用这样的一个比喻来说明这两个概念：假设数据库是一个仓库，仓库里有很多东西，身份验证就是确认你能不能进入仓库，而访问许可则是明确你可以动用仓库里的哪些东西。

5.2.1　SQL Server 2012 安全管理机制

理解 SQL Server 2012 的安全机制，首先要了解主体、安全对象、角色等概念。

1. 主体

主体是可以请求 SQL Server 资源的个体、组和过程。主体可以按层次结构排列。主体的影响范围取决于主体定义的范围（Windows、服务器或数据库）以及主体是否不可分或是一个集合。例如，Windows 登录名就是一个不可分的主体，而 Windows 组则是一个集合主体。主体分类如下：

- Windows 级别的主体：包括 Windows 域登录名、Windows 本地登录名。
- 服务器级别的主体：SQL Server 登录名、服务器范围的角色。
- 数据库级别的主体：数据库用户、数据库角色、应用程序角色。

2. 安全对象

SQL Server 2012 数据库管理系统通过权限保护所有能访问的资源的安全。这些资源统称安全对象。从其权限影响范围上分为如下几种层次：

- 服务器（Server）。
- 数据库（Database）。
- 架构（Schema）。
- 对象（Table、View、Index、Trigger、Procedure、Function 等）。

这些安全对象从上到下具有包含关系，例如，数据库可以包含多个架构。一个架构可以包含多个数据库对象。

3. 角色

角色是对服务器或数据库具有特定操作权限的用户或登录的集合，登录名或用户加入到某角色中，就继承了该角色的操作权限。

SQL Server 2012 有服务器和数据库两个级别的角色，在服务器级别上有一个统一的角色集，而每个数据库也有自己的角色集。在安装数据库时已经创建了一些固定角色，用户可以创建自己的角色，但只能创建数据库级的角色。还有一类特殊角色，叫应用程序角色，应用程序角色是一个数据库主体，它使应用程序能够用其自身的、类似用户的特权来运行。使用应用程序角色，可以只允许通过特定应用程序连接的用户访问特定数据。与数据库角色不同的是，应用程序角色默认情况下不包含任何成员，而且是非活动的。

（1）服务器范围的角色：SQL Server 2012 安全结构体系中包含一些特定隐含权限的角色（也称固定服务器角色）。可以把登录名作为成员添加到某固定服务器角色，这样该登录名就继承了固定服务器角色的权限。固定服务器角色及功能如表 5-5 所示。

表 5-5　固定服务器角色

固定服务器角色	权限描述
bulkadmin	运行 BULK INSERT 语句
dbcreator	创建和修改数据库
diskadmin	管理磁盘文件

续表

固定服务器角色	权限描述
processadmin	管理 SQL Server 进程
securityadmin	管理和审计服务器登录
serveradmin	配置服务器设置
setupadmin	配置复制和链接服务器
sysadmin	执行全部活动

（2）数据库范围的角色：当多个用户需要在某个特定的数据库执行类似的操作时，可以向该数据库中添加一个角色，数据库角色代表了可以访问相同数据库对象的一组用户集合，当把用户加入到数据库角色后，用户就继承了该角色中的所有权限。当要对角色中的所有用户授予相同权限时，就可以直接对角色进行授权。数据库范围内有三种类型的角色：固定数据库角色、用户定义的数据库角色、PUBLIC 角色。

- 固定数据库角色：固定数据库角色是在数据库级别定义的，并且存在于每个数据库中，如表 5-6 所示。
- 用户定义的数据库角色：数据库管理员可以为具有相似权限需求的一组用户定义一个角色，并把用户加入到角色中。角色中的用户将继承角色的所有权限。
- PUBLIC 角色：PUBLIC 角色是特殊的数据库角色，数据库中的每个合法用户都是该角色中的成员。它为数据库中的所有用户提供了所有默认权限。PUBLIC 角色是不能被删除的。

表 5-6　固定数据库角色

固定数据库角色	描述
db_accessadmin	可以添加或删除用户
db_backupoperator	可以执行 DBCC、CHECKPOINTT、BACKUP 语句
db_datareader	可以查询数据库内任何用户表中的数据
db_datawriter	可以更改数据库内任何用户表中的数据
db_ddladmin	可以执行所有的数据定义语句，但不能使用授权命令
db_denydatareader	不能查询数据库内任何用户表中的数据
db_denydatawriter	不能更改数据库内任何用户表中的数据
db_owner	在数据库中有全部权限
db_securityadmin	可以管理全部权限、对象所有权、角色和角色成员资格

5.2.2　身份验证模式

SQL Server 2012 提供了两种身份验证模式：Windows 身份验证模式和混合验证模式。

在 Windows 身份验证模式中，SQL Server 使用 Windows 操作系统中的信息验证用户身份，这种方式是 SQL Server 2012 默认的验证方式，它比混合模式安全。

　　在混合模式中，SQL Server 2012 使用 Windows 身份验证或 SQL Server 自己的验证机制验证用户身份。对于数据库管理员来说，这种方式更方便数据库对象的授权管理。

　　安装 SQL Server 2012 系统时，默认的是 Windows 验证，安装后可以更改验证模式。步骤如下：

　　（1）打开 SQL Server Management Studio 对象资源管理器，如图 5-2 所示，右击服务器，再单击"属性"命令，打开如图 5-3 所示的"服务器属性"窗口。

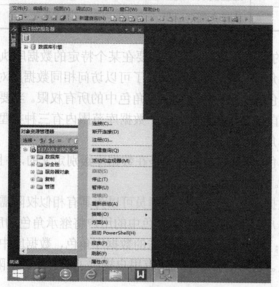

图 5-2　SQL Server Management Studio 对象资源管理器

　　（2）在如图 5-3 所示的"服务器属性"窗口中，选择"安全性"选项卡，在"服务器身份验证"区域中，选中"SQL Server 和 Windows 身份验证模式"，单击"确定"按钮。

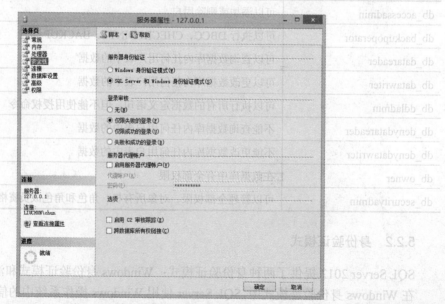

图 5-3　"服务器属性"窗口

5.2.3　架构管理

1. 架构的概念

微软对架构的官方定义：架构（Schema）是形成单个命名空间的数据库实体的集合。命名空间是一个集合，其中每个元素的名称都是唯一的。在这里，我们可以将架构看成一个存放数据库中对象的容器。

架构实际上在 SQL Server 2000 中就已经存在，在 SQL Server 2000 中数据库用户和架构是隐式连接在一起的，每个数据库用户都是与该用户同名的架构的所有者。当我们使用查询分析器去查询一个表的时候，一个完整的表的名称应该包括：

服务器名.数据库名.用户名.对象名

其中的"用户名"就是数据库中的用户，也称为数据库对象的拥有者，其实就是"架构名"，假如有一个账户 user1 在 test 数据库中创建了一张表 table1，那么，在查询分析器中查询该表时，应该输入的查询语句为：

　　　　select * from test.user1.table1

也就是说，在 SQL Server 2000 中一张表所属的架构默认就是表的创建者的登录名称，用户可以修改他所创建的所有数据库对象。但如果要删除一个用户，就必须删除该用户创建的所有对象。

在 SQL Server 2005 之后，加入了一个全新的架构体系，将架构与数据库用户进行了分离，这样用户和其创建对象所属关联也就取消了，在新的架构体系中，用户与数据库对象是相对独立的，用户拥有架构（不再直接拥有对象），架构包含对象，登录、用户、架构、对象之间的关系如图 5-4 所示。

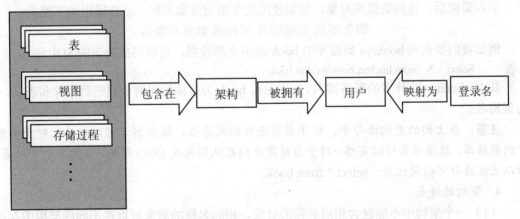

图 5-4　数据库对象、架构、用户、登录名之间的关系

2. 将架构与数据库用户分离的好处

（1）架构管理与用户管理分开。多个用户可以通过角色（role）或组（Windows groups）成员关系拥有同一个架构。在 SQL Server 2005 之后的版本中，每个数据库中的固定数据库角色都有一个属于自己的架构。如果我们创建一个表，给它指定的架构名称为 db_ddladmin，那么任何一个属于 db_ddladmin 角色中的用户都可以去查询、修改和删除属于这个架构中的表，但是不属于这个组的用户没有对这个架构中的表进行操作的权限。有一点必须注意，

db_dbdatareader 组的成员可以查看所有数据库中的表，db_dbdatawriter 组的成员可以修改所有数据库中的表，db_owner 组的成员可以对数据库所有表进行所有操作，这几个组的成员都可以通过角色获取到在数据库中的特殊权限。

（2）在创建数据库用户时，可以指定该用户账号所属的默认架构。若不指定默认架构，则为 DBO。为了向前兼容，早期版本中的对象迁移到新版本中，对象的架构名就是 DBO，在 SQL Server 2012 中，DBO 是一个特殊的架构。

（3）删除数据库用户变得极为简单。在 SQL Server 2000 中，用户（User）和架构是隐含关联的，即每个用户拥有与其同名的架构。因此要删除一个用户，必须先删除或修改这个用户拥有的所有数据库对象，就比如一个员工离职要删除他的账户的时候，还得将他所创建的表和视图等都删除，影响过大。SQL Server 2012 将架构和对象分离后就不再存在这样的问题，删除用户的时候不需要重命名该用户架构所包含的对象，在删除创建架构所含对象的用户后，不再需要修改和测试显式引用这些对象的应用程序。

（4）共享缺省架构使得开发人员可以为特定的应用程序创建特定的架构来存放对象，这比仅使用管理员架构（DBO schema）要好。

（5）在架构和架构所包含的对象上设置权限比以前的版本拥有更高的可管理性。例如，将某架构的查询权限授予给某用户，就等同于将该架构中的所有对象的查询权限授予给某用户。

（6）区分不同业务处理需要的对象，例如，我们可以把公共的表设置成 pub 的架构，把销售相关的表设置为 sales，这样管理和访问起来更容易。

（7）当查找对象时，先找用户默认架构中的对象，找不到再找 DBO 架构中的对象。所以当且仅当架构为用户默认架构或 DBO 架构时可以省略。

3．SQL Server 2012 使用完全限定对象名称

引入架构后，访问数据库对象，如果使用完全限定对象名称，应该采用如下模式：

服务器名.数据库名.架构名.数据对象名

例如我们要查询 booksys 数据库中 book 表中全部数据，可以写成如下的 SQL 语句：

Select ＊ from liuchun.booksys.dbo.book

其中：liuchun 为作者的服务器名，booksys、book 为前面练习时创建的数据库和表名，dbo 为架构名。

注意：在上面的查询语句中，对于当前连接的服务器，服务器名可以省略；对于当前打开的数据库，数据库名可以省略；对于当前用户的默认架构或 DBO 架构，架构名也可以省略，所以上述语句可以简化为：select * from book。

4．架构的特点

（1）一个架构中不能包含相同名称的对象，相同名称的对象可以在不同的架构中存在。

（2）一个架构只能有一个所有者，所有者可以是用户、数据库角色、应用程序角色。

（3）一个数据库角色可以拥有一个默认架构和多个架构。

（4）多个数据库用户可以共享单个默认架构。

（5）由于架构与用户独立，删除用户不会删除架构中的对象。

5．用 Transact-SQL 创建架构

下面的语句在 BookSys 数据库中创建名为"MySchema"的架构。

USE BookSys

```
GO
CREATE SCHEMA MySchema    AUTHORIZATION USER1
GO
```

说明：AUTHORIZATION USER1 指定架构的拥有者为用户 USER1，如果没有指定架构的拥有者，默认为 DBO。

注意：本例中的用户 USER1 必须存在，否则会报错。

这样创建的架构并没有包含任何数据库对象，可以使用下面的语句使数据库中的表"Book"包含在架构"MySchema"中。

```
ALTER SCHEMA MySchema TRANSFER Book    --对象迁移
```

6. 使用 SQL Server Management Studio 创建架构

（1）打开 SQL Server Management Studio 对象资源管理器，选择要创建架构的数据库并展开，再展开"安全性"节点，右击"架构"，在弹出的快捷菜单中选择"新建架构"命令，打开如图 5-5 所示的"架构-新建"窗口。

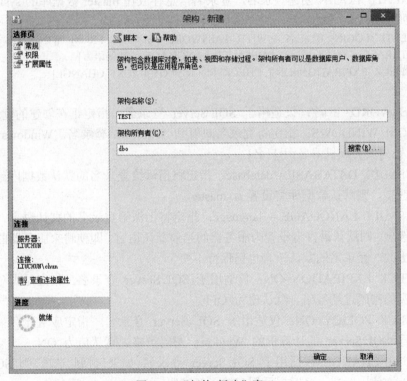

图 5-5　"架构-新建"窗口

（2）输入架构名称，本例输入"TEST"，再选择架构的所有者。

（3）设置完成后单击"确定"按钮。

7. 使用 SQL Server Management Studio 修改架构属性

在 SQL Server Management Studio 对象资源管理器中，选择要修改架构的数据库并展开，再展开"安全性"→"架构"节点，选择要修改的架构（如本例的 TEST）并右击，在弹出的快捷菜单中选择"新建架构"命令，打开类似图 5-5 的"架构-属性"窗口。读者可以在其中对架构的所有者和权限进行修改。

5.2.4 登录管理

使用数据库必须先登录，也就是根据选定的身份验证模式提供服务器名、登录名和密码等，由 SQL Server 验证身份，验证通过就可以使用数据库了。如果使用 Windows 身份验证登录，SQL Server 将使用 Microsoft Windows 账户自动登录；如果是在混合模式身份验证中运行 SQL Server，并且选择使用 SQL Server 身份验证登录，则必须提供 SQL Server 登录名和密码。

登录名是数据库使用者访问数据库时的账户标识，有四种类型的登录名：SQL Server 登录名、Windows 登录名、证书映射登录名和非对称密钥映射登录名。从证书或非对称密钥创建的登录名仅用于代码签名，不能用于连接到 SQL Server，因此，下面仅就 SQL Server 登录名和 Windows 登录名进行说明。

1. 用 Transact-SQL 创建登录名

使用 CREATE LOGIN 创建登录名，登录名信息存放在 master 数据库的 syslogins 表中。其语法格式如下：

```
CREATE LOGIN 登录名 <WITH PASSWORD='密码' | FROM WINDOWS> [,DEFAULT_
DATABASE = 默认数据库]  [,DEFAULT_LANGUAGE = 默认语言]
[, CHECK_EXPIRATION=ON][, CHECK_POLICY=ON][MUST_CHANGE]
```

说明：

- PASSWORD='密码'：仅适用于 SQL Server 登录名。指定正在创建的登录名的密码。
- FROM WINDOWS：指定将登录名映射到 Windows 登录名。Windows 登录名的格式为：[域名或机器名\用户名]。
- DEFAULT_DATABASE = database：指定将指派给登录名的默认数据库。如果未包括此选项，则默认数据库将设置为 master。
- DEFAULT_LANGUAGE = language：指定将指派给登录名的默认语言。如果未包括此选项，则默认语言将设置为服务器的当前默认语言。即使将来服务器的默认语言发生更改，登录名的默认语言也仍保持不变。
- CHECK_EXPIRATION=ON：仅适用于 SQL Server 登录名。指定是否对此登录名强制实施密码过期策略。默认值为 OFF。
- CHECK_POLICY=ON：仅适用于 SQL Server 登录名。指定应对此登录名强制实施运行 SQL Server 的计算机的 Windows 密码策略。默认值为 ON。
- MUST_CHANGE：仅适用于 SQL Server 登录名。如果包括此选项，则 SQL Server 将在首次使用新登录名时提示用户输入新密码。

例 5-1 创建 SQL Server 登录名。

```
CREATE LOGIN TEST WITH PASSWORD='123456',DEFAULT_DATABASE =booksys
```

例 5-2 从 Windows 域账户创建登录名。

```
CREATE LOGIN [WORKGROUP\STUDENT] FROM WINDOWS;
```

如果从 Windows 域账户映射登录名，则登录名必须用方括号"[ ]"括起来。WORKGROUP 是服务器所在的域名，STUDENT 是该域上的 Windows 用户名。

2. 使用 SQL Server Management Studio 创建登录名

（1）打开 SQL Server Management Studio 对象资源管理器（使用 SA 登录），如图 5-6 所

示。在对象资源管理器中，选择要管理的服务器并展开，展开"安全性"节点，右击"登录名"，在弹出的快捷菜单中选择"新建登录名"选项。

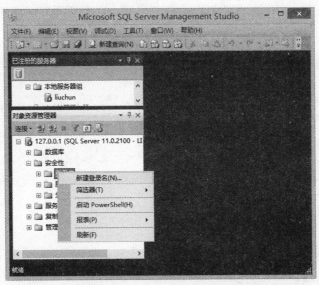

图 5-6 SQL Server Management Studio 对象资源管理器

（2）在如图 5-7 所示的"登录名-新建"窗口中，选择"常规"选项卡，选择身份验证方式为"Windows 身份验证"或"SQL Server 身份验证"，输入登录名，然后选择该登录名对应的默认数据库和默认语言。

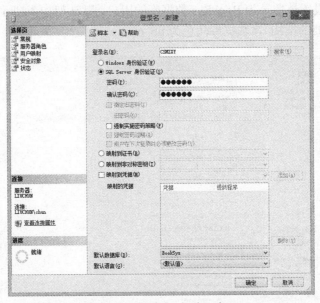

图 5-7 "登录名-新建"窗口

注意：如果选择身份验证方式为"Windows 身份验证"。填写登录名时，可以手工输入登录名，但必须遵循 NTLM 格式（域名或机器名\用户名），也可以单击"登录名"文本框右边的"搜索"按钮，选择用户。

（3）选择"服务器角色"选项卡，如图 5-8 所示。根据需要，将登录名设置为具有哪些固定服务器角色权限。

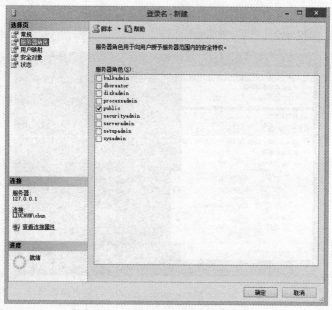

图 5-8　设置登录名的服务器角色

（4）选择"用户映射"选项卡，如图 5-9 所示。在此可以设置登录名可以访问的数据库以及访问数据库时使用的默认架构，另外还可以设置访问数据库时所具有的角色，这类角色是数据库角色。本例设置该登录为 BookSys 数据库的用户，默认架构为 dbo（单击架构旁边的□按钮，可以选择需要的架构），数据库角色为 db_owner。

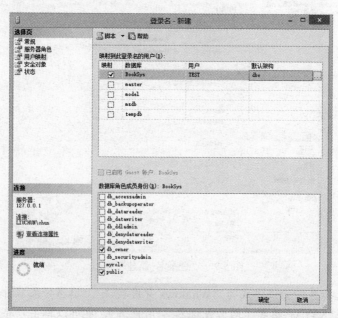

图 5-9　设置登录名到数据库用户的映射

（5）设置"状态"选项卡。该窗口设置登录是否启用，如图 5-10 所示。

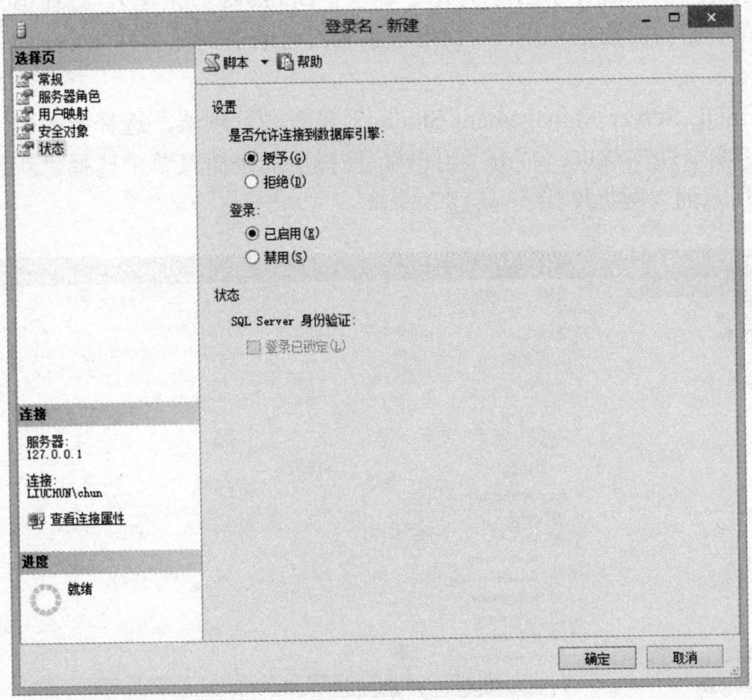

图 5-10 设置启用状态

5.2.5 用户管理

用户和登录不同，登录允许访问 SQL Server 系统，而用户是访问某个特定数据库的主体。数据库用户可以和已有的登录名进行映射。用户是对数据库而言，而登录是对 SQL Server 服务器而言。

1. 用 Transact-SQL 创建用户

（1）创建用户。

CREATE USER 用户名 [FOR | FROM 登录名] [WITH DEFAULT_SCHEMA = 架构名]

如果已忽略 FOR LOGIN，则新的数据库用户将被映射到同名的 SQL Server 登录名。

如果未定义 DEFAULT_SCHEMA，则数据库用户将使用 dbo 作为默认架构。

例 5-3 创建数据库 BookSys 的用户：用户名 TEST，并将其映射到前面创建的登录名"TEST"，默认架构为 dbo。

```
USE BookSys
GO
CREATE USER TEST    FOR LOGIN TEST WITH DEFAULT_SCHEMA=dbo
```

（2）删除用户。下面的语句删除用户"TEST"，由于数据对象是包含在架构中，不与用户直接关联，因此，删除用户并不会删除相关数据对象。

```
DROP   USER TEST
```

注意：如果用户拥有架构，则该用户不能删除。可以通过先改变架构的所有者使该用户与架构分离。

2. 使用 SQL Server Management Studio 创建用户

在创建登录时，如果进行了用户映射（如选中 Booksys 数据库），则在 Booksys 数据库中已经创建了与登录相同的数据库用户。如果登录名没有映射到数据库，可按如下操作创建数据库用户。

（1）打开 SQL Server Management Studio 对象资源管理器，选择要创建用户的数据库并展开，再展开"安全性"节点，右击"用户"，在弹出的快捷菜单中选择"新建用户"命令，打开如图 5-11 所示的"数据库用户-新建"窗口。

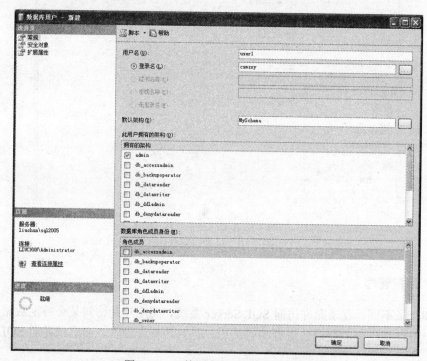

图 5-11　"数据库用户-新建"窗口

（2）在对话框中输入用户名，如 user1，单击登录名右侧的 ▢ 按钮，在弹出的对话框中单击"浏览"按钮可以选择映射的登录。

（3）指定默认的架构，并可以在"拥有的架构"列表框中选择该用户拥有的架构，一个用户可以拥有多个架构。还可以在"角色成员"列表中选中某些角色，将该用户添加到指定的角色中。

（4）选择"安全对象"选项卡，单击"添加"按钮，添加用户的安全对象，然后选择安全对象列表中的安全对象，再在"显式权限"列表中指定具体的操作权限。

5.3　完整性

数据库的完整性是指数据的正确性和相容性。例如，图书的价格必须是大于零的数；读者的性别只能是男或女；读者的借书证卡号一定是唯一的，等等。数据库是否具备完整性关系到数据库系统能否真实地反映现实世界，因此维护数据库的完整性是非常重要的。

数据的完整性与安全性是数据库保护的两个不同方面。安全性是防止用户非法使用数据库，包括恶意破坏数据和越权存取数据。完整性则是防止合法用户使用数据库时向数据库加入不合语义的数据。也就是说，安全性措施的防范对象是非法用户的非法操作，完整性措施的防范对象是不合语义的数据。

为维护数据库的完整性，DBMS 必须提供一种机制来检查数据库中的数据，看其是否满足语义规定的条件。这些加在数据库数据之上的语义约束条件称为数据库完整性约束条件，它们作为模式的一部分存入数据库中。而 DBMS 中检查数据是否满足完整性条件的机制称为完整性检查。

5.3.1 完整性约束条件

完整性控制都是围绕完整性约束条件进行的，从这个角度说，完整性约束条件是完整性控制机制的核心。

完整性约束条件作用的对象可以有列级、元组级和关系级三种粒度。其中对列的约束主要是指对其取值类型、范围、精度和排序等的约束条件。对元组的约束是指对记录中各个字段间的联系的约束。对关系的约束是指对各记录间或关系之间的联系的约束。

完整性约束条件涉及的这三类对象，其状态可以是静态的，也可以是动态的。其中对静态对象的约束是反映数据库状态合理性的约束，这是最重要的一类完整性约束。对动态对象的约束是反映数据库状态变迁的约束。

1. 静态列级约束

静态列级约束是对一个列的取值域的说明，这是最常见、最简单同时也是最容易实现的一类完整性约束，包括以下几方面：

（1）对数据类型的约束，包括数据的类型、长度、单位和精度等。例如，规定读者姓名的数据类型应为字符型，长度为 8。

（2）对数据格式的约束。例如，规定借书证号的前两位代表读者类别，后四位为序列号。

（3）对取值范围或取值集合的约束。例如，规定图书数量的取值范围必须大于等于零，读者性别的取值集合为[男,女]等。

（4）对空值的约束。空值表示不确定，它与零值和空格不同。有的列允许空值，有的则不允许。例如，规定出版年月可以为空值。

（5）其他约束。例如，关于列的排序说明、组合列等。

2. 静态元组约束

一个元组是由若干个列值组成的，静态元组约束就是规定组成一个元组的各个列之间的约束关系。

静态元组约束只局限在单个元组上，因此比较容易实现。例如在图书借阅表中可以规定：还书日期>借书日期。

3. 静态关系约束

在一个关系的各个元组之间或者若干关系之间常常存在各种联系或约束。常见的静态关系约束有以下四种：

（1）实体完整性约束。

（2）参照完整性约束。

（3）函数依赖约束。

大部分函数依赖约束都是隐含在关系模式结构中的，特别是规范化程度较高的关系模式（比如 3NF 或 BCNF），都由模式来保持函数依赖。但是，在实际应用中，为了不使信息过于分离，常常不过分地追求规范化。这样在关系的字段间就可以存在一些函数依赖需要显式地表示出来。

（4）统计约束。

即某个字段值与一个关系多个元组的统计值之间的约束关系。例如，一个部门经理的工资应大于该部门员工工资平均值的两倍。

静态关系约束中的实体完整性约束和参照完整性约束是关系模型的两个极其重要的约束，被称为是关系的两个不变性。统计约束实现起来开销很大。

4. 动态列级约束

动态列级约束是修改列定义或列值时要满足的约束条件，包括以下两方面：

（1）修改列定义时的约束。例如，规定将原来允许空值的列改为不允许空值时，如果该列目前已存在空值，则拒绝这种修改。

（2）修改列值时的约束。修改列值有时需要参照其旧值，并且新旧值之间需要满足某种约束条件。例如，规定职工工资只能增加。这种完整性可以用触发器来实现。

5. 动态元组约束

动态元组约束是指修改某个元组时需要参照其旧值，并且新旧值之间需要满足某种约束条件。

6. 动态关系约束

动态关系约束是加在关系变化前后状态上的限制条件。例如，事务一致性、原子性等约束条件。一般而言，动态关系约束实现起来开销较大。以上六类完整性约束条件的含义可用表5-7进行概括。

表 5-7　完整性约束条件

粒度状态	列级	元组级	关系级
静态	列定义 类型 格式 值域 空值	元组值应满足的条件	实体完整性约束 参照完整性约束 函数依赖约束 统计约束
动态	改变列定义或列值	元组新旧值之间应满足的约束条件	关系新旧状态间满足的约束条件

5.3.2　完整性控制

DBMS 的完整性控制机制应具有三个方面的功能：

（1）定义功能：即提供定义完整性约束条件的机制。

（2）检查功能：即检查用户发出的操作请求是否违背了完整性约束条件。

（3）如果发现用户的操作请求使数据违背了完整性约束条件，则采取一定的动作来保证数据的完整性。

1. 完整性约束的定义

在关系系统中，最重要的完整性约束是实体完整性和参照完整性，其他完整性约束条件则可以归入用户定义的完整性。目前许多关系数据库系统都提供了定义和检查实体完整性、参照完整性和用户定义的完整性功能。

在 SQL 语言中，CREATE TABLE 语句提供了定义上述三类完整性的功能。详细语法格式请参照 3.2 节。

2. 完整性约束条件的检查

我们已经知道完整性约束条件包括六大类，约束条件可能非常简单，也可能极为复杂。一个完善的完整性控制机制应该允许用户定义所有这六类完整性约束条件。

检查是否违背完整性约束的时机通常是在一条语句执行完后立即检查，我们称这类约束为立即执行的约束（Immediate Constraints）。但在某些情况下，完整性检查需要延迟到整个事务执行结束后再执行，我们称这类约束为延迟执行的约束（Deferred Constraints）。例如，银行数据库中"借贷总金额应平衡"的约束就应该是延迟执行的约束，从账号 A 转一笔钱到账号 B 为一个事务，从账号 A 转出钱后，账就不平了，必须等转入账号 B 后，账才能重新平衡，这时才能进行完整性检查。

3. 对违背了完整性约束条件的操作应采取的措施

如果发现用户操作请求违背了立即执行的约束，最简单的保护数据完整性的动作就是拒绝该操作，但也可以采取其他处理方法。如果发现用户操作请求违背了延迟执行的约束，由于不知道是事务的哪个或哪些操作破坏了完整性，所以只能拒绝整个事务，把数据库恢复到该事务执行前的状态。关于事务的概念将在第 6 章中详细介绍。

对于违反实体完整性规则和用户定义的完整性规则的操作一般都是采用拒绝执行的方式进行处理。而对于违反参照完整性的操作，并不都是简单的拒绝执行，有时还需要采取另一种方法，即接受这个操作，同时执行一些附加的操作，以保证数据库的状态仍然是正确的。

（1）删除被参照关系的元组时的考虑。有时需要删除被参照关系的某个元组，而参照关系又有若干元组的外码值与被删除的被参照关系的主码值相对应。比如，要删除 BOOK 关系中 BOOKID=TP2003--002 的元组，而 BORROW 关系中有一个元组的 BOOKID 等于 TP2003--002。这时系统可能采取的动作有三种：

1）级联删除（Cascades）。将参照关系中所有外码值与被参照关系中要删除的元组的主码值相对应的元组一起删除。例如有下面两个关系：

学生（<u>学号</u>，姓名，性别，专业），其中"学号"为主码。

选课（<u>学号，课程</u>，成绩），其中（学号，课程）为主码，"学号"为外码。

如果某学生毕业或被开除了，要从学生关系中删除，其选课记录当然也该删除。

2）受限删除（Restricted）。当参照关系中没有任何元组的外码值与要删除的被参照关系的元组的主码值相对应时，系统才执行删除操作，否则，拒绝此删除操作。

例如有下面两个关系：

职工（<u>职工号</u>，姓名，年龄，部门号），其中"职工号"为主码。

设备关系（<u>设备编号</u>，设备名称，保管人代码），其中"保管人代码"为外码，对应参照职工关系中的"职工号"。

当某职工要调离原单位，所以要从职工关系中删除该职工，但该职工还有设备没有移交，所以不能删除。

3）置空值删除（Nullifies）。删除被参照关系元组时，将参照关系中所有与被参照关系中被删除的元组的主码值相等的外码值置为空值。例如有下面两个关系：

职工（职工号，姓名，年龄，部门号），其中"职工号"为主码，"部门号"为外码。

部门（部门号，部门名称），其中"部门号"为主码。

如果要撤消某个部门，但该部门员工等待分配到其他部门，这时职工关系中该部门职工的部门号合理的取值应该是空，即不确定。

这三种处理方法，哪一种更合适呢？这要依应用环境的语义来定。例如，在学生选课数据库中，显然只有第一种方法是对的。因为当一个学生毕业或退学后，他的个人记录从"学生"表中删除了，他的选课记录也应随之从"选课"表中删除。

（2）修改被参照关系中主码的考虑。有时要修改被参照关系中某些元组的主码值，而参照关系中有些元组的外码值正好等于被参照关系要修改的主码值。例如：修改读者关系中的读者卡号，而该卡号在借阅关系中有借书记录，与删除时的情况类似，系统对于这种情况同样可以有三种处理方式：

1）级联修改（Cascades）。修改被参照关系中主码值的同时，用相同的方法修改参照关系中相应的外码值。

2）受限修改（Restricted）。当参照关系中没有任何元组的外码值等于被参照关系中要修改的元组的主码值时，系统才执行修改操作；否则，拒绝此修改操作。

3）置空值修改（Nullifies）。修改被参照关系元组主码时，将参照关系中所有与被参照关系中被修改的元组的主码值相等的外码值置为空值。

这三种方法中，也要根据应用环境的具体要求才能确定哪一种是最合适的。

从上面的讨论中可以看到，DBMS在实现参照完整性时，除了需要向用户提供定义主码、外码的机制外，还需要向用户提供按照自己的应用要求，选择处理依赖关系中对应的元组的方法。

（3）外码是否可以接受空值。外码是否可以接受空值是由其语义来决定的，在上面提到的"职工－部门"数据库中，"职工"关系包含有外码"部门号"，某一元组的这一列若为空值，表示这一职工尚未分配到任何具体的部门工作。这和应用环境的语义是相符的，因此"职工"表的"部门号"列应允许空值，但在"学生－选课"数据库中，"学生"关系为被参照关系，其主码为"学号"。"选课"为参照关系，外码为"学号"。若"选课"关系中的"学号"为空值，则表明尚不存在的某个学生，或者某个不知学号的学生，选修了某门课程，其成绩记录在"成绩"列中。这与学校的应用环境是不相符的，因此"选课"关系中的"学号"列不能取空值。从上面的讨论中，我们看到外码是否能够取空值是依赖于应用环境的语义的。因此在实现参照完整性时，系统除了应该提供定义外码的机制外，还应该提供定义外码列是否允许空值的机制。

5.3.3 SQL Server 的完整性

1. 实体完整性

数据库中最重要的约束就是实体完整性约束，在 SQL Server 中是通过说明某个属性或属性组构成关系的主码来实现关系的实体完整性。主码意味着对于关系的任意两个元组，不允许在说明为主码的属性或属性组上取相同的值，也不允许主码中属性取空值。

主码约束在建表语句中说明，可用两种方法说明主码：第一种方法是在列定义中用关键字 PRIMARY KEY；第二种方法是在表级完整性定义中使用[CONSTRAINT 约束名] PRIMARY KEY[(属性列表)]子句。有关主码定义的例子请参考例 3-1。

当在建表语句中用 PRIMARY KEY 说明了码约束以后，原则上每当对关系的元组进行更新时都应对码约束进行检验。然而，事实上删除元组并不会违背码约束；只有插入或修改元组才可能违背码约束。因此，SQL Server 系统只在插入或修改元组时检验码约束。

2．参照完整性

在 SQL Server 中是通过外码来实现参照完整性的，如果定义某属性或属性组为外码，则意味着该属性或属性组或者取空值或者等于被参照关系中某个元组的主码值。

外码的定义是在表定义时通过 FOREIGN KEY 子句来完成的。其语法格式如下：

[CONSTRAINT 约束名] FOREIGN KEY（列名）REFERENCES <被参照表表名>（被参照表列名）[ON <DELETE|UPDATE> < CASCADES | RESTRICTED | NULLIFIES >]

其中：[ON <DELETE|UPDATE> < CASCADES | RESTRICTED | NULLIFIES >]选项是说明当被参照关系某元组被删除或主码被修改时，参照关系中相应元组的处理办法。

如果外码是单一属性，则可以在列定义中直接定义，也可以在所有列都定义完成后再定义，如果外码是属性组则必须用后一种方法。

例如：修改例 3-1 中对 BORROW 表的创建，要求当某读者从 READER 表中删除时，BORROW 表中的相应记录作级联删除。

```
CREATE TABLE BORROW
(BOOKID CHAR(20),
CARDID CHAR(10),
BDATE DATETIME NOT NULL,
SDATE DATETIME NOT NULL,
PRIMARY KEY(BOOKID,CARDID,BDATE),
CONSTRAINT FK_BOOKID FOREIGN KEY(BOOKID) REFERENCES BOOK (BOOKID),
CONSTRAINT FK_CARDID FOREIGN KEY(CARDID) REFERENCES READER (CARDID)) ON
DELETE CASCADES);
```

注意：Microsoft SQL Server 2005 以前的版本不支持[ON <DELETE|UPDATE> <CASCADES | RESTRICTED | NULLIFIES >子句。

3．用户定义的完整性

除实体完整性和参照完整性外，关系数据库系统中往往还需要定义与应用有关的完整性限制。例如，要求某一列的值不能取空值；某一列的值要在表中是唯一的；某一列的值要在某个范围中等。SQL Server 允许用户在建表时定义下列完整性约束：

● 列值非空（NOT NULL 短语）。
● 列值唯一（UNIQUE 短语）。
● 检查列值是否满足一个布尔表达式（CHECK 短语）。

例如，对于"读者"表，要求"性别（Sex）"属性不仅是双字符，而且限定只有两个取值"男"或"女"，可以用如下语句来说明：

Sex CHAR (2) CHECK (Sex IN ('男', '女')) ,

此外，用户还可以通过触发器来实现更为复杂的完整性约束。所谓数据库触发器，就是一类靠事件驱动的特殊过程，一旦定义，任何用户对该数据库的增、删、改操作均由服务器自动激活相应的触发器。有关触发器的定义请参考第 7 章。

习题五

1. 什么是数据库的安全性？

2. 什么是数据库的完整性，它和数据库的安全性之间有什么联系和区别？

3. 数据库安全性控制的常用方法有哪些？

4. 完整性约束条件可分为几类？

5. DBMS 的完整性控制机制应具有哪些功能？

6. 假设有下面两个关系模式：

员工（员工号，姓名，年龄，职务，工资，部门号），其中员工号为主码。

部门（部门号，部门名称，负责人，联系电话），其中部门号为主码。

用 SQL 语言定义这两个关系模式，要求在模式中完成以下完整性约束条件的定义：

（1）定义每个关系的主码。

（2）定义"部门号"的参照完整性。

（3）定义职工年龄不得超出 65 岁。

第6章　数据库的事务处理与数据恢复

数据库是一个共享资源，可以供多个用户使用。例如火车订票系统、银行管理系统都是供多个用户使用的数据库系统。在数据库中，将包含有对数据库操作的程序的一次执行称作一个数据库事务，简称事务。这样在多用户使用的数据库中，同一时刻并行运行的事务可达数百个，当多个用户并发地存取数据库时，就会产生多个事务同时存取同一数据的情况。若对并发操作不加控制就可能会出现存取不正确数据的情况，它将破坏数据库的一致性。数据库管理系统必须提供并发控制机制，通过对事务的执行过程进行控制来实现共享正确可靠的数据服务。

6.1　事务管理的基本概念

6.1.1　事务（Transaction）的概念

事务是用户定义的数据库操作序列，这些操作可作为一个完整的工作单元。一个事务内的所有语句是一个整体，要么全部执行，要么全部不执行。即事务是不可再分的原子性工作。

如在银行业务中，"从账户 A 转移资金 X 到账户 B"就是一个典型的事务。这个事务可以分解为两个动作：

（1）从账户 A 减去金额 X。

（2）在账户 B 中加上金额 X。

这两个动作构成了一个完整的事务，不能只做动作（1）而忽略动作（2），否则从账户 A 中减去的金额就会不翼而飞。因此，事务必须是完整的，要么完成事务中的所有动作，要么不执行事务中的任何动作。也就是说，当第二个动作没有成功时，系统自动将第一个动作也撤消掉，使第一个动作没有发生。

从计算机用户看，事务是完成某种数据库操作的一段程序的执行过程。不同的程序在计算机中可以并发执行，同一段程序也可以有若干独立的、并发执行的执行体（进程或线程），每一个执行体可以是一个事务，执行体的每一次数据库操作也可以是一个事务。数据库系统可以根据实际应用的需要确定事务执行的粒度，用户也可以使用系统提供的方法（如 SQL 语句）定义事务。

但是，从计算机处理的角度看，事务对数据库的操作只能是"读"操作或"写"操作，事务处理的基本任务就是有效地管理事务读写操作的并发执行，保证事务对数据库操作的正确性。

6.1.2　事务的状态

在事务的生命周期中，事务会经历许多状态。一个事务开始执行的时刻称为事务的起点，事务完成所有操作的时刻称为事务的终点。从起点开始执行一直进行到终点才结束的事务称为成功事务或交付事务，否则称为流产事务或未交付事务。

事务是否可以成功交付是不可预测的，因此不可能一开始就拒绝执行流产事务的任何操作。只要 DBMS 能消除流产事务所产生的影响，就能保证事务的原子性。为此 DBMS 必须跟踪事务的执行轨迹，记录事务的状态，以便于分析和处理。

事务的基本操作包括：

（1）事务开始（BEGIN_TRANSACTION）。事务开始执行。

（2）事务读写（Read/Write）。事务进行数据操作。

（3）事务结束（END_TRANSACTION）。事务完成所有的读/写操作。

（4）事务交付（COMMIT_TRANSACTION）。事务完成所有的读/写操作，并保存操作结果。

事务的这些基本操作导致事务的状态转换。如图 6-1 所示给出了事务执行的状态及转换情况。当事务开始执行发出读/写请求时立刻进入"活跃"状态，事务成功完成所有读写操作后进入"部分交付"状态。当事务在进行读写操作时发生异常或事务在部分交付之后要求撤消操作结果时，则进入事务"流产"状态。如果事务成功完成了所有工作，则进入了事务"交付"状态。事务的最终状态是"终止"状态。

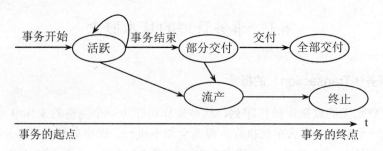

图 6-1　事务的状态及其转换

6.1.3　事务的特性

DBMS 在事务管理中既要保证事务的并发执行，又要保证事务的有效性，就必须采取一些必要的措施来分别维持事务的一些重要特性。事务所必须具有的重要特性包括：

（1）原子性（Atomicity）。事务的所有操作或者全部完成，或者均不执行。

（2）一致性（Consistency）。事务执行的结果必须是使数据库从一个一致性状态进入另一个一致性状态。因此当数据库中只包含成功事务提交的结果时，就说数据库处于一致性状态。如果数据库系统运行中发生故障，有些事务未完成就被迫中断，这些未完成事务对数据库所做的修改有一部分已写入物理数据库，这时数据库就处于一种不一致的状态。

（3）隔离性（Isolation）。一个正在执行的事务在到达终点之前不能向其他事务透露自己的结果，即一个事务的中间结果对其他事务是透明的。这一性质是为了避免产生嵌套异常终止，即如果一个事务流产，那么在该事务流产之前引用了该事务中间结果的所有事务也必须流产。而且，如果引用流产事务中间结果的事务已经交付，DBMS 也必须撤销它对数据库已经产生的结果，这样就破坏了事务的原子性。因此必须保证事务的隔离性。

（4）持久性（Durability）。事务的持久性也称为永久性（Permanence），指如果一个事务已经交付，系统必须保证它的处理结果不被丢失，并且与以后的故障无关。

上述的四个特性也简称为 ACID 特性，保证 ACID 特性是事务处理的重要任务。事务的 ACID 特性可能遭到破坏的原因有：

1）多个事务并行运行时，不同事务的操作交叉执行。

2）事务在运行过程中被强迫停止。

在第一种情况下，数据库管理系统必须保证多个事务在交叉运行时不影响这些事务的原子性。在第二种情况下，数据库管理系统必须保证被强迫终止的事务对数据库和其他事务没有任何影响。

以上这些工作都是由数据库管理系统中的并发控制和恢复机制来完成的。

6.1.4 SQL Server 中的事务

SQL Server 的事务分为两种类型：系统提供的事务和用户定义的事务。系统提供的事务是指在执行某些语句时，一条语句就是一个事务，它的数据对象可能是一个或多个表（视图），可能是表（视图）中的一行数据或多行数据；用户定义的事务以 BEGIN TRANSACTION 语句开始，以 COMMIT 或 ROLLBACK 结束。其中：

- BEGIN TRANSACTION：事务的开始标记。
- COMMIT TRANSACTION：事务的结束标记。
- ROLLBACK TRANSACTION：回滚。在事务运行的过程中发生了某种故障，事务不能继续执行，系统将事务中对数据库的所有完成的操作全部撤消，回滚到事务开始时的状态。前面的"从账户 A 转移资金 X 到账户 B"的例子可用 SQL Server 中的事务处理语句描述为：

```
BEGIN TRANSACTION
    UPDATE 支付表 SET 账户总额=账户总额-X
        WHERE 账户名='A'
    UPDATE 支付表 SET 账户总额=账户总额+X
        WHERE 账户名='B'
COMMIT TRANSACTION
```

- SAVE TRANSACTION <保存点名>：用户可以在事务内设置保存点，并可通过 ROLLBACK TRANSACTION <保存点名>将事务回滚到保存点位置。保存点用来按条件取消某个事务的一部分，该事务可以返回到一个保存点位置，如果将事务回滚到保存点，则根据需要必须完成其他语句的提交事务。

6.2 并发控制

数据共享性是数据库的一个重要特征，在同一系统中必须允许有多个事务存在且可以并发执行。但这样就会产生多个用户程序并发存取同一数据的情况，若对并发操作不加控制就可能会存取不正确的数据，破坏数据库的一致性。所以数据库管理系统必须提供并发控制机制。并发控制机制的好坏是衡量一个数据库管理系统性能的重要标志之一。

6.2.1 并发操作引起的问题

对事务的并发执行如果不加以控制，可能会导致数据库中数据的不一致性。

一个最常见的并发操作的例子是飞机订票系统中的订票操作。例如，在该系统中的一个活动的序列：

（1）事务 T_1（动作 1）：甲售票员读出某航班的机票余额 A，设 A=16。

（2）事务 T_2（动作 1）：乙售票员读出同一航班的机票余额，A 也为 16。

（3）事务 T_1（动作 2）：甲售票员卖出一张机票，修改机票余额 A←A-1，所以 A=15，把 A 写入数据库。

（4）事务 T_2（动作 2）：乙售票员卖出两张机票，修改机票余额 A←A-2，所以 A=14，把 A 写入数据库。

结果明明卖出三张机票，数据库中的机票余额只减少 2。

这种情况称为数据库的不一致性。这种不一致性是由甲乙两个售票员并发操作引起的。在并发操作的情况下，对甲乙两个事务的操作序列的调度是随机的。若按上面的调度序列执行，事务 T_1 的修改就被丢失。这是由于第（4）步中事务 T_2 修改 A 并写回数据库中覆盖了 T_1 事务的修改的结果。

并发操作如果不加以控制，就可能引发下列数据的不一致性：

1. 丢失修改（Lost Update）

丢失修改是指事务 T_1 与事务 T_2 从数据库中读入同一数据并修改，事务 T_2 提交的修改结果破坏了事务 T_1 提交的修改结果，导致事务 T_1 的修改被丢失。丢失修改的情况如图 6-2 所示。

调度时刻	事务 T_1	事务 T_2
t_1	读 A＝16	
t_2		读 A＝16
t_3	A＝A-1 写回 A＝15	
t_4		A＝A-2 写回 A＝14 （覆盖了 T_1 对 A 的修改）

图 6-2　丢失修改

2. 不可重复读（Unrepeatable Read）

即事务 T_1 两次读取同一数据项 A 的内容不一致。究其原因，是在两次读操作之间，事务 T_2 也修改了数据项 A。不可重复读的情况如图 6-3 所示。

调度时刻	事务 T_1	事务 T_2
t_1	读 A＝50 读 B＝100 求和＝150	
t_2		读 B＝100 B←B*2 写回 B＝200
t_3	读 A＝50 读 B＝200 求和＝250 （验算不对）	

图 6-3　不可重复读

在图 6-3 中，T_1 读取 B＝100，T_2 读取同一数据 B＝100，对其进行修改后将 B＝200 写回数据库。T_1 为了对数据取值校对，重读 B，已为 200，与第一次读取值不一致。

另外当事务 T_1 按一定条件从数据库中读取了某些数据记录后，事务 T_2 删除了其中的部分记录，或者向其中添加了部分记录，那么 T_1 再次按相同条件读取数据时，发现其中莫名其妙地少了（删除）或多了（插入）一些记录。这也属于不可重复读的范畴，这样的数据对于 T_1 来说称为"幻影"数据。

3. 读"脏"数据（Dirty Read）

即事务 T_1 读取了被事务 T_2 修改过的数据，但由于事务 T_2 因为流产而撤消了对该数据的修改，数据库恢复到事务 T_2 执行前的状态，从而导致事务 T_1 读取的内容与数据库中的内容不一致。读"脏"数据的情况如图 6-4 所示。

调度时刻	事务 T_1	事务 T_2
t_1		读 B＝100 B←B*2 写回 B=200
t_2	读 B＝200 （读入 T_2 的脏数据）	
t_3		ROLLBACK （B 恢复为 100）

图 6-4　读"脏"数据

在图 6-4 中，事务 T_2 将 B 的值修改为 200，事务 T_1 读到 B 为 200，而 T_2 由于某种原因撤消其修改，使之作废，B 恢复原值 100。这种变化不影响 T_1，其读到的 B 的值还是为 200，与数据库内容不一致，这就是"脏"数据。

产生上述三类数据不一致的主要原因是并发操作破坏了事务的隔离性。并发控制就是要用正确的方式调度并发操作，使一个用户事务的执行不受其他事务的干扰，从而避免造成数据的不一致性。

6.2.2　封锁

封锁是实现并发控制的非常重要的技术。所谓封锁就是事务 T 在对某个数据对象，例如表、记录等操作之前，先向系统发出请求，对其加锁。加锁后事务 T 就对该数据有了一定的控制，在事务 T 释放它的锁之前，其他的事务不能更新此数据对象。例如在前面的飞机订票系统中，T_1 事务要修改机票余额 A 时，若在读出 A 前先锁住 A，其他的事务就不能再读取和修改 A 了，直到 T_1 修改并写 A 到数据库后，再解除对 A 的封锁，这样就不会丢失修改了。

1. 封锁的类型

DBMS 通常提供了多种类型的封锁。一个事务对某个数据对象加锁后究竟拥有什么样的控制是由封锁类型决定的。基本的封锁类型有两种：排他锁（Exclusive Lock，简称 X 锁）和共享锁（Share Lock，简称 S 锁）。

（1）排他锁。排他锁（X 锁）又称为写锁。若事务 T 对数据对象 A 加上 X 锁，则只允许 T 读取和修改 A，其他任何事务都不能读取和修改 A，也不能再对 A 加任何类型的锁，直到 T 释放 A 上的锁。

（2）共享锁。共享锁（S 锁）又称为读锁，若事务 T 对数据对象 A 加上 S 锁，则事务 T 可以读 A，但不能修改 A；其他事务只能再对 A 加 S 锁，而不能加 X 锁，直到 T 释放 A 上的 S 锁。这就保证了其他事务可以读 A，但在事务 T 释放 A 上的 S 锁之前不能对 A 做任何修改。

在给数据对象加排他锁或共享锁时应遵循图 6-5 所示的相容矩阵。最左边一列表示事务 T_1 已经获得的数据对象上的锁的类型，最上面一行表示另一事务 T_2 对同一数据对象发出的封锁请求。T_2 的封锁请求能否被满足用 Yes 和 No 表示，其中 Yes 表示事务 T_2 封锁的要求与 T_1 已持有的锁相容，封锁请求可以满足；No 表示 T_2 的封锁请求与 T_1 已持有的锁冲突，T_2 的请求被拒绝。

T_1 \ T_2	X	S	无锁
X	No	No	Yes
S	No	Yes	Yes
无锁	Yes	Yes	Yes

图 6-5 锁相容矩阵

被封锁的数据对象的范围可大可小，可以是属性、元组，也可以是关系、数据库等，我们把封锁对象的大小称为封锁粒度。

2. 保证数据一致性的封锁协议——三级封锁协议

所谓封锁协议就是在对数据库加锁、持锁和释放锁时所约定的一些规则。例如，应何时申请 X 锁或 S 锁、持锁时间、何时释放等。不同的封锁规则形成了不同的封锁协议，下面介绍三级封锁协议。

（1）一级封锁协议。一级封锁协议是事务 T 在修改数据之前必须先对其加 X 锁，直到事务结束才释放。

一级封锁协议可有效防止丢失修改，并保证事务 T 是可恢复的。例如，图 6-6 使用一级封锁协议解决了图 6-2 中的丢失修改问题。

调度时刻	事务 T_1	事务 T_2
t_1	获得 X 锁 A	
t_2	读 A=16	X 锁 A 等待
t_3	A=A-1 写回 A=15 Commit 释放锁 A	等待 等待 等待
t_4		获得 X 锁 A 读 A=15 A=A-2 写回 A=13 Commit 释放锁 A

图 6-6 没有丢失修改

图 6-6 中，T_1 在读 A 进行修改之前先对 A 加 X 锁，当 T_2 再请求对 A 加 X 锁时被拒绝，只能等待 T_1 释放 A 上的锁。T_1 修改 A 并将修改值 A=15 写回磁盘，释放 A 上的 X 锁后，T_2 获得对 A 的 X 锁，这时它读到的 A 已经是 T_1 更新过的值 15，再按此新的 A 值进行运算，并将结果值 A=13 写回到磁盘。这样就避免了丢失 T_1 的更新。

在一级封锁协议中，如果仅仅是读数据而不对其进行修改是不需要加锁的，所以它不能保证可重复读和不读"脏"数据。

（2）二级封锁协议。二级封锁协议是在一级封锁协议基础上，再加上事务 T 对要读取的数据加 S 锁，读完后即可释放 S 锁。

二级封锁协议除防止了丢失修改还可进一步防止读"脏"数据。例如，图 6-7 使用二级封锁协议解决了图 6-4 中读"脏"数据的问题。

调度时刻	事务 T_1	事务 T_2
t_1		X 锁 B 读 B＝100 B←B*2 写回 B=200
t_2	S 锁 B 等待	
t_3		ROLLBACK （B 恢复为 100） 　　释放锁 B
t_4	获得 S 锁 B 读 B＝100 释放锁 B	

图 6-7　不读"脏"数据

在图 6-7 中，T_2 在对 B 进行修改之前，先对 B 加 X 锁，修改其值后写回磁盘。这时 T_1 请求在 B 上加 S 锁，因 T_2 已在 B 加了 X 锁，T_1 只能等待 T_2 释放它。之后 T_2 因某种原因被撤锁，B 恢复为原值 100，并释放 B 上的 X 锁。T_1 获得 B 上的 S 锁，读 B=100。这就避免了 T_1 读"脏"数据。

在二级封锁协议中，由于读完数据后即可释放 S 锁，所以它不能保证可重复读。

（3）三级封锁协议。三级封锁协议是事务 T 在读取数据之前必须先对其加 S 锁，在修改数据之前必须先对其加 X 锁，直到事务结束后才释放所有的锁。

图 6-8 使用三级封锁协议解决了图 6-3 中的不可重复读问题。

图 6-8 中，T_1 在读 A、B 之前，先对 A、B 加 S 锁，这样其他事务只能再对 A、B 加 S 锁，而不能加 X 锁，即其他事务只能读 A、B，而不能执行修改操作，只能等待 T_1 释放 A、B 上的锁。接着 T_1 为验算再读 A、B，这时读出的 B 仍是 100，求和结果仍为 150，即可重复读。

三级封锁协议除防止了丢失修改和不读"脏"数据外，还进一步防止了不可重复读。

调度时刻	事务 T$_1$	事务 T$_2$
t$_1$	S 锁 A 读 A=50 S 锁 B 读 B=100 求和=150	
t$_2$		X 锁 B 等待
t$_3$	读 A=50 读 B=100 求和=150 Commit 释放锁 A 释放锁 B	等待
t$_4$		获得 X 锁 读 B=100 B←B*2 写回 B=200 Commit 释放锁 B

图 6-8　可重复读

上述三级协议的主要区别在于什么操作需要申请封锁以及何时释放锁（即持锁时间）。三级封锁协议可以总结为表 6-1。

表 6-1　不同级别的封锁协议

封锁协议	X 锁	S 锁	不丢失修改	不读脏数据	可重复读
一级	事务全程加锁	不加锁	√		
二级	事务全程加锁	事务开始加锁，读完即释放	√	√	
三级	事务全程加锁	事务全程加锁	√	√	√

6.2.3　封锁出现的问题及解决方法

封锁技术可以有效地解决并行操作的一致性问题，但也带来一些新的问题，即死锁和活锁问题。

1. 活锁

在多个事务请求对同一数据封锁时，总是使某一事务等待的情况称为活锁。例如：如果事务 T$_1$ 封锁了数据 R 后，T$_2$ 也请求封锁 R，于是 T$_2$ 等待。接着 T$_3$ 也请求封锁 R。假如 T$_1$ 释放 R 上的锁后，系统首先批准了 T$_3$ 的请求，T$_2$ 只得继续等待。接着 T$_4$ 也请求封锁 R，T$_3$ 释放 R 上的锁后，系统又批准了 T$_4$ 的请求，……，T$_2$ 有可能就这样永远等待下去。

避免活锁的简单方法是采用先来先服务的策略。当多个事务请求封锁同一数据对象时，封锁子系统按请求封锁的先后次序对这些事务排队，该数据对象上的锁一旦释放，首先批准申请队列中的第一个事务获得锁。

2. 死锁

多个并发事务处于相互等待的状态，其中的每一个事务都在等待它们中的另一个事务释放封锁，这样才可以继续执行下去，但任何一个事务都没有释放自己已获得的锁，也无法获得其他事务已拥有的锁，所以只好相互等待下去，这就产生了死锁。

如果事务 T_1 封锁了数据 A，事务 T_2 封锁了数据 B。之后 T_1 又申请封锁数据 B，因 T_2 已封锁了 B，于是 T_1 等待 T_2 释放 B 上的锁。接着 T_2 又申请封锁 A，因 T_1 已封锁了 A，T_2 也只能等待 T_1 释放 A 上的锁。这样就出现了 T_1 和 T_2 都在等待对方先释放锁，因而形成死锁，如图 6-9 所示。

调度时刻	事务 T_1	事务 T_2
t_1	X 锁 A	
t_2		X 锁 B
t_3	X 锁 B 等待	
t_4		X 锁 A 等待 ...

图 6-9　死锁

目前在数据库中解决死锁问题主要有两类方法，一类方法是采取一定措施来预防死锁的发生，另一类方法是允许发生死锁，然后采用一定手段定期诊断系统中有无死锁，若有则解除之。

（1）死锁的预防。在数据库中，产生死锁的原因是两个或多个事务都已封锁了一些数据对象，然后又都请求对已被其他事务封锁的数据对象加锁，从而出现死等待。防止死锁的发生其实就是破坏产生死锁的条件。预防死锁通常有两种方法：

1）一次封锁法。一次封锁法要求每个事务必须一次将所有要使用的数据全部加锁，否则该事务就不能继续执行。在图 6-9 的例子中，如果事务 T_1 将数据对象 A 和 B 一次加锁，T_1 就可以执行下去，而 T_2 等待。T_1 执行完后释放 A、B 上的锁，T_2 继续执行。这样就不会发生死锁。

一次封锁法虽然可以有效地防止死锁的发生，但也存在问题。首先，一次就将以后要用到的全部数据加锁，势必扩大了封锁的范围，从而降低了系统的并发度；第二，数据库中的数据是不断变化的，原来不要求封锁的数据，在执行过程中可能会变成封锁对象，所以很难事先精确地确定每个事务所要封锁的数据对象，只能采取扩大封锁范围，将事务在执行过程中可能要封锁的数据对象全部加锁，这就进一步降低了并发性。

2）顺序封锁法。顺序封锁是预先对数据对象规定一个封锁顺序，所有事务都按这个顺序实行封锁。在图 6-9 的例子中，假设规定封锁顺序是 A、B，T_1 和 T_2 都按此顺序封锁。当 T_1

先封锁 A 后，T_2 请求 A 的封锁时，由于 T_1 已经锁住 A，T_2 就只能等待。T_1 释放 A 上的锁后，T_2 继续运行。这样就不会发生死锁。

顺序封锁法同样可以有效地防止死锁，但也同样存在问题。首先，数据库系统中可封锁的数据对象极其众多，并且随数据的插入、删除等操作而不断地变化，要维护这样极多而且变化的资源的封锁顺序非常困难；其次，事务的封锁请求可随事务的执行而动态变化，很难事先确定每个事务的封锁数据及其封锁顺序。例如，规定数据对象的封锁顺序为 A、B、C、D、E。事务 T 起初要求封锁数据对象 B、C、E，但当它封锁了 B、C 后，才发现还需要封锁 A，这样就破坏了封锁顺序。可见，在操作系统中广为采用的预防死锁的策略并不很适合数据库的特点，因此 DBMS 在解决死锁的问题上更普遍采用的是诊断加解除死锁的方法。

（2）死锁的检测与解除。数据库系统中诊断死锁的方法是使用一个事务等待图，它动态地反映所有事务的等待情况。如图 6-10 所示，每个结点表示一个事务，带箭头的线表示事务间的等待关系，结点 T_1 和 T_2 之间的连线就表示事务 T_1 所需要的数据对象已被事务 T_2 封锁，其他的连线表示事务 T_2 所需要的数据已被事务 T_3 封锁，事务 T_3 所需要的数据已被事务 T_4 封锁，而事务 T_4 所需要的数据已被事务 T_1 封锁，这样图中的 4 个事务之间就存在着相互等待的问题，表明死锁发生了，而图 6-10 沿箭头方向也正好形成了一个回路。因此，并发控制子系统周期性地（比如每隔 1 分钟）检测事务等待图，如果发现图中存在回路，则表示系统中出现了死锁。

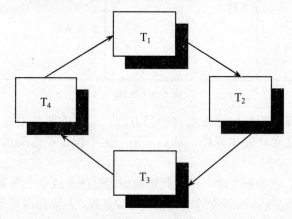

图 6-10　事务等待图

DBMS 的并发控制子系统一旦检测到系统中存在死锁，就要设法解除。通常采用的方法是选择一个处理死锁代价最小的事务，将其撤消，释放此事务持有的所有锁，使其他事务能继续运行下去。

6.2.4　可串行化调度

计算机系统对并发事务中并发操作的调度是随机的，而不同的调度可能会产生不同的结果，如何判断哪个结果是正确的呢？

如果一个事务运行过程中没有其他事务同时运行，即没有受到其他事务的干扰，那么就可以认为该事务的运行结果是正确的。如果多个事务并发执行的结果与按串行执行的结果相同，这种调度策略称为可串行化（Serializable）的调度，反之称为不可串行化的调度。可串行性（Serializability）是并发事务正确性的准则。为了保证并发操作的正确性，DBMS 的并发控制机制必须提供一定的手段保证调度是可串行化的。两段锁（Two-Phase Locking，简称 2PL）协议就是保证并发调度可串行性的封锁协议。

所谓的两段锁协议是指所有事务必须分两个阶段对数据项进行加锁和解锁。具体体现在：

（1）在对任何数据进行读、写操作之前，事务首先要获得对该数据的封锁。

（2）释放一个封锁之后，事务不再申请并获得对任何数据的封锁。

所谓两段锁的含义是：事务分为两个阶段，第一阶段是获得封锁，也称为扩展阶段。在这个阶段，事务可以申请获得任何数据项上的任何类型的锁，但不能释放任何锁。第二阶段是释放封锁，也称为收缩阶段。在这个阶段，事务可以释放任何数据项上的任何类型的锁，但是不能申请任何锁。

例如，事务 1 的封锁序列是：

S 锁 A…S 锁 B…X 锁 C…释放锁 B…释放锁 A…释放锁 C；

事务 2 的封锁序列是：

S 锁 A…释放锁 A…S 锁 B… X 锁 C…释放锁 C…释放锁 B；

则事务 1 遵守两段锁协议，而事务 2 不遵守两段锁协议。

可以证明，若并行执行的所有事务均遵守两段锁协议，则对这些事务的所有并行调度策略都是可串行化的。因此我们得出如下结论：所有遵守两段锁协议的结果一定是正确的。

需要说明的是，事务遵守两段锁协议是可串行化调度的充分条件，而不是必要条件，即可串行化调度中，不一定所有事务都必须符合两段锁协议。

6.2.5　SQL Server 的并发控制机制

事务和锁是并发控制的主要机制，SQL Server 通过支持事务并发控制机制来管理多个事务，保证事务的一致性，并使用事务日志保证修改的完整性和可恢复性。SQL Server 利用锁来防止其他用户修改另一个还没有完成的事务中的数据。SQL Server 具有多种锁，允许事务锁定不同的资源，并能自动使用与任务相对应的等级锁来锁定资源对象，以使锁的成本最小化。

1. SQL Server 的空间管理及锁的级别

锁是为防止其他事务访问指定的资源，实现并发控制的主要手段。要加快事务的处理速度并缩短事务的等待时间，就要事务锁定的资源最小。SQL Server 为使事务锁定资源最小化提供了多种方法。

（1）行和行级锁。表中的行可以是锁定的最小空间资源。行级锁是指事务操作过程中，锁定一行或若干行数据。由于行级锁占用的数据资源最少，避免了数据被占用但不使用的现象，因而行级锁是最优锁。

（2）页和页级锁。在 SQL Server 中，除行外的最小数据单位是页。一个页有 8KB，所有的数据、日志和索引都放在页上。为了管理方便，表中的行不能跨页存放，一行的数据必须在同一个页上。

页级锁是指在事务的操作过程中，无论事务处理多少数据，每次都锁定一页。当使用页级锁时，会出现数据的浪费现象，即在同一个页上会出现数据被占用却没有使用的现象，但数据浪费最多不超过一个页。

（3）簇和簇级锁。页之上的空间管理单位是簇，一个簇有 8 个连续的页。

簇级锁指事务占有一个簇，这个簇不能被其他事务占用。簇级锁是一种特殊类型的锁，只能用在一些特殊的情况下。例如在创建数据库和表时，系统用簇级锁分配物理空间。由于系统是按照簇分配空间的，故系统分配空间时使用簇级锁，可防止其他事务同时使用一个簇。当系统完成空间分配之后，就不再使用这种簇级锁。当涉及到对数据操作的事务时，一般不使用簇级锁。

（4）表级锁。表级锁是一种主要的锁，是指事务在操作某一个表的数据时锁定了这些数据所在的整个表，其他事务不能访问该表中的数据。当事务处理的数量比较大时，一般使用表级锁。表级锁的特点是使用比较少的系统资源，但占用比较多的数据资源。与行级锁和页级锁相比，表级锁占用的系统资源（例如内存）较少，但占用的数据最多。在使用表级锁时，会浪费大量数据，因为表级锁可锁定整个表，其他事务不能操纵表中的数据，这样会延长其他事务的等待时间，降低系统的并发性能。

（5）数据库级锁。数据库级锁是指锁定整个数据库，防止其他任何用户或者事务对锁定的数据库进行访问。这种锁的等级最高，因为它控制整个数据库的操作。数据库级锁是一种非常特殊的锁，它只用于数据库的恢复操作。只要对数据库进行恢复操作，就需要将数据库设置为单用户模式，这样，系统就能防止其他用户对该数据库进行各种操作。

2. SQL Server 锁的类型

SQL Server 的基本锁是共享锁（S 锁）和排他锁（X 锁）。除基本锁之外，还有三种特殊锁：意向锁、修改锁和模式锁。意向锁是一种锁的升级机制，当若干事务分别对数据页进行加锁时，为了减少锁的维持开销，可以将对页的锁集中起来，升级为集中的对表的锁。修改锁是为修改操作提供的页级排他锁。模式锁包括模式稳定锁和模式修改锁，它们是为保证系统模式（表和索引结构）不被删除和修改而设置的锁。模式稳定锁确保不会删除锁定的资源，模式修改锁确保不会修改锁定的资源。

一般情况下，SQL Server 能自动提供加锁功能，而不需要用户专门设置，这些功能表现在：

（1）当使用 SELECT 语句访问数据库时，系统能自动用共享锁访问数据；在使用 INSERT、UPDATE 和 DELETE 语句增加、修改和删除数据时，系统会自动给使用数据加排他锁。

（2）系统可用意向锁使锁之间的冲突最小化。意向锁建立一个锁机制的分层结构，其结构按行级锁层和表级锁层设置。

（3）当系统修改一个页时，会自动加修改锁。修改锁和共享锁兼容，而当修改了某页后，修改锁会上升为排他锁。

（4）当操作涉及到参考表或者索引时，SQL Server 会自动提供模式稳定锁和模式修改锁。

6.3　数据库恢复

数据库在运行过程中可能会产生各种故障，使得有些事务尚未完成就被迫中断，这些未完成事务对数据库所做的修改有一部分已写入物理数据库，这时数据库就处于一种不一致的状态。因此 DBMS 必须提供一种功能以恢复数据库中数据的正确性，这种功能就是数据库的恢复，它是由 DBMS 的恢复子系统实现的。各种现有数据库系统运行情况表明，数据库系统所采用的恢复技术是否行之有效，不仅对系统的可靠程度起着决定作用，而且对系统的运行效率也有很大影响，是衡量系统性能优劣的重要指标。

6.3.1　数据库系统的故障

数据库运行过程中可能发生的故障主要有三类：事务故障、系统故障和介质故障。

1. 事务故障

由于事务内部的逻辑错误（如运算溢出、数据输入错、记录找不到等）或系统错误（如并发事务发生了死锁而被选中撤消等）所引起的，使事务未运行至正常终止点就夭折了，这种情况称为事务故障。

发生事务故障时，夭折的事务可能已把对数据库的部分修改写回磁盘。恢复程序要在不影响其他事务运行的情况下，强行回滚（ROLLBACK）该事务，即清除该事务对数据库的所有修改，使得这个事务像根本没有启动过一样。这类恢复操作称为事务撤消（UNDO）。

2. 系统故障

由于软件故障（如操作系统故障、DBMS 代码错误等）、特定类型的硬件故障（如 CPU 故障）、突然停电等造成系统运行停止，致使所有正在运行的事务都以非正常方式终止，内存中数据库缓冲区的信息全部丢失，这种情况称为系统故障。系统故障会影响正在运行的所有事务，但不破坏数据库。

系统故障可能会出现两种情况：一是发生系统故障时，一些尚未完成的事务的结果可能已送入物理数据库，从而造成数据库处于不一致的状态；二是发生系统故障时，有些已完成事务提交的结果可能还有一部分甚至全部留在缓冲区，尚未写回到磁盘上的物理数据库中，系统故障使得这些事务对数据库的修改部分或全部丢失，这也会使数据库处于不一致状态。

3. 介质故障

介质故障是指用于存放数据库的磁盘在物理上受到损坏，使得数据库中的数据无法读出而引起的故障。这类故障比前两类故障发生的可能性小得多，但破坏性最大。

综上所述，数据库系统中各类故障对数据库的影响概括起来主要有两类：一类是数据库本身被破坏，另一类是数据库本身没有被破坏，但数据库存放的数据不正确。

数据库恢复就是保证数据库的正确性和一致性，其原理很简单，就是利用冗余数据。即利用存储在系统其他地方的冗余数据来重建数据库中已经破坏或已经不正确的那部分数据。数据库恢复的基本原理虽然简单，但实现技术却相当复杂。一般一个大型数据库产品，恢复子系统的代码要占全部代码的 10%以上。

6.3.2　数据库备份技术

恢复机制涉及到两个关键问题：第一是如何建立冗余数据；第二是如何利用这些冗余数据实施数据库恢复。本节介绍如何建立冗余数据，即如何进行数据备份，下一节将介绍如何利用备份数据恢复数据库。

建立数据库备份最常用的技术是数据转储和登记日志文件。通常在一个数据库系统中，这两种方法是一起使用的。

1. 数据转储

数据转储是指数据库管理员（DBA）定期或不定期地将整个数据库复制到磁带或另一个磁盘上保存起来的过程。这些备用的数据文本称为后备副本或后援副本。一旦系统发生介质故障，数据库遭到破坏，可以将后备副本重新装入，把数据库恢复起来。

数据转储是十分耗时间和资源的，不能频繁进行。数据库管理员（DBA）应该根据数据库使用情况确定一个适当的转储周期。数据转储有以下几类：

（1）静态转储和动态转储。根据转储时系统状态的不同，转储分为静态转储和动态转储。

1）静态转储是在系统中没有运行其他事务时进行的转储操作。即转储操作开始的时刻，数据库处于一致性状态，而转储期间不允许（或不存在）对数据库的任何存取、修改等活动。显然，静态转储得到的一定是一个具有数据一致性的副本。

由于静态转储必须等待正在运行的事务结束才能进行，新的事务也必须等待转储结束才能执行，因此会降低数据库的可用性。

2）动态转储是指转储操作与用户事务并发进行，转储期间允许对数据库进行存取或修改。动态转储克服了静态转储的缺点，它不用等待正在运行的用户事务结束，也不会影响新事务的运行；但它不能保证副本中的数据正确有效。

例如，在转储期间的某个时刻 T_c，系统把数据 A=100 转储到磁带上，而在下一时刻 T_d，某一事务将 A 改为 200。转储结束后，后备副本上的 A 已是过时的数据了。

因此，为了能够利用动态转储得到的副本进行故障恢复，还需要把动态转储期间各事务对数据库的修改活动记录下来，建立日志文件。后备副本加上日志文件就能把数据库恢复到某一时刻的正确状态了。

（2）海量转储和增量转储。根据转储数据量的不同还可以将数据转储分为海量转储和增量转储。

● 海量转储是指每次转储全部数据库。
● 增量转储是指转储上次转储后更新过的数据。

从恢复角度看，使用海量转储得到的后备副本进行恢复一般说来会更方便一些。但如果数据库很大，事务处理又十分频繁，则增量转储方式更实用、更有效。

由于数据转储可在动态和静态两种状态进行，因此数据转储方法可以分为 4 种：动态海量转储、动态增量转储、静态海量转储和静态增量转储。DBA 应该根据数据库的使用情况确定适当的转储周期和转储方法。例如，每天晚上进行动态增量转储，每周进行一次动态海量转储，每月进行一次静态海量转储等。

2．日志文件

（1）日志文件的格式和内容。日志文件是用来记录事务对数据库的更新操作的文件。

不同数据库采用的日志文件格式并不完全一样。概括起来日志文件主要有两种格式：以记录为单位的日志文件和以数据块为单位的日志文件。

对于以记录为单位的日志文件，日志文件中的记录需要登记的内容包括：

● 各个事务的开始（BEGIN TRANSACTION）标记。
● 事务标识（标明是哪个事务）。
● 操作的类型（插入、删除或修改）。
● 操作对象。
● 更新前数据的旧值（对插入操作而言，此项为空值）。
● 更新后数据的新值（对删除操作而言，此项为空值）。
● 各个事务的结束（COMMIT 或 ROLLBACK）标记。

以数据块为单位的日志文件的内容包括事务标识和更新的数据，只要某个数据块中有数据被更新，就要将整个块更新前和更新后的内容放入日志文件。

（2）登记日志文件。为保证数据库是可恢复的，登记日志文件时必须遵循两条原则：一是登记的次序严格按并行事务执行的时间次序；二是必须先写日志文件，后写数据库。

把对数据的修改写到数据库中和把表示这个修改的日志记录写到日志文件中是两个不同的操作。有可能在这两个操作之间发生故障，即这两个写操作只完成了一个。如果先写了数据库修改而在运行记录中没有登记这个修改，则以后就无法恢复这个修改了。如果先写日志，但没有修改数据库，按日志文件恢复时只不过是多执行一次不必要的撤消（UNDO）操作，并不会影响数据库的正确性。所以为了安全，一定要先写日志文件，即首先把日志记录写到日志文件中，然后再进行数据库的修改。

6.3.3　数据库恢复策略

数据库恢复是指当系统运行过程中发生故障后，利用数据库后备副本和日志文件将数据库恢复到故障前的某个一致性状态。不同故障使用的恢复技术也不一样。

1. 事务故障的恢复

事务故障是指事务在正常结束前被中止，这时恢复子系统可以利用日志文件撤消此事务对数据库的修改，使得这个事务像根本没有启动过一样。

具体的恢复步骤为：

（1）反向扫描文件日志（即从最后向前扫描日志文件），查找该事务的更新操作。

（2）对该事务的更新操作执行逆操作。即将日志记录中"更新前的值"写入数据库。如果记录中是插入操作，则做删除操作；如果记录中是删除操作，则做插入操作；如果记录中是修改操作，则用修改前的值代替修改后的值。

（3）重复执行（1）和（2），恢复该事务的其他更新操作，直至读到此事务的开始标记，事务故障恢复就完成了。

事务故障的恢复是由系统自动完成的，不需要用户干预。

2. 系统故障的恢复

系统故障造成数据库不一致状态的原因有两个，一是未完成的事务对数据库的更新已写入数据库，二是一些已提交的事务对数据库的更新还留在缓冲区未来得及写入数据库。因此恢复操作就是要撤消故障发生时未完成的事务，重做已完成的事务。

具体的恢复步骤为：

（1）正向扫描日志文件（即从头扫描日志文件），找出在故障发生前已经提交的事务（这些事务既有 BEGIN TRANSACTION 记录，也有 COMMIT 记录），将其事务标识记入重做（REDO）队列。同时还要找出故障发生时尚未完成的事务（这些事务只有 BEGIN TRANSACTION 记录，无相应的 COMMIT 记录），将其事务标识记入撤消队列。

（2）对撤消队列中的各个事务进行撤消（UNDO）处理。

进行 UNDO 处理的方法是，反向扫描日志文件，对每个 UNDO 事务的更新操作执行逆操作，即将日志记录中"更新前的值"写入数据库。

（3）对重做队列中的各个事务进行重做（REDO）处理。

进行 REDO 处理的方法是：正向扫描日志文件，对每个 REDO 事务重新执行日志文件登记的操作。即将日志记录中"更新后的值"写入数据库。

系统故障的恢复也是由系统重新启动时自动完成的，不需要用户干预。

3. 介质故障的恢复

介质故障是指磁盘上的物理数据和日志文件均遭破坏，这是最严重的一种故障。恢复方法是首先重装数据库，使数据库管理系统能正常运行，然后利用介质损坏前对数据库已做的备份恢复数据库。

具体的恢复步骤为：

（1）装入最新的后备数据库副本，使数据库恢复到最近一次转储时的一致性状态。

对于动态转储的数据库副本，还须同时装入转储开始时刻的日志文件副本。利用与恢复系统故障相同的方法（即重做＋撤消的方法），才能将数据库恢复到一致性状态。

（2）装入相应的日志文件副本（转储结束时刻的日志文件的副本），重做已完成的事务。即首先扫描日志文件，找出故障发生时已提交的事务的标识，将其记入重做队列。然后正向扫描日志文件，对重做队列中的所有事务进行重做处理。即将日志记录中"更新后的值"写入数据库。

介质故障的恢复需要 DBA 介入，但 DBA 只需重装最近转储的数据库副本和有关的各日志文件副本，然后执行系统提供的恢复命令即可，具体的恢复操作仍由 DBMS 完成。

利用日志技术进行数据库恢复时，恢复子系统必须搜索所有的日志，确定哪些事务需要重做。一般来说，需要检查所有的日志记录，这样做会产生两个问题：一是搜索整个日志将耗费大量的时间，二是很多需要重做处理的事务实际上已经将它们的更新操作结果写到数据库中了，然而恢复子系统又重新执行了这些操作，浪费了大量的时间。为了解决这些问题，又发展了具有检查点的恢复技术，有关知识请参阅相关资料。

6.3.4　SQL Server 2012 的数据备份和恢复

SQL Server 2012 具有比较强大的数据备份和恢复功能，提供了海量备份和增量备份、静态备份和动态备份等多种备份方式，并具有日志和检查点两种数据恢复技术。用户可以使用 Transact-SQL 语句，也可以通过 SQL Server 2012 的 SQL Server Management Studio 进行数据备份和数据恢复。

1. SQL Server 2012 恢复模式

SQL Server 2012 具有三种数据库恢复模式：简单恢复模式、完整恢复模式和大容量日志恢复模式。所有这些模式都被用于服务器发生故障时维护数据，但是它们在 SQL Server 2012 恢复数据的方法上存在着主要区别。

（1）简单恢复模式：针对小型数据库或数据更改不频繁的数据库而言。此模式使用数据库的完整或差异副本，且恢复会还原数据库到上一次进行备份的地方。由于截断事务日志，备份之后进行的更改会丢失。优势是日志占用空间小，容易实现。注意：简单恢复模式不能进行事务日志备份。

（2）完整恢复模式：此模式使用数据库和全部日志信息的副本来还原数据库。由于日志记录了所有事务，可以在任何时间点进行恢复。此模式主要缺点是日志文件占用大量空间会导致存储和性能成本增加。

（3）大容量日志恢复：类似于完整恢复模式，不同之处在于，在进行大批量操作时不是将所有每一项事务都记录到日志中，而只是对这些操作进行开始和结果等基础信息的记录。所以使用较少日志空间。

读者在进行数据库备份之前，可以根据需要先进行恢复模式设置，方法如下：在对象资源管理器中，选择要设置恢复模式的数据库，右击，在弹出的快捷菜单中选择"属性"，在打开的如图 6-11 所示的"数据库属性"窗口中，选择"选项"标签。然后在"恢复模式"下拉列表中选择需要的恢复模式。

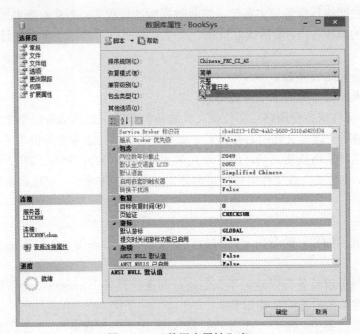

图 6-11 "数据库属性"窗口

2. SQL Server 2012 备份类型

SQL Server 2012 提供了几种备份方法，以满足各种业务环境和数据库活动的需求。常见的备份类型有完整备份，差异备份，事务日志备份，尾日志备份等。

（1）完整备份：数据库完整备份包含所有数据文件和部分事务日志。完整备份与完成备份时的整个数据库相同，这一备份作为数据库恢复时的基线。

（2）差异备份：如果希望在最快时间内备份一个频繁修改的数据库，应该执行差异备份。只有执行了完整备份后，才可以执行差异备份。差异备份将备份上一次完整数据库备份之后被更改的数据库部分。

（3）事务日志备份：记录了所有数据库的更改。当执行完整数据库备份时，通常需要进行事务日志备份。如果没有相应数据库完整备份，将无法还原事务日志。

（4）尾日志备份：包含上一次未备份的日志部分（称为日志的"活动部分"）的事务日志备份。

3. 备份策略

（1）完全数据库备份策略：完全数据库备份策略是定期执行数据库的"完整备份"。完全数据库备份策略适合于以下情况：

● 数据库数据量小，总的备份时间是可以接受的。

● 如果数据库只有很少的变化或者数据库是只读的。

（2）数据库和事务日志备份策略：当数据库要求较严格的可恢复性，但由于时间和效率的原因，仅通过使用数据库完整备份实现这样的可恢复性并不可行时，可以考虑使用数据库和事务日志备份策略，即在数据库完整备份的基础上，增加事务日志备份，以记录全部数据库的变化。该备份策略一般用于经常进行数据修改的数据库上。

（3）差异备份策略：差异备份策略包括执行常规的完整备份和差异备份，还可以在完整备份和差异备份之间执行事务日志备份。恢复数据库的过程为：首先恢复数据库的完整备份。其次是最新一次的差异备份，最后执行最新一次差异备份以后的每一个事务日志备份。该策略一般用于：

- 数据库变化比较频繁。
- 备份数据库的时间要求尽可能得短。

（4）文件或文件组备份策略：文件或文件组备份策略主要包括备份单个文件或文件组的操作。通常该策略用于读写文件组。备份文件或文件组期间，通常要备份事务日志，以保证数据库的可用性。这种策略虽然灵活，但管理起来比较复杂，SQL Server 2012 不能自动维护文件关系的完整性。使用文件或文件组备份策略通常在数据库非常大、完整备份耗时太长的情况下使用。

4. 备份设备

备份操作前就已创建好的备份文件称为"备份设备"，"备份设备"实际上就是一个逻辑文件名。

数据库管理员可以将备份存储到事先创建好的备份设备上，也可以将备份直接存储到指定的文件中。创建备份设备的步骤如下：

在对象资源管理器中，展开"服务器对象"，右击"备份设备"，在弹出的快捷菜单中，选择"新建备份设备"，打开如图 6-12 所示新建备份设备窗口。

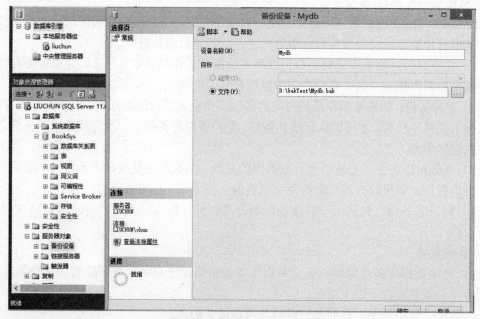

图 6-12 新建备份设备窗口

在"新建备份设备"窗口中，输入备份设备名称，并指定应用的文件路径和文件名。注意文件的扩展名为"BAK"。

5. SQL Server 2012 备份与恢复操作

下面举例说明如何利用 Transact-SQL 语句进行完整数据库备份和数据库恢复，备份语句和恢复语句的详细语法格式请读者参考有关 SQL Server 2012 Transact-SQL 的在线帮助。

首先用 Transact-SQL 语句建立名为 MYBAK 的磁盘设备，以用来备份数据，下面的例题将使用此设备进行数据的备份。

```
EXEC sp_addumpdevice 'disk','MYBAK','C:\DATA\MYBAK.BAK'   --创建备份设备
```

例 6-1　对 BOOKSYS 数据库做一次全库备份。

备份（BACKUP）语句如下：

```
BACKUP DATABASE BOOKSYS      /*对 BOOKSYS 数据库进行备份*/
TO "MYBAK"                   /*备份设备为 MYBAK */
WITH INIT,                   /*此设备将覆盖以前所有的备份*/
NAME='BOOKSYSBAK'            /*备份的名字为 BOOKSYSBAK */
```

例 6-2　对 BOOKSYS 数据库做一次差异备份。

备份（BACKUP）语句如下：

```
BACKUP DATABASE BOOKSYS      /*对 BOOKSYS 数据库进行备份*/
TO "MYBAK"                   /*备份设备为 MYBAK */
WITH DIFFERENTIAL,           /*差异备份*/
NOINIT ,                     /*新备份的数据库将添加到备份设备原备份内容的后面*/
NAME='BOOKSYSBAK'            /*备份的名字为 BOOKSYSBAK */
```

例 6-3　对 BOOKSYS 数据库做一次日志备份。

备份（BACKUP）语句如下：

```
BACKUP LOG BOOKSYS           /*对 BOOKSYS 进行日志备份*/
TO "MYBAK"                   /*备份设备为 MYBAK*/
WITH NOINIT,                 /*新备份的数据库将添加到备份设备原备份内容的后面*/
NAME ='BOOKSYSBAK'           /*备份的名字为 BOOKSYSBAK */
```

例 6-4　假设 BOOKSYS 数据库在 MYBAK 磁盘设备上作了 3 次备份（一次全库备份、一次差异备份和一次日志备份）后发生了介质故障，要求用 RESTORE 语句恢复该数据库。

本地的数据库恢复可以使用如下的一组语句：

```
RESTORE DATABASE BOOKSYS
FROM "MYBAK"
WITH FILE =1,                /*从磁盘设备的第一个备份恢复数据*/
NORECOVERY                   /*不回滚任何未提交的事务*/

RESTORE DATABASE BOOKSYS
FROM "MYBAK"
WITH FILE=2,                 /*从磁盘设备的第二个备份恢复数据*/
NORECOVERY

RESTORE LOG BOOKSYS
FROM "MYBAK"
WITH FILE=3,                 /*从磁盘设备的第三个备份恢复数据*/
RECOVERY
```

6. 在 SQL Server Management Studio 管理工具中备份数据库

SQL Server Management Studio 管理工具中提供了备份和恢复向导，可以很方便地进行数据库的备份与恢复。操作步骤如下：

（1）选择要进行备份的数据库，如 BookSys。右键单击，在弹出的快捷菜单中指向"任务"，在子菜单中选择"备份"命令，打开如图 6-13 所示的"备份数据库"窗口。

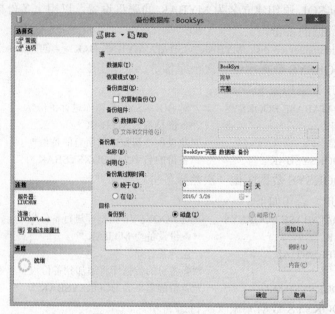

图 6-13 "备份数据库"窗口

（2）在"源"区指定要备份的数据库和备份类型，在"目标"区显示的是默认的备份位置和备份文件名，用户要改变备份位置或选择备份到上节创建的备份设备。可以单击"添加"按钮，在打开的如图 6-14 所示的"选择备份目标"对话框中指定文件位置或备份设备。

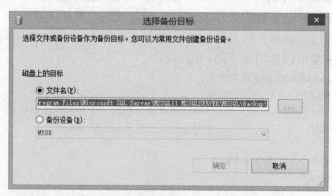

图 6-14 "选择备份目标"对话框

（3）设置完成后，单击"确定"按钮，系统开始执行备份操作。

7. 在 SQL Server Management Studio 管理工具中恢复数据库

（1）进行尾日志备份，参照上节，首先打开"备份数据库"窗口，进行数据库备份设置，"备份类型"选择"事务日志"。然后选择"选项"选项卡，如图 6-15 所示。在"事务日志"

区中选择"备份日志尾部，并使数据库处于还原状态"单选按钮。设置完成后，单击"确定"按钮。尾日志备份完成后，数据库名称右侧会出现"（正在还原...）"。

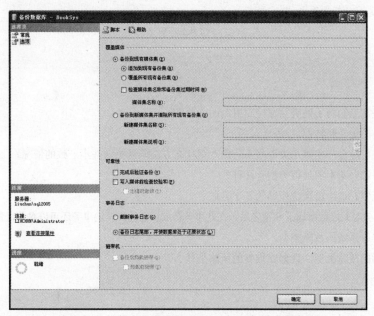

图 6-15　"备份数据库"窗口的"选项"选项卡

注意：如果恢复模式设置为"简单恢复模式"，则不能进行日志备份。

（2）打开 SQL Server Management Studio 对象资源管理器，选择要进行恢复的数据库，如 BookSys。单击鼠标右键，在弹出的快捷菜单中指向"任务"，在子菜单中选择"还原"命令，打开如图 6-16 所示的"还原数据库"窗口。

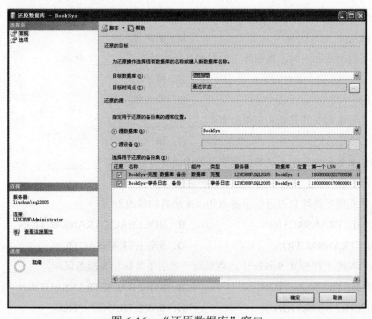

图 6-16　"还原数据库"窗口

（3）在"选择用于还原的备份集"列表中选择用于还原的备份，然后单击"确定"按钮，系统开始还原。

习题六

一、简答题

1. 给出一些常见的例子说明并发控制机制的必要性。

2. 试述事务的定义和特性。

3. 并发操作可能会产生哪几类数据不一致？用什么方法能避免这些不一致的情况？

4. 什么是封锁？基本的封锁类型有几种？

5. 什么是死锁？请给出预防死锁的若干方法。

6. 当某个事务对某段数据加了 S 锁之后，在此事务释放锁之前，其他事务还可以对此段数据添加什么锁？

7. 试述数据库系统的故障类型。

8. 对于不同的故障类型，数据库恢复的策略是什么？

二、选择题

1. _____包含了一组数据库操作命令，并且所有的命令作为一个整体一起向系统提交或撤消操作请求。

    A. 事务   B. 更新

    C. 插入   D. 以上都不是

2. 对数据库的修改必须遵循的规则是：要么全部完成，要么全不修改。这可以认为是事务的_____特性。

    A. 一致性   B. 持久性

    C. 原子性   D. 隔离性

3. 当一个事务提交或回滚时，数据库中的数据必须保持在_____状态。

    A. 隔离的   B. 原子的

    C. 一致的   D. 持久的

4. 显式事务是明确定义其开始和结束的事务。_____

    A. 对   B. 错

5. 数据库中的事务日志有助于在数据库服务器崩溃时恢复数据。_____

    A. 对   B. 错

6. 下列哪条语句用于清除自最近的事务语句以来所有的修改？

    A. COMMIT TRANSACTION   B. ROLLBACK TRANSACTION

    C. BEGIN TRANSACTION   D. SAVE TRANSACTION

7. 下列哪条语句用于在 SQL Server 中，将最近开始的事务标记为准备保存？_____

    A. COMMIT TRANSACTION   B. ROLLBACK TRANSACTION

    C. BEGIN TRANSACTION   D. SAVE TRANSACTION

8. 有一种锁，仅当修改已完成，并且实际数据正准备写入实际的表中，才应用该锁。这种类型的锁称为_____。

    A．乐观锁　　　　　　　　　　　　B．悲观锁

    C．物理锁　　　　　　　　　　　　D．共享锁

9．有一种锁，可以确保对相同资源不能同时进行多重更新，这种锁是_____。

    A．乐观锁　　　　　　　　　　　　B．悲观锁

    C．排他锁　　　　　　　　　　　　D．共享锁

10．并发事务是指同时发生的事务。每个事务不能看到其他事务的情况称为_____。

    A．隔离性　　　　　　　　　　　　B．并发性

    C．原子性　　　　　　　　　　　　D．显式事务

第 7 章　SQL Server 2012 程序设计

SQL 标准的确定使得大多数数据库厂家纷纷采用 SQL 语言作为其数据库操作语言，而各公司又在 SQL 标准的基础上进行了不同程度的扩充，形成各自的数据库语言。Transact-SQL 就是其中的一种，它是 SQL Server 数据库应用的中心，所有 SQL Server 应用程序，无论使用哪种编程接口开发，在操作 SQL Server 数据库时均采用 Transact-SQL 语句。

Transact-SQL 增强了 SQL 的功能，扩展了过程化程序设计功能，同时又保持与 SQL 标准的兼容性。本章将介绍使用 Transact-SQL 语言实现数据库操作及程序设计。

7.1　Transact-SQL 程序设计基础

7.1.1　Transact-SQL 语法格式约定

Transact-SQL 语句由以下语法元素组成：
- 标识符
- 数据类型
- 函数
- 表达式
- 运算符
- 注释
- 关键字

在编写 Transact-SQL 脚本程序时，常采用不同的书写格式来区分这些语法元素。在 SQL Server 2012 中，对于语法格式的约定包括：

（1）大写字母：代表 Transact-SQL 保留的关键字。例如 SELECT * FROM titles 中的 SELECT 和 FROM。

（2）小字字母：表示对象标识符和表达式等。例如上面语句中的 titles 标识符。

（3）大括号{}或尖括号<>：大括号或尖括号中的内容为必选参数，其中可包含多个选项，各选项之间用竖线分隔，用户必须从这些选项中选择一项。

（4）方括号[]：它所列出的项目列表为可选项，用户可根据需要选择使用。

（5）竖线 |：表示参数之间是"或"的关系，可以从中选择任意一个使用。

（6）[,...n]：表示重复前面的语法单元，各项之间用逗号分隔。

（7）[...n]：表示重复前面的语法单元，各项之间用空格分隔。

（8）注释：注释为 Transact-SQL 脚本程序中的说明信息，SQL Server 不执行这部分内容。SQL Server 支持以下两种注释格式：
- 单行注释：使用两个连字符（--）作为注释的开始标志。从它到本行行尾的所有内容均为注释信息。

● 块注释：块注释的格式为/*...*/，其间的所有内容均为注释信息。块注释与单行注释的不同之处是它可以跨越多行，并且可以插入在程序代码中的任何地方。

7.1.2　标识符

标识符是指用户在 SQL Server 中定义的服务器、数据库、数据库对象、变量和列等对象名称。SQL Server 标识符分为常规标识符和定界标识符两类。

1. 常规标识符

在 Transact-SQL 语句中，常规标识符不需要定界符进行分隔。例如，下面语句中的 jobs 和 MyDB 两个标识符即为常规标识符。

```
SELECT * FROM jobs
GO
CREATE DATABASE MyDB
GO
```

常规标识符遵守以下的命名规则：

● 标识符长度可以为 1~128 个字符。
● 标识符的首字符必须为 Unicode 2.0 标准所定义的字母或_、@、#符号。
● 标识符第一个字符后面的字符可以为 Unicode 2.0 标准所定义的字符、数字或@、#、$、_符号。
● 标识符内不能嵌入空格和特殊字符。
● 标识符不能与 SQL Server 中的保留关键字同名。

2. 定界标识符

定界标识符允许在标识符中使用 SQL Server 保留关键字或常规标识符中不允许使用的一些特殊字符，但必须由双引号或方括号定界符进行分隔。

例 7-1　下面语句所创建的数据库名称中包含空格，所创建的表名与 SQL Server 保留字相同，所以在 Transact-SQL 语句中需要使用定界符来分隔这些标识符。

```
--所创建的数据库名称中包含空格：
CREATE DATABASE [My DB]
GO
USE [My DB]
--所创建的表名与 Transact-SQL 保留字相同：
CREATE TABLE [table]
(
    column1 CHAR(8) NOT NULL PRIMARY KEY,
    column2 SMALLINT NOT NULL
)
GO
```

7.1.3　运算符

运算符用来执行列、常量或变量间的数学运算和比较操作。SQL Server 支持的运算符分算术运算符、位运算符、比较运算符、逻辑运算符、字符串连接运算符、赋值运算符和单目运算符 7 种。

1. 算术运算符

用于执行数字型表达式的算术运算，SQL Server 2012 支持的算术运算符包括：

- +：加。
- -：减。
- *：乘。
- /：除。
- %：取模。

2. 位运算符

用于对整数或二进制数据进行按位与（&）、或（|）、异或（^）、求反（～）等逻辑运算。在 Transact-SQL 语句中对整数数据进行位运算时，首先把它们转换为二进制数，然后再进行计算。其中与（&）、或（|）、异或（^）运算需要两个操作数。

3. 比较运算符

用来比较两个表达式的值是否相同。SQL Server 支持的比较运算符包括：

- >：大于。
- =：等于。
- <：小于。
- >=：大于等于。
- <=：小于等于。
- <>：不等于。
- !=：不等于。
- !>：不大于。
- !<：不小于。

4. 逻辑运算符

用于测试条件是否为真，它与比较运算符一样，根据测试结果返回布尔值 TRUE、FALSE 或 UNKNOW。逻辑运算符有以下几种：

- AND。
- OR。
- NOT。
- [NOT] BETWEEN….AND。
- [NOT] LIKE。
- [NOT] IN。
- IS [NOT] NULL。
- ALL、SOME、ANY。
- [NOT] EXISTS。

5. 字符串连接符

"+"可以实现字符串之间的连接操作。在 SQL Server 中，字符串之间的其他操作可通过字符串函数实现。

例 7-2 下列表达式用字符串连接符实现两字符串间的连接。

```
SELECT 'abc' + '123'
```

其计算结果为 abc123。

6. 赋值运算符

SQL Server 中的赋值运算符为等号（=），它将表达式的值赋给一个变量，比如：

```
DECLARE @var INT
SET @var = 100 + 50
```

与其他高级语言不同，在 SQL Server 中，变量的赋值必须在 SET 语句中完成，不能作为一个独立语句。如下面的语句是错误的。

```
@var = 100 + 50
```

也可以在 SELECT 语句中为变量赋值，如：

```
SELECT @var = 100 + 50
```

7.1.4　变量

变量和参数是 Transact-SQL 语句之间传递数据的两种途径：变量常用在批处理脚本程序内的 Transact-SQL 语句之间传递数据，而参数则用在存储过程和执行该存储过程的批处理脚本程序之间传递数据。

1. 变量声明

变量是由用户声明并可赋值的实体。Transact-SQL 中用 DECLARE 语句声明变量，并在声明后将变量的值初始化为 NULL。DECLARE 语句的语法格式为：

```
DECLARE @variable_name   date_type
[,@variable_name data_type…]
```

例如，下面的语句声明一个 datetime 类型变量：

```
DECLARE @date_var datetime
```

在一个 DECLARE 语句中可以同时声明多个局部变量，它们相互之间用逗号分隔。例如，下面的语句声明两个变量@var1 和@var2，它们的数据类型分别为 INT 和 MONEY：

```
DECLARE @var1 INT,@var2 MONEY
```

注意：Transact-SQL 与其他高级语言不同，局部变量名必须以"@"开头。变量的定义可以在程序的任何位置，但必须保证先定义后使用。

2. 变量赋值

变量声明后，DECLARE 语句将变量初始化为 NULL，这时，我们可以调用 SET 语句或 SELECT 语句为变量赋值，但建议使用 SET 语句。SET 语句的语法格式为：

```
SET @variable_name = expression
```

SELECT 语句为变量赋值的语法格式为：

```
SELECT @variable_name = expression [FROM <表名> WHERE <条件>]
```

expression 为有效的 SQL Server 表达式，它可以是一个常量、变量、函数、列名和子查询等。

例 7-3　下面的代码用 SET 语句为声明的@date_var 变量赋值：

```
DECLARE @date_var DATETIME          --声明
SET @date_var = '2004-4-1'          --赋值
SELECT '@date_var' = @date_var      --显示变量值
GO
```

例 7-4　下面的程序用 SELECT 语句将查询结果赋值给变量：

```
DECLARE @date_var DATETIME          --声明
SELECT @date_var = MIN(pubdate)     --赋值
FROM titles
SELECT '@date_var' = @date_var      --显示变量值
GO
```

也可以用 SET 语句将查询结果赋值给变量，上例改写为：

```
DECLARE @date_var DATETIME                  --声明
SET @date_var = (SELECT MIN(pubdate)        --赋值
              FROM    titles )
SELECT '@date_var' = @date_var              --显示变量值
GO
```

7.1.5 流程控制语句

流程控制语句用于控制 Transact-SQL 语句、语句块或存储过程的执行流程。

1. BEGIN…END 语句

该语句用于将多条 Transact-SQL 语句封装起来，构成一个语句块，它用在 IF…ELSE、WHILE 等语句中，使语句块内的所有语句作为一个整体被执行。

BEGIN…END 语句的语法格式为：

```
BEGIN
    {SQL 语句 | 语句块}
END
```

比如：

```
IF EXISTS (SELECT title_id FROM titles WHERE title_id = 'TC5555')
BEGIN
    DELETE FROM titles WHERE title_id = 'TC5555'
    PRINT 'TC5555 is deleted.'
END
ELSE
    PRINT 'TC5555 not found.'
```

2. 条件语句

条件语句的语法格式为：

```
IF   <布尔表达式>
    {SQL 语句 | 语句块}
[ELSE
    {SQL 语句 | 语句块}]
```

条件语句的执行流程是：当条件满足时，也就是布尔表达式的值为真时，执行 IF 语句后的语句或语句块。ELSE 语句为可选项，它引入另一个语句或语句块，当布尔表达式的值为假时，执行该语句或语句块。

布尔表达式可以包含列名、常量和运算符所连接的表达式，也可以包含 SELECT 语句。包含 SELECT 语句时，该语句必须括在括号内。比如：

```
IF EXISTS (SELECT pub_id FROM publishers WHERE pub_id='9999')
    PRINT 'Lucerne Publishing'
ELSE
    PRINT 'NOT Found Lucerne Publishing'
```

在这个例子中，如果 publishers 表中存在标识为 9999 的出版社，则打印该出版社的名称：Lucerne Publishing；否则打印提示信息：NOT Found Lucerne Publishing。

在条件语句中，IF 子句和 ELSE 子句都允许嵌套，SQL Server 对它们的嵌套级数没有限制。比如：

```
DECLARE @var INT
SET @var=0
IF @var>50
    IF @var>100
    PRINT '@var>100'
    ELSE
        PRINT '50<@var<=100'
ELSE
    IF @var<20
        PRINT '@var<20'
    ELSE
PRINT '20<@var<=50'
```

3. 转移语句

转移语句的语法格式为：

```
GOTO   <标号>
```

它将 SQL 语句的执行流程无条件转移到用户所指定的标号处。GOTO 语句和标号可用在存储过程、批处理或语句块中。标号名称必须遵守 Transact-SQL 标识符命名规则。定义标号时，在标号名后加上冒号。GOTO 语句常用在循环语句和条件语句内，它使程序跳出循环或进行分支处理。

例 7-5　下面的代码利用转移语句和条件语句求 10 的阶乘。

```
DECLARE @s INT, @times   INT
SELECT @s=1,@times=1
label1:                  --定义语句标号
    SET @s=@s*@times
    SET @times=@times+1
    IF @times<=10
        GOTO label1
    PRINT '10 的阶乘=' + str(@s)
```

注意：在程序设计中，一般不要使用 GOTO 语句，因为它会使程序不易阅读和理解。所有使用 GOTO 语句能完成的逻辑都可以用条件语句或循环语句完成。

4. 循环语句

循环语句根据所指定的条件重复执行一个 Transact-SQL 语句或语句块，只要条件成立，循环体就会被重复执行下去。循环语句还可以与 BREAK 语句和 CONTINUE 语句一起使用，BREAK 语句导致程序从循环中跳出，而 CONTINUE 语句则使程序跳过循环体内 CONTINUE 语句后面的 Transact-SQL 语句，并立即进行下次条件测试。

循环语句的语法格式为：

```
WHILE <布尔表达式>
    {SQL 语句 | 语句块}
    [BREAK]
```

```
        {SQL 语句 | 语句块}
        [CONTINUE]
        [SQL 语句 | 语句块]
```

下面以一个例子说明 WHILE 结构的用法。

例 7-6 该例子的功能是求 1 到 10 之间的奇数和。

```
DECLARE @i SMALLINT,@sum SMALLINT
SET @i=0
SET @sum=0
WHILE @i>=0
BEGIN
    SET @i=@i+1
    IF @i<=10
        IF (@i % 2)=0
            CONTINUE
    ELSE
            SET @sum=@sum+@i
    ELSE
    BEGIN
        PRINT '1 到 10 之间的奇数和为'+STR(@sum)
        BREAK
    END
END
```

5. 等待语句

等待语句挂起一个连接中各语句的执行，直到指定的某一时间点到来或在一定的时间间隔之后继续执行。等待语句的语法格式为：

```
WAITFOR {DELAY 'interval'  | TIME 'time'}
```

其中，DELAY 子句指定 SQL Server 等待的时间间隔，TIME 子句指定一时间点。interval 和 time 参数为 DATETIME 数据类型，其格式为"hh:mm:ss"，它们分别说明等待的时间长度和时间点，在 time 内不能指定日期。

比如指定在 10 点钟执行一个查询语句。

```
BEGIN
    WAITFOR TIME '10:00:00'
    SELECT * FROM Borrow
END
```

再比如，下面的语句设置在 5 秒后执行一次查询操作：

```
BEGIN
    WAITFOR DELAY '00:00:05'
    SELECT * FROM Borrow
END
```

6. 返回语句

返回语句结束查询、存储过程或批的执行，使程序无条件返回，其后面的语句不再执行。返回语句的语法格式为：

```
RETURN   [整数表达式]
```

7. CASE 语句

CASE 语句用于计算条件列表并返回多个可能的结果表达式之一。

CASE 有两种格式：

● 简单 CASE 函数：将某个表达式与一组简单表达式进行比较以确定结果。

● CASE 搜索函数：计算一组布尔表达式以确定结果。

简单 CASE 函数语法：

```
CASE input_expression
    WHEN when_expression THEN result_expression
    [ ...n ]
    .[
    ELSE else_result_expression
    ]
END
```

CASE 搜索函数语法：

```
CASE
    WHEN Boolean_expression THEN result_expression
    [ ...n ]
    [
    ELSE else_result_expression
    ]
END
```

其中：input_expression：使用简单 CASE 格式时所计算的表达式。input_expression 是任意有效的表达式。

WHEN when_expression：使用简单 CASE 格式时要与 input_expression 进行比较的简单表达式。when_expression 是任意有效的表达式。

THEN result_expression：当 input_expression = when_expression 计算结果为 TRUE，或者 Boolean_expression 计算结果为 TRUE 时返回的表达式。result expression 是任意有效的表达式。

ELSE else_result_expression：比较运算结果不为 TRUE 时返回的表达式。如果忽略此参数且比较运算结果不为 TRUE，则 CASE 返回 NULL。else_result_expression 是任意有效的表达式。else_result_expression 及任何 result_expression 的数据类型必须相同或必须是可隐式转换的数据类型。

WHEN Boolean_expression：使用 CASE 搜索格式时所计算的布尔表达式。Boolean_expression 是任意有效的布尔表达式。

例 7-7　在 READER 表中，我们使用 1、2、3 分别代表学生、教师和临时读者。如果我们希望在查询结果中直接显示具体的读者类型，可以用如下的查询语句：

```
SELECT cardid,name,sex,dept,'class'=
CASE class
    WHEN 1 THEN '学生'
    WHEN 2 THEN '教师'
    WHEN 3 THEN '临时读者'
    END
FROM reader
```

7.1.6 异常处理

1. TRY...CATCH 语句

TRY...CATCH 语句用于实现异常的处理，Transact-SQL 语句组可以包含在 TRY 块中，如果 TRY 块内部发生错误，则会将控制转入到 CATCH 块中。

TRY...CATCH 语法结构如下：

```
BEGIN TRY
    {语句 | 语句块}
END TRY
BEGIN CATCH
    {语句 | 语句块}
END CATCH
```

正常情况下，执行 BEGIN TRY 与 END TRY 之间的代码，BEGIN CATCH 与 END CATCH 之间的代码不会执行，如果 BEGIN TRY 与 END TRY 之间的代码在执行过程中出现了错误，程序将终止错误语句之后代码的运行，将控制转入到 CATCH 块中。

例 7-8 下面的代码中，将会执行 BEGIN CATCH 与 END CATCH 之间的代码。

```
DECLARE @x int,@y int,@z int
    SET @x=10
    SET @y=0
BEGIN TRY
    SET @z=@x/@y        ---因为@y 为零，该语句在执行时会触发错误
    PRINT @z
END TRY
BEGIN CATCH
    PRINT '被零除错误'
END CATCH
```

2. 与异常有关的函数

在 CATCH 块的作用域内，可以使用下列系统函数获取错误信息。

ERROR_NUMBER()：返回错误号。

ERROR_SEVERITY()：返回错误的严重级别。

ERROR_STATE()：返回错误状态号。

ERROR_PROCEDURE()：返回发生错误的存储过程或触发器的名称。

ERROR_LINE()：返回发生错误的行号。

ERROR_MESSAGE()：返回错误的消息文本。

3. 抛出错误语句

RAISERROR 生成错误消息并启动会话的错误处理。RAISERROR 可以引用 sys.messages 目录视图中存储的用户定义消息，也可以动态建立消息。该消息作为服务器错误消息返回到调用应用程序，或返回到 TRY…CATCH 语句中的 CATCH 块。RAISERROR 语法如下：

```
RAISERROR ( message|msg_id,,severity, state    [ ,argument [ ,...n ] ] )
    [ WITH option [ ,...n ] ]
```

说明：

message|msg_id：返回到调用应用程序的错误消息，可以是 sys.messages 系统表中存储的

用户定义消息（msg_id），也可以是字符串常量或字符变量（message）。如果使用字符串常量或字符变量，系统默认的消息号为 50000。

severity：用户定义的与该消息关联的严重级别，任何用户都可以指定 0～18 之间的严重级别。只有 sysadmin 固定服务器角色成员或具有 ALTER TRACE 权限的用户才能指定 19～25 之间的严重级别。若要使用 19～25 之间的严重级别，必须选择 WITH LOG 选项。

state：介于 1～127 之间的任意整数，如果在多个位置引发相同的用户定义错误，则针对每个位置使用唯一的状态号有助于找到引发错误的代码段。

例：RAISERROR ('不能进行更新操作',16 ,1)。

7.1.7 游标

SQL 语言可以认为是一种面向集合的语言，它对数据库中数据的操作是面向集合的操作。所谓面向集合的操作是指对结果集执行一个特定的动作。但实际上，某些业务规则却要求对结果集逐行执行操纵，而不是对整个集合执行操纵。ANSI-92 定义的游标正是逐行操纵结果集的，当然 Transact-SQL 也遵循这一标准。也就是说，Transact-SQL 游标可以使用户逐行访问 SQL Server 返回的结果集。

游标的优点：

● 允许程序对由查询语句 SELECT 返回的行集合中的每一行执行相同或不同的操作，而不是对整个行集合执行同一个操作。

● 游标实际上作为面向集合的数据库管理系统（RDBMS）和面向行的程序设计之间的桥梁，使这两种处理方式通过游标沟通起来。

（1）游标的定义。游标定义的语法格式如下：

DECLARE <游标名> [INSENSITIVE] [SCROLL] CURSOR
　　FOR
　　<查询语句>
　　[FOR <READ ONLY|UPDATE [OF column_list]>

各选项的含义：INSENSITIVE 选项说明：游标结果集合填充后，所有应用程序对游标基表中数据的修改不能反映到当前游标结果集合中。此外，这种游标也禁止应用程序通过该游标对其基表中的数据进行修改。在 SQL Server 中，如果使用该选项，游标结果集合会被拷贝到一个临时表中（保存在 tempdb 数据库中），所有对游标的操作都基于该临时拷贝数据。

SCROLL 选项指出所定义的游标可以向前也可以向后提取记录行数据，如果没有该选项，则只能向后提取数据行。

READ ONLY 说明所定义的游标为只读。

UPDATE [OF column_list]说明可以通过游标修改其基表中的数据。其中可修改的列由 column_list 参数列出。如果省略 OF column_list，则所有列都可以修改。

（2）打开游标。

　　OPEN <游标名>

说明：

● 当游标打开成功时，游标位置指向结果集的第一行之前。

● 只能打开已经声明但尚未打开的游标。

（3）从一个打开的游标中提取数据行。游标声明被打开后，游标位置位于结果集的第一行之前，由此可以从结果集中提取数据行。提取数据行的语法格式如下：

FETCH [[NEXT|PRIOR|FIRST|LAST|ABSOLUTE { n | @nvar}| RELATIVE { n | @nvar}]　FROM] <游标名> [INTO <变量名列表>]

说明：

- NEXT：表示提取下一条记录。如果 FETCH NEXT 为对游标的第一次提取操作，则返回结果集中的第一行。
- PRIOR：表示提取前一条记录。
- FIRST：表示提取第一条记录。
- LAST：表示提取最后一条记录。
- ABSOLUTE { n | @nvar}：如果 n 或@nvar 为正数，则返回从游标头开始的第 n 行，并将返回行变成新的当前行；如果 n 或@nvar 为负数，则返回从游标末尾开始的第 n 行，并将返回行变成新的当前行；如果 n 或@nvar 为 0，则不返回行。n 必须是整数常量，并且@nvar 的数据类型必须为 smallint、tinyint 或 int。
- RELATIVE {n| @nvar}：如果 n 或@nvar 为正数，则返回从当前行开始的第 n 行，并将返回行变成新的当前行；如果 n 或@nvar 为负数，则返回当前行之前第 n 行，并将返回行变成新的当前行；如果 n 或@nvar 为 0，则返回当前行。在对游标完成第一次提取时，如果在将 n 或@nvar 设置为负数或 0 的情况下指定 FETCH RELATIVE，则不返回行。n 必须是整数常量，@nvar 的数据类型必须为 smallint、tinyint 或 int。
- 如果以上选项都省略，默认为 NEXT。

在 SQL Server 中有两个全局变量可以提供关于游标活动的信息：

@@FETCH_STATUS 保存着 FETCH 语句执行后的状态信息，其值和含义如表 7-1 所示。

表 7-1　FETCH 语句执行后的状态信息

值	含义
0	表示成功完成 FETCH 语句
-1	表示 FETCH 有错误，或者当前游标位置已在结果集中的最后一行，结果集中不再有数据
-2	提取的行不存在

@@ROWCOUNT 保存着自游标打开后的第一个 FETCH 语句，直到最近一次的 FETCH 语句为止，已从游标结果集中提取的行数。一旦结果集中所有行都被提取，那么 @@ROWCOUNT 的值就是该结果集的总行数。关闭游标时，该变量也被删除。在 FETCH 语句执行后查看这个变量，可提供从该 FETCH 指定的游标结果集中已提取的行数。

（4）关闭游标。关闭游标即删除游标当前结果集合，并释放游标对数据库的所有锁定。关闭游标并不改变它的定义，但不能再从游标中提取数据，要使用已关闭游标中的数据，可以再次用 OPEN 语句打开。关闭游标的语法格式如下：

CLOSE <游标名>

（5）释放游标。释放游标将释放所有分配给此游标的资源，包括该游标的名称。释放游标的语法格式如下：

DEALLOCATE <游标名>

如果释放一个已经打开但尚未关闭的游标，系统会自动先关闭这个游标，然后再释放。

（6）游标应用举例。在图书管理信息系统（BookSys）中，有一个名为 Book 的图书信息表，其中有一个名为 Price 的图书单价字段。考虑到图书维护成本的不断增长，要按如下规则对图书单价进行提价：30 元以下的，提价 10%；60 元以下的，提价 20%；60 元以上的，提价 30%。因为对结果集执行的不是一个统一的操作，而是需要对每一行记录的单价进行判断，故需要用游标实现。用游标实现上述功能如下：

```
DECLARE cursorBook CURSOR              --声明一个名为 cursorBook 的游标
FOR
   SELECT BookID,Price FROM BOOK
DECLARE @BookID CHAR(20)               --声明两个局部变量，用于存储两个字段的值
DECLARE @Price DECIMAL(5,2)
OPEN cursorBook                        --打开游标
/*从游标中提取字段值，分别放到两个变量中*/
FETCH NEXT FROM cursorBook INTO @BookID,@Price
WHILE @@FETCH_STATUS=0                  --如果提取成功
BEGIN
    IF @Price<30                       --对价格进行判断
        UPDATE Book SET Price=(1+0.1)*Price WHERE BookID=@BookID
    ELSE IF @Price<60
        UPDATE Book SET Price=(1+0.2)*Price WHERE BookID=@BookID
    ELSE IF @Price>=60
        UPDATE Book SET Price=(1+0.3)*Price WHERE BookID=@BookID
    FETCH NEXT FROM cursorBook INTO @BookID,@Price
END
CLOSE cursorBook                       --关闭游标
DEALLOCATE cursorBook                  --释放游标
```

上例也可以通过可更新游标来实现，代码修改如下：

```
DECLARE cursorBook CURSOR              --声明一个名为 cursorBook 的游标
FOR
   SELECT BookID,Price FROM BOOK
   FOR UPDATE OF Price
DECLARE @BookID CHAR(20)               --声明两个局部变量，用于存储两个字段的值
DECLARE @Price DECIMAL(5,2)
OPEN cursorBook                        --打开游标
/*从游标中提取字段值，分别放到两个变量中*/
FETCH NEXT FROM cursorBook INTO @BookID,@Price
WHILE @@FETCH_STATUS=0                  --如果提取成功
BEGIN
    IF @Price<30                       --对价格进行判断
        UPDATE Book SET Price=(1+0.1)*Price WHERE current of cursorBook
    ELSE IF @Price<60
        UPDATE Book SET Price=(1+0.2)*Price WHERE current of cursorBook
    ELSE IF @Price>=60
        UPDATE Book SET Price=(1+0.3)*Price WHERE current of cursorBook
    FETCH NEXT FROM cursorBook INTO @BookID,@Price
```

```
END
CLOSE cursorBook                    --关闭游标
DEALLOCATE cursorBook               --释放游标
```
说明：current of cursorBook 表示用游标中的当前记录来定位基表要修改的记录。

7.2 存储过程

存储过程是数据库中重要的数据对象，一个设计良好的数据库应用系统通常都会用到存储过程。SQL Server 2012 数据库提供了多种建立存储过程的机制，用户可以使用 Transact-SQL 或 CLR 方式建立存储过程。SQL Server 2012 数据库还提供了用户可以直接使用的系统存储过程，通过这些存储过程，用户可以方便地管理数据库。

7.2.1 存储过程概述

一个存储过程是被 SQL Server 编译成一个单一执行计划的一组 Transact-SQL 语句。当存储过程第一次被执行时，这个计划被存储在内存的高速缓冲存储区中，以便于这个计划可以被多次重复使用。每次存储过程运行时 SQL Server 并不需要重新对应用程序进行编译。Transact-SQL 中的存储过程可以接收输入参数，以参数形式返回输出值，或者返回成功、失败的状态信息。当存储过程被调用时，程序中所有的语句都被处理。

存储过程分为三类：系统提供的存储过程、用户定义的存储过程和扩展存储过程。

（1）系统提供的存储过程：在安装 SQL Server 时，系统创建了很多系统存储过程。系统存储过程主要用于从系统表中获取信息，也为系统管理员和合适用户（即有权限的用户）提供更新系统表的途径。它们中的大部分可以在用户数据库中使用。系统存储过程的名字都以"sp_"为前缀。

（2）自定义的存储过程：是由用户为完成某一特定功能而编写的存储过程。在 SQL Server 2012 中，按编写的语言，又分为两种类型：Transact-SQL 和 CLR。

- Transact-SQL 存储过程，是指保存的 Transact-SQL 语句集合，可以接收和返回用户提供参数的存储过程。Transact-SQL 存储过程多用于数据库业务逻辑的处理。
- CLR 存储过程，是指对 Microsoft .NET Framework 公共语言运行时（CLR）方法的调用，它们在.NET Framework 程序集中是作为类的公共静态方法实现的，可以通过 SQL Server 2012 数据库引擎直接运行。

（3）扩展存储过程：是对动态链接库（DLL）函数的调用。

7.2.2 存储过程的优点

存储过程具有如下的优点：

（1）减少网络流量。因为存储过程存储在服务器上，并在服务器上运行。只有调用存储过程的命令和返回的结果才在网络上传输。所以，可以减少网络流量。

（2）增强代码的重用性和共享性。一个存储过程是为了完成某一个特定功能而编写的一个模块，该模块可以被很多用户重用，也可以被很多用户共享。所以，存储过程可以增强代码的重用性和共享性，加快应用的开发速度，提高开发的质量和效率。

（3）加快系统运行速度。第一次执行后的存储过程会在缓冲区中创建查询树，使得第二次执行时不用进行预编译，从而加快速度。

（4）加强安全性。因为可以不授予用户访问存储过程所涉及的表的权限，而只授予访问存储过程的权限，这样，既可以保证用户通过存储过程操纵数据库中的数据，又可以保证用户不能直接访问与存储过程相关的表，从而保证表中数据的安全性。

7.2.3　用 Transact-SQL 语句创建存储过程

创建存储过程的语法为：
```
CREATE PROCEDURE <procedure_name>
    [WITH ENCRYPTION]
    [< @parameter data_type> [ = default ] [ OUTPUT ]
    ] [ ,...n ]
AS sql_statement [ ...n ]
```
其中：

- WITH ENCRYPTION：加密存储过程代码，保护作者知识产权。
- procedure_name：存储过程的名称。
- @parameter：参数名称，注意名称前必须有"@"符号。
- data_type：参数的数据类型。
- default：输入参数的缺省值。
- OUTPUT：表明该参数是输出参数。
- sql_statement：SQL 语句，这是存储过程的重点构造部分。

下面是推荐的创建存储过程的 3 个步骤：

（1）写 SQL 语句。如查看书的数据量：SELECT COUNT(*) FROM titles。

（2）测试 SQL 语句。执行这些 SQL 语句，确认符合要求。

（3）若得到所需结果，则创建过程。

下面用实例来说明。

例 7-9　创建一存储过程，检索读者（READER）表中的所有记录。该存储过程不带任何输入输出参数。
```
USE BookSys                      --使用 BookSys 数据库
/*判断是否存在存储过程 procReader，存在则删除*/
IF EXISTS(SELECT NAME FROM SYSOBJECTS
        WHERE NAME='procReader')
DROP PROCEDURE procReader
GO
CREATE PROCEDURE procReader    --创建存储过程
AS
SELECT * FROM READER
```

例 7-10　创建一存储过程，根据传入的读者卡号，检索该读者的借书信息，包括卡号、姓名、书号、书名、借书时间和还书时间。该存储过程带一输入参数：@CardID，即传入一个读者卡号。
```
USE BookSys                      --使用 BookSys 数据库
/*判断是否存在存储过程 procReader1，存在则删除*/
```

```
IF EXISTS(SELECT NAME FROM SYSOBJECTS
        WHERE NAME='procReader1')
DROP PROCEDURE procReader1
GO
CREATE PROCEDURE procReader1          --创建存储过程
@CardID CHAR(10)
AS
SELECT BORROW.CARDID, READER.[NAME], BORROW.BOOKID,
BOOK.BOOKNAME,BDATE,SDATE
FROM BORROW,BOOK,READER
WHERE BORROW.BOOKID=BOOK.BOOKID
AND BORROW.CARDID=READER.CARDID
AND READER.CARDID=@CardID
```

例 7-11 创建一存储过程，根据传入的卡号（CARDID），判断该卡号是否可以借书：如果该卡号已借图书数量大于或等于所允许的最多借阅量，则返回"不能借"，否则，返回"可以借"（假设学生最多可以借 3 本，教师最多可以借 10 本，临时人员最多可以借 2 本，下同）。

```
USE BookSys                              --使用 BookSys 数据库
/*判断是否存在存储过程 procIfAllowBorrow，存在则删除*/
IF EXISTS(SELECT NAME FROM SYSOBJECTS
        WHERE NAME='procIfAllowBorrow')
DROP PROCEDURE procIfAllowBorrow
GO
CREATE PROCEDURE procIfAllowBorrow       --创建存储过程
@CARDID CHAR(10),@ReturnInfo VARCHAR(10) OUTPUT
AS
DECLARE @ClassID INT
SELECT @ClassID=CLASS FROM READER
WHERE READER.CARDID=@CARDID
IF @ClassID=1   /*学生*/
BEGIN
    IF EXISTS(SELECT CARDID FROM BORROW
    GROUP BY CARDID HAVING COUNT(CARDID)>=3)
        SET @ReturnInfo='不能借'
    ELSE
        SET @ReturnInfo='可以借'
END
ELSE IF @ClassID=2 /*教师*/
BEGIN
    IF EXISTS(SELECT CARDID FROM BORROW
    GROUP BY CARDID HAVING COUNT(CARDID)>=10)
        SET @ReturnInfo='不能借'
    ELSE
        SET @ReturnInfo='可以借'
END
ELSE IF @ClassID=3 /*临时人员*/
BEGIN
    IF EXISTS(SELECT CARDID FROM BORROW
```

```
GROUP BY CARDID HAVING COUNT(CARDID)>=2)
    SET @ReturnInfo='不能借'
ELSE
    SET @ReturnInfo='可以借'
END
RETURN
```

7.2.4　执行存储过程

执行存储过程的完整语法如下：

```
[ EXEC]   [@return_value=]procedure_name [Value_List]
```

其中：

- [@return_value=]：用于接收存储过程的返回值。
- procedure_name：要执行的存储过程的名称。
- Value_List：输入参数值。参数之间用逗号分隔，输出参数一定要传变量。

例 7-12　执行例 7-10 的存储过程。假设我们要检索的卡号是 T0001。

```
EXECUTE procReader1 'T0001'
```

执行结果如下：

CARDID	NAME	BOOKID	BOOKNAME	BDATE	SDATE
T0001	刘勇	TP2003--002	数据结构	2003-11-18 00:00:00	2003-12-09 00:00:00

（所影响的行数为 1 行）

例 7-13　执行例 7-11 的存储过程，查看卡号（CARDID）为 T0001 的读者是否可以借书。

```
DECLARE @V VARCHAR(10)
EXECUTE procIfAllowBorrow 'T0001',@V OUTPUT
SELECT @V
```

执行结果如下：

```
----------
可以借
```

（所影响的行数为 1 行）

7.2.5　删除存储过程

删除存储过程是指删除由用户创建的存储过程。

格式：

```
DROP PROCEDURE 存储过程名
```

比如删除例 7-9 创建的存储过程：

```
DROP PROCEDURE procReader
```

7.2.6　在 SQL Server Management Studio 中修改存储过程

（1）启动 SQL Server Management Studio 工具。

（2）在"对象资源管理器"中，连接到 SQL Server 2012 数据库引擎实例，展开该实例。再依次展开"数据库"节点→用户数据库（本例为 BookSys）→"可编程性"→"存储过程"，在"存储过程"节点下可以看到用户创建的所有存储过程，选择要修改的存储过程（本例为

"procIfAllowBorrow"）。右击该节点，在弹出的快捷菜单中选择"修改"命令（如图 7-1 所示）。

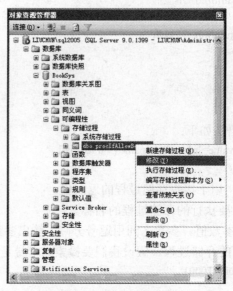

图 7-1　修改存储过程

（3）选择"修改"命令后，系统会打开代码编辑器，显示该存储过程的代码（如图 7-2 所示），用户可以修改并执行。

```
LIUCHUN\sql...QLQuery6.sql   LIUCHUN\sql...QLQuery5.sql   摘要
set ANSI_NULLS ON
set QUOTED_IDENTIFIER ON
go

ALTER PROCEDURE [dbo].[procIfAllowBorrow]   --创建存储过程
@CARDID CHAR(10),@ReturnInfo VARCHAR(10) OUTPUT
AS
DECLARE @ClassID INT
SELECT @ClassID=CLASS FROM READER
WHERE READER.CARDID=@CARDID
IF @ClassID=1   /*学生*/
BEGIN
    IF EXISTS(SELECT CARDID FROM BORROW
    GROUP BY CARDID HAVING COUNT(CARDID)>=3)
        SET @ReturnInfo='不能借'
    ELSE
        SET @ReturnInfo='可以借'
END
ELSE IF @ClassID=2  /*教师*/
BEGIN
    IF EXISTS(SELECT CARDID FROM BORROW
    GROUP BY CARDID HAVING COUNT(CARDID)>=10)
        SET @ReturnInfo='不能借'
    ELSE
        SET @ReturnInfo='可以借'
END
ELSE IF @ClassID=3  /*临时人员*/
BEGIN
    IF EXISTS(SELECT CARDID FROM BORROW
    GROUP BY CARDID HAVING COUNT(CARDID)>=2)
        SET @ReturnInfo='不能借'
    ELSE
        SET @ReturnInfo='可以借'
END
```

图 7-2　存储过程代码编辑器

7.2.7　使用 SQL Server Management Studio 中模板新建存储过程

参考图 7-1，直接在"存储过程"节点上右击，在弹出的快捷菜单中选择"新建存储过程"命令，系统会打开代码编辑器，并在代码编辑器中显示创建存储过程的模板。用户可以修改模板中的参数并添加相关 Transact-SQL 代码。

7.3　函数

函数使用零个或多个输入值，返回一个数据值或表格形式的一组值。SQL Server 2012 数据库允许用户编写自定义函数，方便业务逻辑实现和代码的可重用性，同时 SQL Server 2012 数据库也提供了许多内置函数供用户使用。

7.3.1　函数类型

SQL Server 2012 数据库中可以有多种函数，根据是否由系统提供和返回值的类型，分为标量函数、表值函数和内置函数。其中标量函数又分为内连标量函数、多语句标量函数，表值函数又分为内连表值函数和多语句表值函数。

（1）内连标量函数：是指返回类型为 RETURN 子句中定义的数据类型的单个值。内连标量函数的函数体是单个 Transact-SQL 语句。

（2）多语句标量函数：是指返回类型为 RETURN 子句中定义的数据类型的单个值。函数体是包含在 BEGIN...END 之间的一组 Transact-SQL 语句。

（3）内连表值函数：返回 TABLE 数据类型，它没有函数体，返回的表是单个 SELECT 语句执行后的返回结果集。

（4）多语句表值函数：返回 TABLE 数据类型，函数体中包含一组 Transact-SQL 语句，这些语句可以生成行，并插入到返回表中。

（5）内置函数：也称系统函数，是 SQL Server 2012 提供的返回标量数据类型或 TABLE 数据类型的函数。内置函数不能修改。

7.3.2　函数的优点

函数实现了模块化程序设计，函数创建后保存在数据库中，用户可以在需要的时候调用，用户定义的函数可以独立于应用程序进行修改。函数和存储过程类似，具有执行速度快、减少网络流量、增强代码的重用性和共享性等优点。

7.3.3　函数与存储过程

实现相同的功能，可以使用函数，也可以使用存储这程。而且函数在编写和执行时有着更多的优势。一般来说，如果存储过程返回单个标量值，则使用标量函数更有优势；如果存储过程返回单个结果集，则可以使用表值函数来替代。

7.3.4　用 Transact-SQL 语句创建函数

1. 创建标量函数

```
CREATE  FUNCTION  <函数名>
([ { 参数名　参数数据类型　[ = 默认值 ] } ] [ ,...n ] ] )
RETURNS　返回的数据类型
  [ WITH  ENCRYPTION ]
  [ AS ]
  BEGIN
```

```
            函数体
        RETURN <表达式>
    END
```

例 7-14 创建内连标量函数，返回给定日期的月信息。

```
    CREATE   FUNCTION getMonth          --函数名
    (@date datetime)           --参数
    RETURNS int                --返回类型
     AS
     BEGIN
         RETURN   DATEPART(MM,@date)         --返回值
     END
```

例 7-15 创建多语句标量函数，计算 1 到给定自然数之间的偶数和。

```
    CREATE   FUNCTION   SUMN(@N SMALLINT)
    RETURNS SMALLINT
    AS
    BEGIN
    DECLARE @i SMALLINT,   @sum   SMALLINT
    SET @i=1
    SET @sum=0
    WHILE @i<=@N
    BEGIN
      IF (@i % 2)=0         --如果是偶数
         SET @sum=@sum+@i      --累加
      SET @i=@i+1            --修改循环变量
    END
    RETURN @sum            --返回结果
    END
```

2. 创建内连表值函数

```
    CREATE   FUNCTION   <函数名>
    ([ {  参数名   参数数据类型  [ = 默认值 ] } [ ,...n ] ])
    RETURNS TABLE
     [ WITH   ENCRYPTION ]
     [ AS ]
     RETURN   SELECT 语句
```

例 7-16 用函数返回指定读者的所有借书（未还）记录。

```
    CREATE   FUNCTION getBorrow(@cardid char(14) )
    RETURNS TABLE
     AS
    RETURN SELECT * FROM borrow WHERE cardid=@cardid    --返回结果
```

3. 创建多语句表值函数

```
    CREATE   FUNCTION   <函数名>
    ([ {  参数名   参数数据类型  [ = 默认值 ] } [ ,...n ] ])
    RETURNS @return_variable TABLE < table_type_definition >
     [ WITH   ENCRYPTION   ]
     [ AS ]
```

```
BEGIN
    函数体
    RETURN
END
```

例 7-17　以参数方式给定不同类型读者的借书时限（最大可借天数），返回所有借书超期的读者姓名和超期天数。

```
CREATE   FUNCTION getouttime(@s int,@t int,@temp int)
RETURNS @reader TABLE (              --定义返回表结构
Cardid char(14),
Outdate int
)
--参数说明：@s 代表学生可借天数，@t 代表教师可借天数，@temp 代表临时读者可借天数。
AS
BEGIN
INSERT INTO @reader               --插入有超期借书的学生
    SELECT NAME, DATEDIFF(DD,BDATE,GETDATE())-@s AS outdate
FROM reader,borrow WHERE reader.cardid=borrow.cardid
AND class=1 AND sdate IS NULL
AND DATEDIFF(DD,bdate,GETDATE())>@s
INSERT INTO @reader               --插入有超期借书的教师
    SELECT NAME, DATEDIFF(DD,BDATE,GETDATE())-@t AS outdate
FROM reader,borrow WHERE reader.cardid=borrow.cardid
AND class=2    AND sdate IS NULL
  AND DATEDIFF(DD,bdate,GETDATE())>@t
INSERT INTO @reader               --插入有超期借书的临时读者
    SELECT NAME, DATEDIFF(DD,bdate,GETDATE())-@temp AS outdate
FROM reader,borrow WHERE reader.cardid=borrow.cardid
AND class=3    AND sdate IS NULL
AND DATEDIFF(DD,bdate,GETDATE())>@temp
RETURN
END
```

7.3.5　删除函数

删除函数是指删除由用户创建的函数。
格式：

```
DROP   FUNCTION   <函数名>
```

比如删除例 7-17 所创建的函数：

```
DROP FUNCTION getouttime
```

7.3.6　在 SQL Server Management Studio 中修改函数

（1）启动 SQL Server Management Studio 工具。
（2）在"对象资源管理器"中，依次展开"数据库"节点→用户数据库（本例为 BookSys）→"可编程性"→"函数"，根据函数类型选择"表值函数"或"标量值函数"节点，在该节点下可以看到用户创建的所有相关函数，选择要修改的函数（本例为"getouttime"）。右击该函数名，在弹出的快捷菜单中选择"修改"命令，如图 7-3 所示。

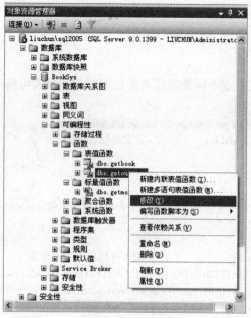

图 7-3 修改函数

（3）选择"修改"命令后，系统会打开代码编辑器，显示该函数的代码，用户可以修改并保存。

7.3.7 函数的调用

1. 标量函数调用

SQL Server 2012 中，标量函数可以直接调用，凡是可以出现表达式的地方都可以调用标量函数。标量函数的调用语法为：

　　　　<架构名>.函数名

例如：select dbo.getmonth(getdate())。

又如：declare @x int

　　　　SET @x= dbo.getmonth(getdate())

2. 表值函数调用

SQL Server 2012 中，表值函数返回的是结果集，在 Transact-SQL 中可以像访问表或视图一样调用表值函数。

例如：SELECT cardid,bookid FROM getborrow('S0101') WHERE sdate IS NULL。

7.3.8 常用内置函数

1. 日期与时间函数

日期与时间函数对日期和时间输入值执行操作，并返回一个字符串、数字值或日期和时间值。

（1）GETDATE 函数：GETDATE()没有输入参数，返回当前系统日期和时间。例如：SELECT GETDATE()。

（2）DATEPART 函数：DATEPART(datepart,date)，返回 date 参数指定的日期中的

datepart 参数指定的日期部分的整数。参数 date 为输入的日期,类型为 datetime。参数 datepart 为指定要返回的日期部分的参数。表 7-2 列出了 Microsoft SQL Server 2012 可识别的日期部分及其缩写。

表 7-2　datepart 的取值和缩写

日期部分	缩写
year	yy, yyyy
quarter	qq, q
month	mm, m
dayofyear	dy, y
day	dd, d
week	wk, ww
weekday	dw
hour	hh
minute	mi, n
second	ss, s
millisecond	ms

例:SELECT DATEPART(yy,getdate())　　--返回当前日期中的"年"

(3)DATEDIFF 函数:DATEDIFF (datepart, startdate, enddate),返回 enddate 和 startdate 表示的两个日期之差,结果由参数 datepart 决定,datepart 的取值参考表 7-2。例如,datepart 取 dd,则计算两个日期相差的天数。

参数 startdate 表示开始日期,enddate 表示结束日期,如果 enddate>startdate,结果为正整数,否则结果为负整数。

例:SELECT datediff(dd,'2007-09-10','2008-05-10')　--计算 2007 年 9 月 10 日到 2008 年 5 月 10 日之间相差的天数。结果为 243 天

(4)DATEADD 函数:DATEADD(datepart, number, date),返回参数 date 指定的日期增加 number 后得到的新的日期。参数 number 的含义由 datepart 决定,如 datepart 为 dd,则表示在 date 对应的日期上加 number 天后对应的日期。datepart 的取值参考表 7-2。

(5)YEAR、MONTH、DAY 函数:它们均接收一个日期参数,返回给定日期中的年、月、日。

(6)DATENAME 函数:DATENAME (datepart,date),返回指定日期的指定日期部分的字符串。

例:SELECT datename(weekday,'2009-2-1')　---返回结果为"星期日"

2. 字符串函数

SQL Server 2012 提供了大量的操作字符串的函数,如表 7-3 所示。下面详细介绍 Transact-SQL 程序设计中几个常用的字符串函数。

表 7-3　字符串函数

函数	函数	函数
ASCII	NCHAR	SOUNDEX
CHAR	PATINDEX	SPACE
CHARINDEX	QUOTENAME	STR
DIFFERENCE	REPLACE	STUFF
LEFT	REPLICATE	SUBSTRING
LEN	REVERSE	UNICODE
LOWER	RIGHT	UPPER
LTRIM	RTRIM	

（1）CHAR 函数：CHAR(integer_expression)，将整数参数 integer_expression 表示的 ASCII 代码转换为字符。integer_expression 是介于 0～255 之间的整数。如果该整数表达式不在此范围内，将返回 NULL 值。

CHAR 可用于将控制字符插入字符串中。例如在字符串中插入回车符：

```
declare @x char(15)
set @x='abcd'+char(13)+'edf'     ---字符串变量@x 包含"回车"
print @x
```

（2）LEFT 函数：LEFT (character_expression, integer_expression)，返回字符串中从左边开始指定个数的字符。

（3）RIGHT 函数：RIGHT (character_expression, integer_expression)，返回字符串中从右边开始指定个数的字符。

（4）LEN 函数：LEN (string_expression)，返回指定字符串表达式的字符（而不是字节）数，其中不包含尾随空格。

（5）LTRIM 函数：LTRIM (character_expression)，返回删除了前导空格之后的字符串。

（6）RTRIM 函数：RTRIM (character_expression)，截断所有尾随空格后返回一个字符串。

例：删除查询结果中的左右空格。

```
SELECT LTRIM(RTRIM(BOOKNAME)) FROM BOOK
```

（7）STR 函数：STR (float_expression [, length [, 小数位数]])，返回由数字数据转换来的字符数据。

例：SELECT STR(123.45, 6, 1)　----结果为：123.4

（8）SUBSTRING 函数：SUBSTRING (expression,start, length)，取子串，从参数 expression 表示的字符串中的 start 开始，取长度为 length 的子字符串。

例：select substring('abcde',3,2)　　----结果为"cd"

3. 数学函数

SQL Server 2012 提供了大量的数学函数，如表 7-4 所示。

表 7-4　数学函数

函数名	功能	函数名	功能
ABS	返回指定数值表达式的绝对值（正值）的数学函数	DEGREES	返回以弧度指定的角的相应角度
ACOS	返回其余弦是所指定的 float 表达式的角（弧度）；也称为反余弦函数	EXP	返回指定的 float 表达式的指数值
ASIN	返回以弧度表示的角，其正弦为指定 float 表达式。也称为反正弦函数	FLOOR	返回小于或等于指定数值表达式的最大整数
ATAN	返回以弧度表示的角，其正切为指定的 float 表达式。也称为反正切函数	LOG	返回指定 float 表达式的自然对数
ATN2	返回以弧度表示的角，其正切为两个指定的 float 表达式的商。也称为反正切函数	LOG10	返回指定 float 表达式的常用对数（即以 10 为底的对数）
CEILING	返回大于或等于指定数值表达式的最小整数	PI	返回 PI 的常量值
COS	返回指定表达式中以弧度表示的指定角的三角余弦	POWER	返回指定表达式的指定幂的值
COT	返回指定的 float 表达式中所指定角度（以弧度为单位）的三角余切值	RADIANS	对于在数值表达式中输入的度数值返回弧度值
RAND	返回从 0～1 之间的随机 float 值	SQRT	返回指定表达式的平方根
ROUND	返回一个数值表达式，舍入到指定的长度或精度	SQUARE	返回指定表达式的平方
SIGN	返回指定表达式的正号（+1）、零（0）或负号（-1）。	TAN	返回输入表达式的正切值
SIN	以近似数字（float）表达式返回指定角度（以弧度为单位）的三角正弦值		

7.4　触发器

触发器是一种特殊的存储过程，当在指定的数据表中进行插入、修改或删除行操作时被自动调用。触发器为数据提供了有效的监控和处理机制，确保数据和业务的完整性。SQL Server 2012 数据库在传统的触发器基础上进行了扩展，实现了对数据库结构操作时的触发机制（DDL 触发器）。

7.4.1　触发器概述

1．触发器的概念

触发器（Trigger）是用户对某一表中的数据做插入、更新和删除操作时被触发执行的一段程序，通常我们使用触发器来检查用户对表的操作是否符合整个应用系统的需求以及是否符合商业规则，以维持表内数据的完整性和正确性。

触发器和存储过程一样也是由 Transact-SQL 语句写成的程序。存储过程是由用户利用 EXECUTE 命令执行它，而触发器是在用户对触发对象进行操作时被触发执行的。

触发器的功能和表内设置的一些列约束（Constraints）有些重叠，事实上如果列约束的功能能够达到应用程序要求的话，应该无须用额外的触发器来做相关的工作。不过触发器可在需要引用到其他数据库内的数据来做检查时使用，另外，如果要做比较复杂的安全措施，例如：将操作某一表的用户的名字和时间记录到另一表的话，使用列约束的方式就无法做到，而触发器能做到。

2. 与触发器有关的两个特殊表

SQL Server 为每个触发器创建了两个专用临时表：INSERTED 表和 DELETED 表。这是两个逻辑表，由系统来维护，不允许用户直接对这两个表进行修改。它们存放于内存中，而不是存放在数据库中。这两个表的结构总是与被该触发器作用的表的结构相同。触发器工作完成后，与该触发器相关的这两个表也会被删除。

（1）INSERTED 表：存放由于 INSERT 或 UPDATE 语句的执行而导致要加到该触发器作用的表中去的所有新行。即把插入或更新表的新行值插入或更新表的同时，也将其副本存入 INSERTED 表中。

（2）DELETED 表：存放由于 DELETE 或 UPDATE 语句的执行而导致要从被该触发器作用的表中删除的所有行。即把被作用表中要删除或要更新的旧值移到 DELETED 表中。

对于 INSERT 操作，只在 INSERTED 表中保存插入行的新值，而 DELETED 表中无数据；对于 DELETE 操作，只在 DELETED 表中保存被删除行的旧值，而 INSERTED 表中无数据；对于 UPDATE 操作，可以将它考虑为 DELETE 操作和 INSERT 操作的结合，所以在 INSERTED 表中存放着更新后的新值，DELETED 表中存放着更新前的旧值。

3. 触发器的分类

SQL Server 2012 提供两大类触发器：DML 触发器和 DDL 触发器。

（1）DML 触发器：DML 触发器是当数据库中发生数据操纵语言（DML）事件时要执行的操作。DML 事件包括对表或视图发出的 INSERT、UPDATE、DELETE 语句。DML 触发器包括两种类型：AFTER 触发器和 INSTEAD OF 触发器。下面将会对这两种触发器作详细介绍。

（2）DDL 触发器：DDL 触发器是一种特殊的触发器，在响应数据定义语言（DDL）时触发。

4. 创建触发器的 Transact-SQL 语句

```
CREATE TRIGGER <触发器名>
ON <表名 | 视图名 >
[WITH ENCRYPTION]
<FOR | AFTER | INSTEAD OF> < [ INSERT ] [ , ] [ UPDATE ] [ , ] [DELETE]>
AS
        [IF UPDATE (列名)]
        <SQL 语句 [ ...n ]>
```

其中：

WITH ENCRYPTION 选项加密触发器代码，保护作者的知识产权。

UPDATE (列名)是一个函数，用于测试是否对表或视图的指定列进行了 INSERT 或

UPDATE 操作。

触发器可以响应更新、插入与删除，可以对两个或三个同类操作建立相同的触发器。例如，可以对删除和更新生成触发器。

在 SQL Server 2012 中，FOR 和 AFTER 的作用相同，FOR 是为了保持与以前版本兼容，建议使用 AFTER。但 SQL Server 7.0 不支持 AFTER，只能使用 FOR。

触发器与表相关联。如果删除表，则与这个表相关联的所有触发器都将被删除。

7.4.2　AFTER 触发器

AFTER 触发器是在执行 INSERT、UPDATE、DELETE 任一操作之后被触发，只能在表上定义。可以针对表的同一操作定义多个触发器，也可以针对多个操作定义同一触发器。

1．INSERT 触发器

INSERT 触发器由 INSERT 语句触发，即用户在表中插入一条记录且插入成功时，触发 INSERT 触发器。

例 7-18　创建一触发器以实现如下功能：当往 BORROW 表中插入一条记录时，如果书号或卡号不存在，则撤消插入。

```
USE BookSys                          --使用 BookSys 数据库
/*判断是否存在触发器 t_BORROW1，存在则删除*/
IF EXISTS(SELECT NAME FROM SYSOBJECTS
        WHERE NAME='t_BORROW1')
DROP TRIGGER t_BORROW1
GO
CREATE TRIGGER t_BORROW1             --创建触发器
ON BORROW
AFTER INSERT                         --INSERT（插入）触发器
AS
    DECLARE @BOOKID CHAR(20)         --声明一个变量以存储书号
    DECLARE @CARDID CHAR(10)         --声明一个变量以存储卡号
    /*从临时表中检索出新记录的书号和卡号*/
    SELECT @BOOKID=BOOKID,@CARDID=CARDID FROM INSERTED
    /*如果书号在其父表中不存在或者卡号在其父表中不存在*/
    IF (NOT EXISTS(SELECT * FROM BOOK WHERE BOOKID=@BOOKID))
OR (NOT EXISTS(SELECT * FROM READER WHERE CARDID=@CARDID))
    BEGIN
    ROLLBACK TRANSACTION            --撤消插入到表中的记录
    RAISERROR('书号或卡号不存在！',16,1)
    END
END
```

INSERT 触发器的工作过程如下：

（1）用户或系统运行 INSERT 语句。

（2）如果记录不违反约束，则将记录插入到临时表 INSERTED 中。

（3）触发触发器。

（4）如果触发器执行完毕而无错误，则 INSERTED 表被删除，插入操作完成。

注意：如果在触发器中检测到插入的数据不符合要求，可以用 ROLLBACK TRANSACTION 语句取消插入操作。如果触发器出现异常，但没有执行 ROLLBACK TRANSACTION 语句，已插入的数据不会回滚。

2. DELETE 触发器

DELETE 触发器的执行过程与 INSERT 触发器相似，只是使用的是 DELETED 表，其中包含刚刚删除的记录，而不是 INSERTED 表。

例 7-19 创建一触发器以实现如下功能：当试图删除 BORROW 表中的一条记录时，若还书日期为空或还书日期距今还不到半年，则撤消事务。我们基于这样的假设：如果某书尚未归还，显然不能删除；另外，我们希望将读者的还书记录保留半年之久。

```
USE BookSys                          --使用 BookSys 数据库
/*判断是否存在触发器 t_BORROW2，存在则删除*/
IF EXISTS(SELECT NAME FROM SYSOBJECTS
        WHERE NAME='t_BORROW2')
DROP TRIGGER t_BORROW2
GO
CREATE TRIGGER t_BORROW2             --创建触发器
ON BORROW
AFTER DELETE                         --DELETE（删除）触发器
AS
DECLARE @SDATE SMALLDATETIME    --声明一个变量以存储还书日期
/*从临时表中检索出被删除记录的还书日期至变量中*/
SELECT @SDATE=SDATE FROM DELETED
/*如果还书日期为空或者还不到半年*/
IF (@SDATE IS NULL) OR DATEDIFF(MM,@SDATE,GETDATE())>6
BEGIN
    RAISERROR('不允许删除这条记录，因为读者尚未还书，或还书还不到半年',16,1)
    ROLLBACK TRANSACTION          --撤消从表中删除的记录
END
```

DELETE 触发器的工作过程如下：

（1）用户或系统运行 DELETE 语句。

（2）如果记录不违反外键约束，则删除表中的记录并将其插入到临时表 DELETED 中。

（3）触发触发器。

（4）如果触发器执行完毕而无错误，则 DELETED 表被删除，删除操作完成。

3. UPDATE 触发器。

更新操作可以看成一个删除加一个插入：删除旧值和插入新值。

例 7-20 创建一触发器以实现如下功能：如果要更改 READER 表中的 CARDID，则先检查 BORROW 表中是否有记录引用了该 CARDID。如果有引用，则不能更改；如果没有引用，则可以更改。

```
USE BookSys               --使用 BookSys 数据库
/*判断是否存在触发器 t_READER1，存在则删除*/
IF EXISTS(SELECT NAME FROM SYSOBJECTS
        WHERE NAME='t_READER1')
```

```
DROP TRIGGER t_READER1
GO
CREATE TRIGGER t_READER1
ON READER
AFTER UPDATE
AS
IF UPDATE(CARDID)        ----如果 CARDID 列被修改
BEGIN
    /*如果 BORROW 表中存在该 CARDID*/
    IF EXISTS(SELECT BORROW.CARDID FROM BORROW, DELETED
    WHERE BORROW.CARDID=DELETED.CARDID)
      BEGIN
        ROLLBACK TRANSACTION
        RAISERROR('该卡号正在使用，不能更改',16,1)
      END
END
```

UPDATE 触发器的工作过程如下：

（1）用户或系统运行 UPDATE 语句。

（2）如果记录不违反约束，则更新表并把旧记录插入到 DELETED 表中，把新记录插入到 INSERTED 表中。

（3）触发触发器。

（4）如果触发器执行完毕而无错误，则 DELETED 表和 INSERTED 表被删除，更新操作完成。

7.4.3　INSTEAD OF 触发器

SQL Server 2005 开始引入了 INSTEAD OF 触发器。AFTER 触发器的一个主要缺点是发生在触发的语句执行之后。从前面的例子中可以看出，如果触发器出现异常或更新操作（插入、更新、删除）不满足触发器中定义的规则，则要撤消事务。

INSTEAD OF 触发器可以对表或视图生成，但表或视图中的每个操作只能有一个 INSTEAD OF 触发器。

对于视图，INSTEAD OF 触发器改进了视图的可更新性。我们看到，视图只能一次更新、插入或删除一个基表数据。使用 INSTEAD OF 触发器则可以克服这个限制。但 INSTEAD OF 触发器不可以用于使用 WITH CHECK OPTION 的可更新视图。

1. INSTEAD OF INSERT 触发器

与 AFTER 触发器一样，INSTEAD OF INSERT 触发器也使用 INSERTED 表，但逻辑稍有不同。

（1）用户或系统运行 INSERT 语句。

（2）记录只插入到 INSERTED 表中。

（3）如果记录不违反任何约束，则触发器负责将记录实际地插入到数据表中，否则不插入到表中。

注意：第一，记录只插入 INSERTED 表中而不插入基表中。因此，如果触发器中的任何测试失败，什么也不用撤消。第二，表中并没有真正发生插入。触发器可以在测试数值之后决定插入记录，但如果触发器代码进行其他操作，则并不进行插入。触发器执行，而基础 INSERT 语句并不执行。

例 7-21 下面的这个触发器用 INSTEAD OF 触发器替代了例 7-18 的 AFTER 触发器。

```
USE BookSys                          --使用 BookSys 数据库
/*判断是否存在触发器 t_BORROW3，存在则删除*/
CREATE TRIGGER t_BORROW3             --创建触发器
ON BORROW
INSTEAD OF INSERT
AS
DECLARE @BOOKID CHAR(20)
DECLARE @CARDID CHAR(10)
SELECT @BOOKID=BOOKID,@CARDID=CARDID FROM INSERTED
/*如果 CARDID 和 BOOKID 在各自的父表中都存在*/
IF (EXISTS(SELECT * FROM BOOK WHERE BOOKID=@BOOKID)) AND
(EXISTS(SELECT * FROM READER WHERE CARDID=@CARDID))
    /*由触发器负责插入新记录*/
    INSERT INTO BORROW SELECT    * FROM INSERTED
ELSE
    RAISERROR('书号或卡号不存在！',16,1)
```

从中可以看出它的一大优点：如果不存在卡号或书号，不需要撤消事务。

2. INSTEAD OF DELETE 触发器

INSTEAD OF DELETE 触发器和 INSTEAD OF INSERT 触发器相似，但使用 DELETED 表。

（1）用户或系统运行 DELETE 语句。

（2）要删除记录的一个副本拷贝到 DELETED 表中。

（3）如果记录不违反任何约束，则触发器负责将记录从表中删除，否则不删除。

和 INSTEAD OF INSERT 触发器相似，除了触发器的操作以外，表格不进行任何操作。

注意：外键约束定义了 ON DELETE CASCASE 选项的表不能定义 INSTEAD OF DELETE 触发器。

例 7-22 下面的这个触发器用 INSTEAD OF DELETE 触发器替代了例 7-19 的 AFTER 触发器。

```
USE BookSys                          --使用 BookSys 数据库
/*判断是否存在触发器 t_BORROW4，存在则删除*/
IF EXISTS(SELECT NAME FROM SYSOBJECTS
        WHERE NAME='t_BORROW4')
DROP TRIGGER t_BORROW4
GO
CREATE TRIGGER t_BORROW4             --创建触发器
ON BORROW
INSTEAD OF DELETE
AS
DECLARE @BOOKID CHAR(20)
```

```
DECLARE @CARDID CHAR(10)
DECLARE @SDATE SMALLDATETIME
SELECT @BOOKID=BOOKID,@CARDID=CARDID,

       @SDATE=SDATE FROM DELETED
/*如果还书日期已超过半年*/
IF DATEDIFF(MM,@SDATE,GETDATE())>6
       /*由触发器负责删除该条记录*/
       DELETE FROM BORROW
       WHERE BOOKID=@BOOKID AND CARDID=@CARDID
ELSE
       RAISERROR('不允许删除这条记录，因为读者尚未还书，或还书尚不到半年',16,1)
```

3. INSTEEAD OF UPDATE 触发器

INSTEAD OF UPDATE 触发器用 DELETED 表和 INSERTED 表存储更新前后的记录，基表不进行任何数据修改。其逻辑如下：

（1）用户或系统运行 UPDATE 语句。

（2）旧记录插入到 DELETED 表中，新记录插入到 INSERTED 表中。

（3）如果记录不违反任何约束，则由触发器负责更新基表中的记录。

注意：外键约束定义了 ON UPDATE CASCASE 选项的表不能定义 INSTEAD OF UPDATE 触发器。

例 7-23　下面的这个触发器用 INSTEAD OF UPDATE 触发器替代了例 7-20 的 AFTER 触发器。

```
USE BookSys                              --使用 BookSys 数据库
/*判断是否存在触发器 t_READER2，存在则删除*/
IF EXISTS(SELECT NAME FROM SYSOBJECTS
          WHERE NAME='t_READER2')
DROP TRIGGER t_READER2
GO
CREATE TRIGGER t_READER2
ON READER
INSTEAD OF UPDATE
AS
IF UPDATE(CARDID)
BEGIN
    DECLARE @newCARDID CHAR(10)
    DECLARE @oldCARDID CHAR(10)
    IF NOT EXISTS(SELECT BORROW.CARDID FROM BORROW,DELETED
    WHERE BORROW.CARDID=DELETED.CARDID)
    BEGIN
        SELECT @newCARDID=CARDID FROM INSERTED

        SELECT @oldCARDID=CARDID FROM DELETED
        UPDATE READER SET CARDID=@newCARDID
        WHERE CARDID=@oldCARDID
```

```
        END
    ELSE
        RAISERROR('该卡号正在使用，不能更改',16,1)
END
```

7.4.4　在 SQL Server Management Studio 中修改触发器

（1）启动 SQL Server Management Studio 工具。

（2）在"对象资源管理器"中。依次展开"数据库"→用户数据库（本例为 BookSys）→"表"节点。选择要修改触发器的表并展开，再展开"触发器"节点，在该节点下可以看到用户创建的与该表相关的触发器，选择要修改的触发器（本例为"t_BORROW2"）。右击该触发器，在弹出的快捷菜单中选择"修改"命令，如图 7-4 所示。

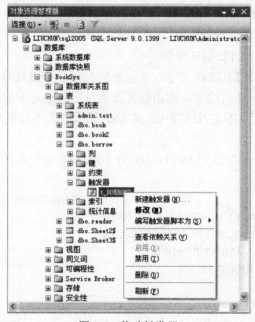

图 7-4　修改触发器

（3）选择"修改"命令后，系统会打开代码编辑器，显示该函数的代码，用户可以修改并保存。

习题七

一、简答题

1. 简述在"对象资源管理器"中修改存储过程的步骤。

2. 简述函数与存储过程的区别。

3. 简述 DATEDIFF 函数的功能与用法。

4. 简述 INSTEAD OF INSERT 触发器的工作过程。

5．简述 AFTER 触发器和 INSTEAD OF 触发器的区别。

二、填空题

1．SQL Server 支持两种注释格式，其中，块注释的格式为_____。

2．SQL Server 2012 提供两大类触发器，分别为_____触发器和_____触发器。

3．对于 AFTER 触发器，如果在触发器中检测到插入的数据不符合要求，可以用_____语句取消插入操作。

4．标识符长度可以为 1～_____个字符。

5．标识符不能与 SQL Server 中的_____同名。

6．打开游标的命令是：_____。

7．从一个打开的游标中提取数据行的命令是：_____。

8．执行存储过程的完整语法为：_____。

9．SQL Server 2012 数据库中可以有多种函数，根据返回值的类型和是否由系统提供，分为_____、_____和内置函数。

10．SQL Server 为每个触发器创建了两个专用临时表，分别为_____表和_____表。

第 8 章　数据库设计

在计算机应用越来越广泛的今天，越来越多的组织都纷纷使用计算机建立各种管理信息系统，从而服务于管理、辅助决策。管理信息系统都是建立在数据库基础上的，一个成功的管理信息系统是由 50%的业务+50%的软件组成，而 50%的成功软件又由 25%的数据库+25%的程序组成。因此数据库设计的好坏是一个关键，它决定着整个信息系统的成功与否。本章将在前几章学习的基础上，详细地说明如何设计一个完整的数据库应用系统。

8.1　数据库设计概述

数据库设计是指对一个给定的应用环境，构造最优的、最有效的数据库模式，建立数据库及其应用系统，使之能够高效率地存取数据，满足各种用户的应用需求。数据库设计通常是在一个通用的 DBMS 支持下进行的，本书都是以关系数据库——SQL Server 为基础来设计数据库的。

目前数据库设计大都采用规范化设计方法，以逻辑数据库设计和物理数据库设计为核心，运用软件工程的思想，依据各种设计准则和规程进行。其中逻辑数据库设计是根据用户要求和特定数据库管理系统的特点，以数据库设计理论为依据，设计数据库的全局逻辑结构和每个用户的局部逻辑结构。物理数据库设计是在逻辑结构确定之后，设计数据库的存储结构及其他实现细节。

数据库的设计工作通常分阶段进行，不同的阶段完成不同的设计内容。数据库规范设计方法通常将数据库的设计分为 6 个阶段，如图 8-1 所示。

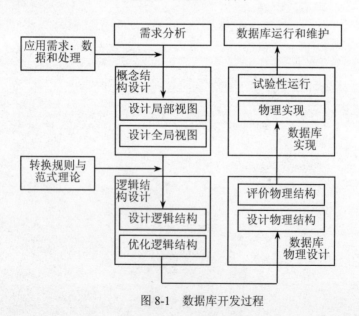

图 8-1　数据库开发过程

（1）需求分析。收集和分析用户对系统的信息需求和处理需求，得到设计系统所必须的需求信息，建立系统说明文档。

（2）概念结构设计。概念结构设计是整个数据库设计的关键。它通过对用户的需求进行综合、归纳与抽象，形成一个独立于具体 DBMS 的概念模型。

（3）逻辑结构设计。在概念模型的基础上导出一种 DBMS 支持的逻辑数据库模型（如关系型、网络型或层次型），该模型应满足数据库存取、一致性及运行等各方面的用户需求。

（4）物理结构设计。从一个满足用户需求的已确定的逻辑模型出发，在限定的软、硬件环境下，利用 DBMS 提供的各种手段设计数据库的内模式，即设计数据的存储结构和存取方法。

（5）数据库实施。运用 DBMS 提供的数据语言及宿主语言，根据逻辑设计和物理设计的结果建立数据库，编制与调试应用程序，组织数据入库，并进行试运行。

（6）数据库运行和维护。数据库应用系统经过试运行后，即可投入正式运行。在数据库系统运行过程中必须不断地对其进行评价、调整与修改。

在数据库设计的不同阶段要产生文档资料或程序产品，这些资料或产品应遵从国家或部门的行业规范标准，并对其进行评审、检查和确认。如果阶段设计不能满足用户的要求，则要返回前一个或数个阶段进行修改调整，整个开发过程是一个不断返回修改、调整的迭代过程。

数据库结构设计不同阶段设计的最终目标是要完成数据库不同级别的数据模式设计，如图 8-2 所示。

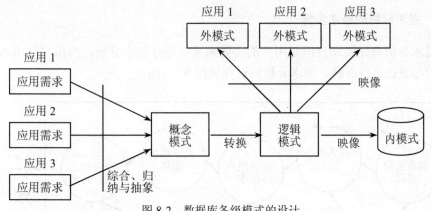

图 8-2　数据库各级模式的设计

图 8-2 表明，在需求分析阶段的主要工作是综合各个用户的应用需求。在概念结构设计阶段，要形成与计算机硬件无关的、与各个 DBMS 产品无关的概念模式（即模念模型如 E-R 模型）。在逻辑结构设计阶段，要完成模式和外模式的设计工作，即系统设计者要先将 E-R 模型转换成具体的数据库产品支持的数据模型，形成数据库逻辑模式；然后根据用户处理的要求、安全性的考虑建立必要的数据视图，形成数据库的外模式。在物理结构设计阶段，要根据 DBMS 特点和处理的需要进行物理存储安排和建立索引，得出数据库的内模式。

需要指出的是，数据库的 6 个设计步骤既是数据库设计的过程，也包括了数据库应用系统的设计过程。在设计过程中，应把数据库的结构设计和数据处理的操作设计紧密结合起来，这两个方面的需求分析、数据抽象、系统设计及实现等各个阶段应同时进行，相互参照和相互补充。事实上，如果不了解应用环境对数据的处理要求或没有考虑如何去实现这些处理要求，是不可能设计出一个良好的数据库结构的。有关数据库应用系统的设计内容将在第 9 章介绍。

8.2 需求分析

需求分析是设计数据库的起点，需求分析的目标是在用户调查的基础上，通过分析，逐步明确用户对系统的需求，包括数据需求和围绕这些数据的业务需求，从而得到设计系统所必须的需求信息。需求分析的结果是否准确反映了用户的实际要求，将直接影响到后面各个阶段的设计，并影响到设计结果是否合理和实用。

8.2.1 需求分析的任务

根据需求分析的目标，需求分析这一阶段的任务主要有两项：

（1）确定设计范围。通过详细调查现实世界要处理的对象（组织、部门和企业等），弄清现行系统（手工系统或计算机系统）的功能划分、总体工作流程，明确用户的各种需求。在此基础上确定应用系统要实现的功能以及今后可能的扩充和改变。

（2）数据收集与分析。需求分析的重点是在调查研究的基础上，获得数据库设计所必须的数据信息。这些信息包括用户的信息需求、处理需求、完整性和安全性需求等。信息需求是指用户需要从数据库中获得信息的内容与性质。处理需求是用户对信息加工处理的要求，包括处理流程、发生频度、响应时间和涉及数据等。同时还要弄清用户对数据的安全性和完整性的约束等。

8.2.2 需求分析的基本步骤

进行需求分析首先要调查清楚用户的实际需求并进行初步分析，与用户达成共识后，再进一步分析与表达这些需求。需求分析的过程如图 8-3 所示。

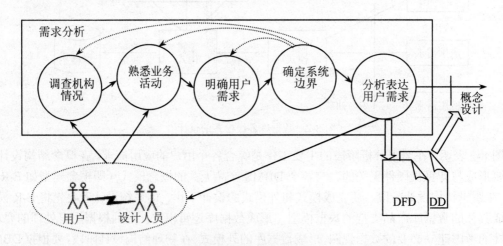

图 8-3　需求分析过程

从图 8-3 中可以看出，需求分析的具体步骤如下：

1. 调查与初步分析用户的需求，确定系统的边界

在这一阶段中，设计人员在用户的积极参与和配合下，完成以下工作：

（1）首先调查组织机构情况。包括了解该组织的部门组织情况，各部门的职责等，为分析信息流程作准备。

（2）然后调查各部门的业务活动情况。包括了解各个部门输入和使用什么数据、如何处理这些数据、输出什么信息、输出到什么部门、输出结果的格式是什么，这是调查的重点。

（3）在熟悉了业务活动的基础上，协助用户明确对新系统的各种要求，包括信息要求、处理要求、安全性与完整性要求，这是调查的又一个重点。

（4）最后对前面调查的结果进行初步分析，确定新系统的边界，确定哪些功能由计算机完成或将来由计算机完成，哪些活动由人工完成。由计算机完成的功能就是新系统应该实现的功能。

在调查的过程中，可以根据不同的问题和条件，使用不同的调查方法。常用的调查方法有面谈、书面填表、开会调查、查看和分析业务记录、实地考察或资料分析法等。

2. 分析和表达用户的需求

在调查了解了用户的需求，收集了用户的数据后，还必须采用好的工具和方法分析表达用户的需求。结构化分析方法就是一种广泛应用的需求分析表达方法，它是从最上层的系统结构入手，自顶向下、逐步求精地建立系统模型，并用数据流图和数据字典描述系统。

（1）数据流图。数据流图（Data Flow Diagram，DFD）是一种最常用的结构化分析工具，它用图形的方式来表达数据处理系统中信息的变换和传递过程。如图 8-4 所示，数据流图有 4 种基本符号。

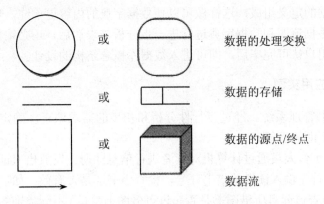

图 8-4　数据流符号图

箭头表示数据流，即特定数据的流动方向；圆形或圆角矩形表示数据处理，即对数据进行加工或变换。指向处理的数据流是该处理的输入数据，离开处理的数据流是该处理的输出数据；开口矩形（或两条平行横线）表示数据存储；方框（或立方体）表示数据的源点或终点，即数据处理过程的数据来源或数据去向。

用结构化设计方法表达用户需求，一个比较好的方法是分层地描述系统。首先描绘系统总体概貌，表明系统的整体功能，然后将系统的整体功能要求分解为系统的若干子功能要求，通过逐步分解的方法，一直可以分解到系统的工作过程表达清楚为止，在功能分解的同时，每个功能在处理时所用的数据存储也被逐步分解，从而形成若干层次的数据流图。数据流图中的事务处理、数据流、数据项等均应在数据字典中详细描述。为便于管理和阅读，要对每个层次上的图及其加工进行编号。层次编号自上而下分别为顶层图（系统图）、0 层图、1 层图等。各层图的关系为父子关系，下层图为子图，上层图为父图。子图中加工的编号由子图号、小数点和局部号组成。在这种编号中，图号中的小数点的个数就是该图所在的层次号，最后一个小数点前的号码就是其父图的编号。例如，编号为 3.2.1 的图，是 2 层图中的一个子图，其父图编号为 3.2。

（2）数据字典。数据字典（Data Dictionary，DD）是结构化分析方法的另一个有力工具，它对数据流图中的所有数据元素给出逻辑定义，是在软件分析和设计的过程中给人提供关于数据的描述信息。数据字典包括的主要条目有：

1）数据项条目：数据项是不可再分的数据单位，它直接反映事物的某一特征。对数据项的描述通常包括数据项的名称、含义、类型、字节长度、取值范围和别名等。

2）数据结构条目：反映了数据之间的组合关系。一个数据结构可以由若干个数据项或数据结构组成。对数据结构的描述通常包括数据结构名称、含义和组成项（数据项或数据结构）。

3）数据流条目：数据流是数据结构在系统内传输的路径。对数据流的描述通常包括数据流的名称，组成该数据流的所有数据项名、数据流的来源、去向及流量等。

4）数据文件条目：数据文件是数据项停留或保存的地方，也是数据流的来源和去向之一。对数据文件的描述通常包括数据文件名称、组成该数据文件的所有数据项名，数据的存取频率、存取方式等。

5）处理过程条目：处理过程条目描述处理过程的说明性信息，通常包括处理过程名称、逻辑功能、事务涉及的部门名、数据项名、数据流名和激发条件等。

因为对处理过程的定义用其他工具（如 IPO 图或 PDL）描述更方便，因此本书例题中的数据字典将主要由数据的定义组成，这样做可以使数据字典的内容更单纯，形式更统一。

对用户的需求用数据流图和数据字典进行进一步分析与表达后，还必须再次提交给用户，征得用户的认可。当用户认可完毕后，即可进入数据库概念结构的设计。

8.2.3　需求分析应用实例

现要开发高校图书管理系统。经过可行性分析和初步的需求调查，确定了系统的功能边界，该系统应能完成下面的功能：

（1）读者注册：工作人员通过计算机对读者进行信息注册，发放借书证。

（2）读者借书：首先输入读者的借书证号，检查借书证是否有效；如借书证有效，则查阅借还书登记文件，检查该读者所借图书是否超过可借图书数量（不同类别的读者具有不同的可借图书数量）。若超过，拒借；未超过，再检查库存数量，在有库存的情况下办理借书（修改库存数量，并记录读者借书情况）。

（3）读者还书：根据所还书籍编号及借书证编号，从借还书登记文件中，读出与读者有关的记录，查阅所借日期。如果超期，作罚款处理；否则，修改库存信息与借还书记录。

（4）图书查询：提供查询读者信息及读者借阅情况、图书信息及图书借阅情况、图书的库存情况统计等功能。

1. 数据流图

通过对系统的信息及业务流程进行初步分析后，首先抽象出该系统最高层的数据流图，即把整个数据处理过程看成是一个加工的顶层数据流图，如图 8-5 所示。

从图 8-5 中可以看出，已办理借书证的读者可以通过图书管理系统向图书馆申请借书，申请的结果是读者可能借到自己想要的书，也可能由于不符合借书的条件而被拒绝。当读者向图书管理系统还书时，可能还书成功，也可能因超期而被罚款。同时管理员或读者还可以通过图书管理系统查询读者的借阅情况以及图书的库存情况等。

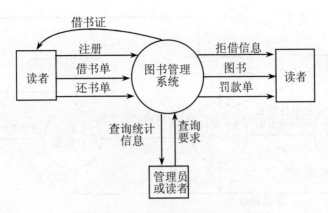

图 8-5　图书管理系统顶层数据流图

顶层数据流图反映了图书管理系统与外界的接口，但未表明数据的加工要求，需要进一步细化。根据前面图书管理系统功能边界的确定，再对图书管理系统顶层数据流图中的处理功能做进一步分解，可分解为读者注册、借书、还书和查询四个子功能，这样就得到了图书管理系统的第 0 层数据流图，如图 8-6 所示。

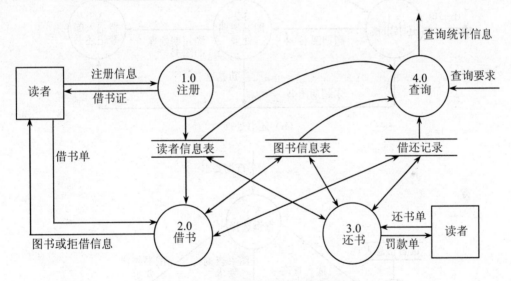

图 8-6　图书管理系统第 0 层数据流图

第 0 层数据流图通过反映整个系统中不同数据的流向，揭示了系统的组成部分及各部分之间的关系，这种关系体现在对数据的操作和处理上。第 0 层数据流图往往能够使我们比较清楚地了解系统的基本组成和主要功能。但在第 0 层数据流图上，只能看出某个功能对数据的使用情况，无法看出某一个具体功能的实现过程。因此为了表达具体功能的实现过程及该过程不同阶段对不同数据的使用情况，则要借助于第 1 层数据流图或者更低层次的数据流图。低层次的数据流图是对高层次数据流图在实现细节上的反映。

从图书管理系统第 0 层数据流图中可以看出，在图书管理的不同业务中，借书、还书、查询这几个处理较为复杂，使用到不同的数据较多，因此有必要对其进行更深层次的分析，即构建这些处理的第 1 层数据流图。下面的图 8-7 分别给出了借书、还书、查询子功能的第 1 层数据流图。

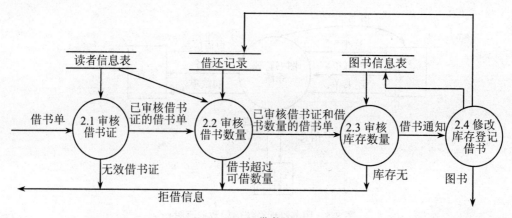

（a）借书处理

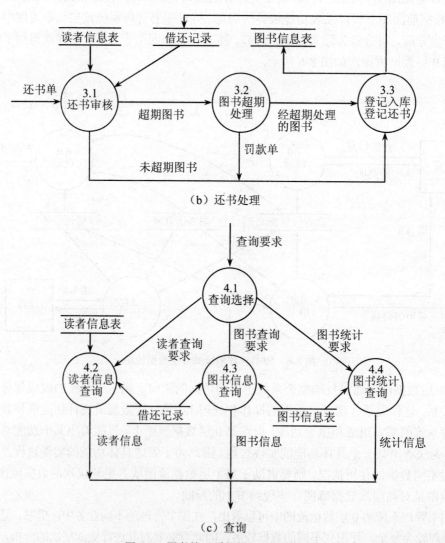

（b）还书处理

（c）查询

图 8-7　图书管理系统第 1 层数据流图

2. 数据字典

因图书管理系统涉及数据字典的内容较多，下面只给出该系统部分数据字典条目，以说明数据字典的定义方法。

（1）数据项描述。

数据项名称：借书证号
别名：卡号
含义说明：唯一标识一个借书证
类型：字符型
长度：20

（2）数据结构描述。

名称：读者类别
含义说明：定义了一个读者类别的有关信息
组成结构：类别代码+类别名称+可借阅数量+借阅天数+超期罚款额

名称：读者
含义说明：定义了一个读者的有关信息
组成结构：姓名+性别+所在部门+读者类型

名称：图书
含义说明：定义了一本图书的有关信息
组成结构：图书编号+图书名称+作者+出版社+价格

（3）数据流（非数据项）说明。

数据流名称：借书单
含义：读者借书时填写的单据
来源：读者
去向：审核借书
数据流量：250 份/天
组成：借书证编号+借阅日期+图书编号

数据流名称：还书单
含义：读者还书时填写的单据
来源：读者
去向：审核还书
数据流量：250 份/天
组成：借书证编号+还书日期+图书编号

（4）数据存储说明。

数据存储名称：图书信息表
含义说明：存放图书有关信息
组成结构：图书+库存数量

说明：数量用来说明图书在仓库中的存放数
数据存储名称：读者信息表 含义说明：存放读者的注册信息 组成结构：读者+卡号+卡状态+办卡日期 说明：卡状态是指借书证当前被锁定还是正常使用
数据存储名称：借书记录 含义说明：存放读者的借书、还书信息 组成结构：卡号+书号+借书日期+还书日期 说明：要求能立即查询并修改

（5）处理过程说明。

处理过程名称：审核借书证 输入：借书证 输出：认定合格的借书证 加工逻辑：根据读者信息表和读者借书证，如果借书证在读者信息表中存在并且没有被锁定，那么借书证是有效的借书证，否则是无效的借书证

以上只给出了图书管理系统数据字典部分数据项、数据结构、数据流、数据存储和处理过程的描述。这里需要强调的是，需求分析作为数据库设计的第一阶段，分析的困难来自于对信息正确性的理解和把握程度，它直接影响系统的最终性能。所以数据流图和数据字典完成后，还要提交给用户认可，待没有问题后方可进入下一阶段的设计。

8.3 概念结构设计

在需求分析阶段，数据库设计人员充分调查了用户的应用需求，用数据流图描述了系统的逻辑结构，数据流图中的有关加工及数据流和存储文件的含义可用数据字典具体定义说明，但是，对于比较复杂的数据及其之间的关系，用它们是难以描述的，而且这些描述还是对现实世界应用需求的具体描述。我们应该首先把它们抽象为信息世界的结构，才能更好、更准确地用某一个 DBMS 实现用户的这些需求。概念结构设计就是将系统需求分析得到的用户需求抽象为信息结构的过程。

系统中各个用户共同关心的信息结构，独立于计算机的数据模型，独立于特定的数据库管理系统，独立于计算机软硬件系统，是现实世界与机器世界的中介。它一方面能够充分反映现实世界，包括实体和实体之间的联系，同时又易于向关系、网状和层次等各种数据模型转换；它另一方面易于理解，与用户交流十分方便。当现实世界改变时，概念模型可以很容易地作相应的调整。因此概念结构设计是整个数据库设计的关键所在。

8.3.1 概念结构设计的方法和步骤

概念结构的设计要借助于方便、直观的描述工具给出概念模型，该模型应简单易懂，很容易为非计算机专业的人员所接受。目前应用最为广泛的是 E-R 模型，这种模型将现实世界的信息结构统一用实体、实体的属性以及实体之间的联系，即 E-R 图来描述。E-R 图可用于描述数据流图中数据存储及其之间的关系，它是数据库概念设计最常用的工具。下面就介绍用 E-R 图进行概念结构设计的基本方法和步骤。设计概念结构通常有以下 4 种方法。

1. 自顶向下设计法

在使用这种方法时，首先将需求分析结果综合成一个一致、统一的需求说明。然后，在此基础上设计一个全局概念结构，再根据该结构为不同的用户或应用设计局部的概念结构。这种方法强调统一，对不同的用户或应用可能照顾不够，因此，一般适用于业务简单或结构简单的小型单位。若对于一个大的单位，综合需求说明将会是一件非常困难的事情。

2. 自底向上设计法

这种方法首先以各部分的需求说明为基础，设计出各自的局部概念结构，这些局部的概念结构相当于各部分的局部视图。然后将各局部视图集成起来，形成全局的概念结构。这种方法比较适合大型数据库系统的分析和设计，各子系统的分析、设计可并行执行，同时也可避免综合需求所带来的麻烦。目前自底向上设计法在实际中的应用比较广泛，在进行数据库设计时，首先自顶向下地进行需求分析，然后再自底向上地设计概念结构，如图 8-8 所示。

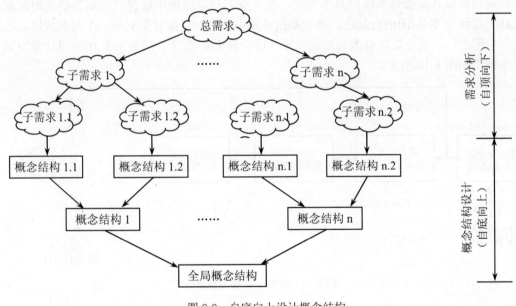

图 8-8　自底向上设计概念结构

3. 由里向外设计法

这种方法是首先定义系统核心概念结构，然后向外扩充，生成其他概念结构，直至完成总体的概念结构的设计。

4. 混合策略设计法

这种方法采用自顶向下与自底向上相结合的方法。首先用自顶向下的策略设计一个全局概念结构的框架，然后以它为骨架，集成由自底向上策略中设计的各局部概念结构。

在进行数据库概念结构设计时，最常采用的设计方法是自底向上的设计方法，它通常分为两步：第一步是抽象数据并设计局部视图，得到局部的概念结构；第二步是集成局部视图，得到全局的概念结构。其设计步骤如图 8-9 所示。

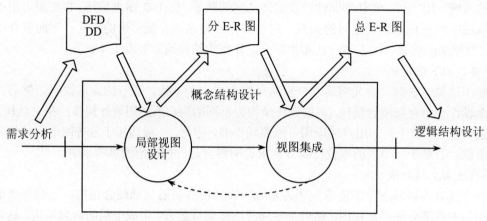

图 8-9　概念结构设计的步骤

8.3.2　局部视图设计

局部视图设计是根据系统的具体情况，在多层的数据流图中选择一个适当层次的数据流图，作为设计分 E-R 图的出发点，并让数据流图中的每一个部分都对应一个局部应用。选择好局部应用之后，就可以对每个局部应用逐一设计分 E-R 图了。局部 E-R 图的设计分为如下几个步骤，如图 8-10 所示。

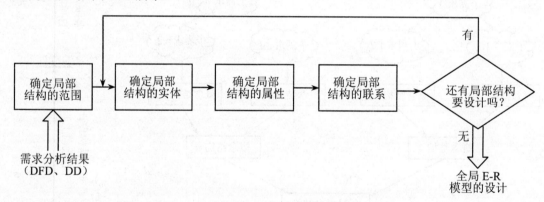

图 8-10　局部 E-R 模型设计

1. 确定实体类型和属性

首先选择能反映局部应用的一组数据流图，根据数据流图中的数据存储文件，参照数据字典，确定局部应用视图中的所有实体类型及其属性，然后再进行必要的调整。实体类型确定之后可为之命名，使其名称反映实体的语义性质，然后根据语义对每个实体类型中属性间的函数相关性进行分析，并确定能够唯一标识的实体键。

在视图设计中，为了简化设计过程，对于现实中存在的事物如果能够以属性对待的，尽可能作为属性处理。实体和属性之间没有严格的区别界限，但对于属性来讲，可以用下面的两条准则作为依据：

（1）作为属性必须是不可再分的数据项，也就是属性中不能再包含其他的属性。

（2）属性不能与其他实体之间具有联系。

凡是满足上述两条准则的事物，一般均可作为属性来处理。但实际中往往根据业务处理的不同来合理地选定实体或属性。

例如：企业的职工是一个实体，职工号、姓名、年龄和职称是职工的属性。如果职称没有与工资、福利挂钩，就没有必要做进一步描述，则职称可作为职工实体的一个属性对待。如果不同的职称有着不同的工资、不同的住房标准和不同的附加福利，则职称作为一个实体来考虑就比较合适。图 8-11 就是将"职称"由属性变为实体的示意图。

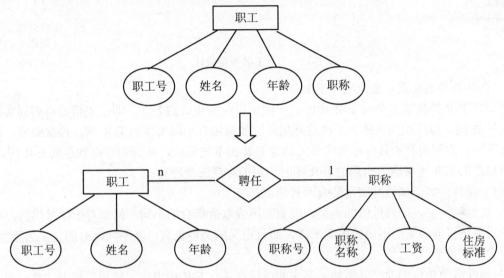

图 8-11　"职称"由属性变为实体示意图

2. 确定实体间的联系

依据需求分析结果，考察任意两个实体类型之间是否存在联系，若有，则确定其类型（一对一、一对多或多对多），接下来要确定哪些联系是有意义的，哪些联系是冗余的，并消除冗余的联系。所谓冗余的联系是指无意义的或可以从其他联系导出的联系。

例如图 8-11 中的实体"职称"与"职工"之间的联系就是一对多的联系。

3. 画出局部 E-R 图

确定了实体及实体间的联系后，可用 E-R 图描述出来。形成局部 E-R 图之后，还必须返回去征求用户意见，使之如实地反映现实世界，同时还要进一步规范化，以求改进和完善。每个局部视图必须满足：

（1）对用户需求是完整的。

（2）所有实体、属性、联系都有唯一的名字。

（3）不允许有异名同义、同名异义的现象。

（4）无冗余的联系。

8.3.3　视图的集成

各个局部视图建立好后，还需要对它们进行合并，集成为一个整体的数据概念结构，即总 E-R 图。集成局部 E-R 模型，设计全局 E-R 模型的步骤如图 8-12 所示。

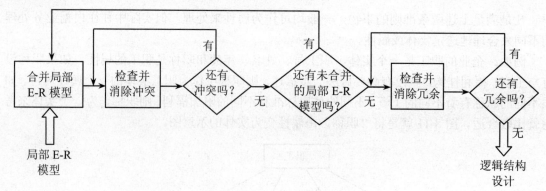

图 8-12　全局 E-R 模型设计

1. 合并局部 E-R 图，生成初步 E-R 图

把局部 E-R 图集成为全局 E-R 图时，一般采用两两集成的方法，即：先将具有相同实体的两个 E-R 图，以该相同实体为基准进行集成。如果还有相同实体的 E-R 图，再次集成，这样一直下去，直到所有的具有相同实体的局部 E-R 图都被集成，从而初步得到总的 E-R 图。

将局部的 E-R 图集成为全局的 E-R 图时，可能存在三类冲突：

（1）属性冲突。属性冲突主要有两种情况：

1）属性域冲突，即属性值的类型、取值范围或取值集合的不同。例如对于学号属性，不同的应用系统可能会采用不同的编码形式，而且定义的类型也有可能不同，有的定义为整型，有的定义为字符型。

2）属性取值单位的冲突。例如，学生的成绩在某一 E-R 模型中可能用等级制"优、良、及格、不及格"来表示，而在其他的 E-R 模型中却可能用百分制表示。

属性冲突通常用讨论、协商等手段加以解决。

（2）命名冲突。命名冲突主要有两种：

1）同名异义冲突，即不同意义的对象在不同的 E-R 模型中具有相同的名字。例如模型 A 中将教室称为房间，而模型 B 中将学生宿舍称为房间。

2）异名同义冲突，即意义相同的实体在不同的 E-R 模型中有不同的名字。例如模型 A 中将教科书称为课本，模型 B 中则把教科书称为教材。

命名冲突可能发生在实体、联系一级上，也可能发生在属性一级上。其中属性的命名冲突更为常见。解决命名冲突通常也是通过讨论、协商等手段加以解决。

（3）结构冲突。结构冲突有三种情况：

1）同一对象在不同的应用中具有不同的抽象。例如，班级在某一局部应用中被当作实体看待，而在另一局部应用中被当作属性看待，这就会产生抽象的冲突。

解决方法通常是把属性变为实体或把实体变换为属性，使同一对象具有相同的抽象。

2）同一实体在不同的分 E-R 图中的属性组成不一致，即所包含的属性个数和属性排列次序不完全相同。这类冲突是由于不同的局部应用所关心的是实体的不同侧面而造成的。

解决这类冲突的方法是使该实体的属性取各个分 E-R 图中属性的并集，再适当调整属性的次序，使之兼顾到各种应用。

3）实体之间的联系在不同的分 E-R 图中呈现不同的类型。例如，实体 E1 与 E2 在局部应用 A 中是多对多联系，而在局部应用 B 中是一对多联系，这是联系类型不同的情况。又如，在某一 E-R 图中 E1 与 E2 发生联系，而在另一个 E-R 图中 E1、E2 和 E3 三者之间发生联系，这是联系涉及的对象不同的情况。

解决这类冲突的方法是根据应用的语义对实体联系的类型进行综合或调整。

如图 8-13 所示是一个集成两个分 E-R 图，生成初步总体 E-R 图的实例。该图中，一个是工厂的设计部门所关心的产品、零件和材料的分 E-R 模型，另一个是工厂的供销部门所关心的产品和材料的分 E-R 模型，将其合并后得到两个局部 E-R 模型的初步总体 E-R 模型。

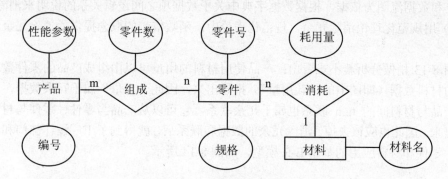

（E-R）1　工厂设计部门局部 E-R 图

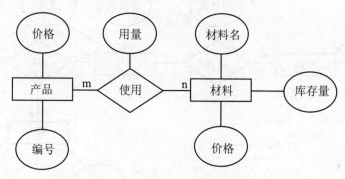

（E-R）2　工厂供销部门局部 E-R 图

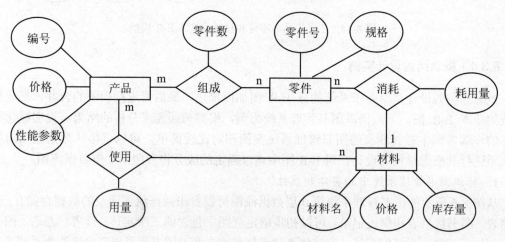

（E-R）12　初步总体 E-R 模型

图 8-13　工厂产品、零件和材料的初步总体 E-R 模型

2. 修改和重构初步 E-R 图，消除冗余，生成基本 E-R 图

在初步 E-R 图中可能存在冗余的数据和冗余的联系。所谓冗余数据是指可由基本数据导出的数据。所谓冗余联系是可由其他联系导出的联系。冗余的存在容易破坏数据库的完整性，给数据库维护增加困难，应当加以消除。修改与重构初步 E-R 图，就是合并具有相同键的实体类型，消除冗余属性，消除冗余联系。消除冗余的主要方法有：

（1）用分析的方法消除冗余。分析方法是消除冗余的主要方法。分析方法消除冗余是以数据字典和数据流图为依据，根据数据字典中关于数据项之间逻辑关系的说明来消除冗余。

（2）用规范化理论消除冗余。规范化理论中，函数依赖的概念提供了消除冗余的形式化工具。

对图 8-13 稍做分析就不难看出：产品使用材料的用量可以由组成产品的零件数和每个零件消耗的材料数据（即图中的"耗用量"）推导出来，因此"用量"属于冗余数据，应该予以消除。产品与材料间的 m:n 联系也属于冗余联系，它可以从产品与零件、零件与材料的联系中推导出来，因此也应该去掉。消除冗余的数据和联系后，就得到了工厂设计部门和供销部门对产品、零件和材料应用的基本 E-R 模型，如图 8-14 所示。

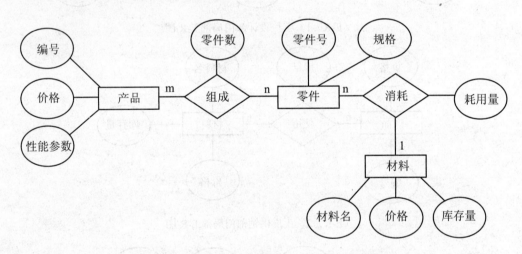

图 8-14　工厂产品、零件和材料的基本 E-R 模型

8.3.4　概念结构设计实例

概念结构的设计是对各子系统的分 E-R 图加以描述，最后再进行视图的合并，形成整个系统的基本 E-R 图。下面仍以图书管理系统为例，根据前面需求分析的结果，说明概念结构设计的步骤。因本教材涉及的图书管理系统案例相对比较简单，可以直接从数据流图的第 0 层入手进行其概念结构的设计，对 E-R 图中难以确定的成分将参照第 1 层数据流图。

1. 标识图书管理系统中的实体和属性

从图 8-6 所示的图书管理系统第 0 层数据流图可以看出数据流图涉及的数据存储有：读者信息表、图书信息表和借还记录，可以初步确定视图中包含的三个实体：读者信息表、图书信息表和借还记录。为简便起见，将实体"读者信息表"和"图书信息表"直接称为"读者"和"图书"。参照数据字典中对数据存储的描述，可初步确定三个实体的属性为：

读者：{卡号，姓名，性别，部门，类别、办卡日期，卡状态}

图书：{书号，书名，作者，价格，出版社，库存数量}

借还记录：{卡号，书名，借书日期，还书日期}

其中有下划线的属性为实体的码。

这里要说明的是：凡是可以互相区别、又可以被人们识别的事、物、概念等统统可以被抽象为实体，例如上面的三个实体。实体又可以分为独立实体和从属实体或弱实体，独立实体是可以不依赖于其他实体和联系而独立存在的实体，如读者、图书等都是独立的实体，独立实体常常被直接简称为实体，在实体联系图中用矩形框表示；从属实体是这样一类实体，其存在依赖于其他实体和联系，例如图 8-6 中的"借还记录"是从属实体，它的存在依赖于实体"读者""图书"和"借还"联系，是因为"读者"和"图书"发生了"借还"联系以后才有的，在这种情况下，将该实体转化为联系更为合适。

另外从前面的需求分析中借书处理的第 1 层数据流图可知读者类别是同可借阅天数、最大借阅量、超期罚款金额挂钩的，而且在数据字典中读者类别也是作为数据结构进行描述的，因此读者中的类别属性应上升为实体。

经过上述的分析，图书管理系统中的实体应为读者、读者类别、图书，具体描述如下：

读者：{卡号，姓名，性别，部门，办卡日期，卡状态}

读者类别：{类别代码，类别名称，可借阅数量，借阅天数，超期罚款额}

图书：{书号，书名，作者，价格，出版社，库存数量}

2. 确定实体间的联系

首先考察读者和读者类别两个实体，因一个读者只能属于一种读者类别，而一种读者类别可以拥有多个读者，因此读者与读者类别之间是多对一的关系，分析后得到读者与读者类别的 E-R 模型如图 8-15 所示。

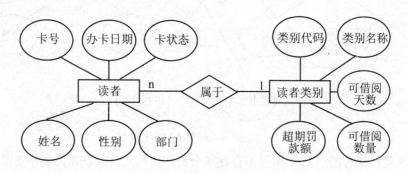

图 8-15 读者与读者类别 E-R 图

再考察读者和图书之间的联系，它们之间的联系是借还联系。因为一个读者可以借还多本图书，而一本图书也可被多个读者借还，所以读者与图书之间的关系是多对多的关系；同时读者在借还图书时，产生了弱实体借还记录，用来描述借还联系的属性。这样读者和图书之间的 E-R 模型如图 8-16 所示。

3. 设计图书管理系统初步 E-R 模型

综合图 8-15 和图 8-16 两个局部 E-R 模型就可以得到图 8-17 所示的图书管理系统初步 E-R 模型。

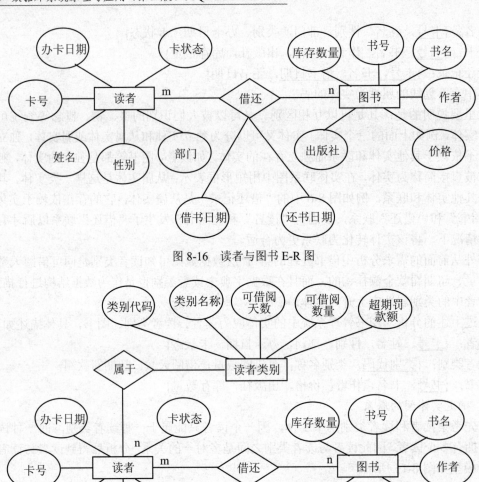

图 8-16　读者与图书 E-R 图

图 8-17　图书管理系统初步 E-R 图

　　因图书管理系统的初步 E-R 图已不存在冗余的数据和冗余的联系，初步 E-R 图即为图书管理系统的基本 E-R 图，这样系统的概念结构就设计出来了。但还应该将其提交给用户，征求用户和有关人员的意见，进行评审、修改和优化，然后再将其确定下来，作为进一步设计数据库的依据。

8.4　逻辑结构设计

8.4.1　逻辑结构设计的任务和步骤

逻辑结构设计的主要目标是将概念结构转换为一个特定的DBMS可处理的数据模型和数据

库模式。该模型必须满足数据库的存取、一致性及运行等各方面的用户需求。一般来讲，到底选择哪一种 DBMS 存放数据，是由系统分析员和用户决定的。需要考虑的因素包括 DBMS 产品的性能和价格，以及设计的应用系统的功能复杂程度。如果选择的是关系型 DBMS 产品，那么逻辑结构的设计就是指设计数据库中所应包含的各个关系模式的结构，包括关系模式的名称、每一个关系模式中各属性的名称、数据类型和取值范围等。逻辑结构的设计过程如图 8-18 所示。

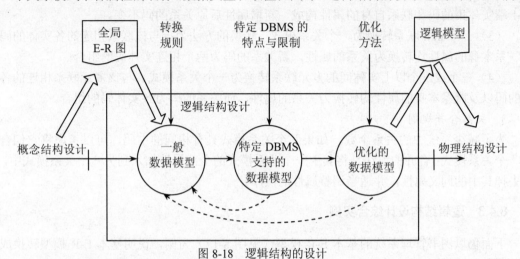

图 8-18　逻辑结构的设计

从图 8-18 中可以看出，概念模型向逻辑模型的转换过程分为 3 步进行：

（1）把概念模型转换为一般的数据模型。

（2）将一般的数据模型转换成特定的 DBMS 所支持的数据模型。

（3）通过优化方法将其转化为优化的数据模型。

下面以数据模型为关系数据模型，特定的 DBMS 为 SQL Server 2012 为例讲解逻辑结构设计的整个过程。

8.4.2　概念模型转换为一般的关系模型

将 E-R 图转换成关系模型需要解决两个问题：一是如何将实体和实体间的联系转换为关系模式；二是如何确定这些关系模式的属性和码。E-R 图是由实体、实体的属性和实体之间的联系三个要素组成，关系模型的逻辑结构是一组关系模式的集合。所以将 E-R 图转换为关系模型实际上就是将实体、实体的属性和实体之间的联系转化为关系模式。关系模型的特点之一是概念的单一性，无论是实体还是实体间的联系都用关系来表示，这使得转换工作比较直接，具体转换的原则如下：

1. 实体的转换规则

将 E-R 图中的每一个常规实体转换为一个关系，实体的属性就是关系的属性，实体的码就是关系的码。

2. 实体间联系的转换规则

（1）一个 1:1 联系可以转换为一个独立的关系模式，也可以与任意一端对应的关系模式合并。如果转换为一个独立的关系模式，则与联系相连的各实体的码以及联系本身的属性均转换为关系的属性，每个实体的码均是该关系的候选码。如果将联系与任意一端实体所对应的关系模式合并，则需要在被合并的关系中增加属性，其新增的属性为联系本身的属性和与联系相关的另一个实体集的码。

（2）一个 1:n 联系可以转换为一个独立的关系模式，也可以与 n 端对应的关系模式合并。如果转换为一个独立的关系模式，则与该联系相连的各实体的码以及联系本身的属性均转换为关系的属性，而关系的码为 n 端的码。如果是在 n 端实体集中增加新属性，新属性由联系对应的 1 端实体集的码和联系自身的属性构成，新增属性后原关系的码不变。

（3）一个 m:n 联系转换为一个关系模式。转换的方法为：与该联系相连的各实体的码以及联系本身的属性均转换为关系的属性，新关系的码为两个相连实体码的组合。

（4）三个或三个以上实体间的多元联系转换为一个关系模式。与该多元联系相连的各实体的码以及联系本身的属性均转换为关系的属性，而关系的码为各实体码的组合。

3．关系合并规则

为了减少系统中的关系个数，如果两个关系模式具有相同的主码，可以考虑将它们合并为一个关系模式。合并的方法是将其中一个关系模式的全部属性加入到另一个关系模式中，然后去掉其中的同义属性，并适当调整属性的次序。

8.4.3　逻辑结构设计综合实例

下面仍以图书管理系统的基本 E-R 模型（见图 8-17）为例，说明基本 E-R 模型转换成初始关系模型的规则：

（1）将图 8-17 中的实体转换成关系模式。

从图 8-17 中可以看出，常规的实体有读者、读者类别和图书，这些实体转换的关系模型如下：

读者（卡号，姓名，性别，部门，办卡日期，卡状态）

读者类别（类别代码，类别名称，可借阅数量，可借阅天数，超期罚款额）

图书（书号，书名，作者，价格，出版社，库存数量）

其中带下划线的属性为关系的码，以下同。

（2）将图 8-17 中的 1:n 联系"属于"转换为关系模型。

该转换有两种转换方案供选择：

方案 1：联系形成的关系独立存在。

属于（卡号，类别代码）

方案 2：联系形成的关系与 n 端合并。

读者（卡号，姓名，性别，部门，类别代码，办卡日期，卡状态）

比较以上两种方案可以发现：方案 1 中用一个关系来存放读者与类别的对应关系，方案 2 中则在读者关系中用一个属性来存放读者与类别的对应关系。因为每一个读者都会从属于一种读者类别，相比之下，方案 2 比方案 1 少了一个关系，更节省空间。

（3）将图 8-17 中的 m:n 联系"借还"转换为关系模型。

对于 m:n 联系，须将联系转换为一个独立的关系模式，与该联系相连的各实体的码以及联系本身的属性均转换为关系的属性，关系的码为各实体码的组合。"借还"联系转换成的关系模式为：

借还（卡号，书号，借书日期，还书日期）

本关系的码为卡号和书号的组合，但这个组合码要唯一地标识借还关系的前提条件是：读者每次还书成功后，需删除其在关系中的记录。但本书案例需保留读者每次的借还记录。假如一个读者在不同的日期借同一本书，卡号和书号的组合就不能唯一地标识关系了，需用卡号、书号和借书日期三个属性的组合作为关系的码，这样才能唯一地标识关系。即"借还"联系转换的关系模式应调整为：

借还（卡号，书号，借书日期，还书日期）

（4）将具有相同码的关系合并。

读者（卡号，姓名，性别，部门，办卡日期，卡状态）和读者（卡号，姓名，性别，部门，类别代码，办卡日期，卡状态）关系模式合并成如下的关系模式：

读者（卡号，姓名，性别，部门，类别代码，办卡日期，卡状态）

按照上面的步骤，图书管理系统 E-R 图中的实体和联系转换为表 8-1 中所给出的关系模型。

表 8-1　图书管理系统的关系模型信息

数据性质	关系名	属性	说明
实体	读者	卡号，姓名，性别，部门，类别代码，办卡日期，卡状态	类别代码为与"属于"联系合并后新增的属性
实体	读者类别	类别代码，类别名称，可借阅数量，可借阅天数，超期罚款额	
实体	图书	书号，书名，作者，价格，出版社，库存数量	
联系	借还	卡号，书号，借书日期，还书日期	

8.4.4　将一般的关系模型转换为 SQL Server 2012 下的关系模型

数据库的一般逻辑数据模型设计完后，还需将其转换为特定数据库管理系统下的逻辑数据模型。如果将上面设计的数据库关系数据模型转换为 SQL Server 2012 下的关系数据模型，则关系数据模型的一个关系对应了 SQL Server 2012 数据库中的一个表，关系的属性对应了表的字段，关系框架对应了表结构，关系元组对应了表记录。在设计表时，对于字段类型的选取还要参阅需求分析阶段设计的数据字典，而且往往为了表示方便，字段的名称一般采用英文字母缩写或属性名称的每个汉字第一个字母的组合表示。

下面就将图书管理系统中的关系设计成 SQL Server 2012 下相应的表，如表 8-2 至表 8-5 所示。

（1）READER（读者表）。

表 8-2　读者表

字段代码	字段名称	字段类型	长度	小数	是否为空
CARDID	卡号	char	20		NOT NULL
NAME	姓名	char	16		NOT NULL
SEX	性别	bit			NULL
DEPT	部门	char	30		NULL

续表

字段代码	字段名称	字段类型	长度	小数	是否为空
CLASSID	类别代码	Int			NOT NULL
BZDATE	办卡日期	datetime			NULL
CARDSTATE	卡状态	bit			NULL

注：CLASSID 参照 DZCLASS 表中的 CLASSID。卡状态有两种：0 表示有效，1 表示无效。

（2）DZCLASS（读者类别表）。

表 8-3　读者类别表

字段代码	字段名称	字段类型	长度	小数	是否为空
<u>CLASSID</u>	类别代码	int			NOT NULL
CLASSNAME	类别名称	char	16		NOT NULL
PERMITDAY	可借阅天数	int			NULL
PERMITQTY	可借阅数量	int			NULL
PENALTY	超期罚款额	money			NULL

（3）BOOK（图书表）。

表 8-4　图书表

字段代码	字段名称	字段类型	长度	小数	是否为空
<u>BOOKID</u>	书号	char	20		NOT NULL
BOOKNAME	书名	varchar	20		NOT NULL
EDITER	作者	varchar	8		NULL
PRICE	价格	money			NULL
PUBLISHER	出版社	varchar	20		NULL
QTY	库存数量	int			NOT NULL

（4）BORROW（借还表）。

表 8-5　借还表

字段代码	字段名称	字段类型	长度	小数	是否为空
<u>CARDID</u>	借书证号	char	20		NOT NULL
<u>BOOKID</u>	书号	char	20		NOT NULL
<u>BDATE</u>	借书日期	datetime			NOT NULL
SDATE	还书日期	datetime			NULL

注：字段 CARDID+BOOKID+BDATE 的组合为表的主键。CARDID 参考 READER 表中的 CARDID，BOOKID 参考 BOOK 表中的 BOOKID。

8.4.5　数据模型的优化

逻辑结构设计的结果并不是唯一的。为了进一步提高数据库应用的性能，还应该根据应用的需要对逻辑数据模型进行适当的修改和调整，这就是数据模型的优化。关系数据模型的优化通常以规范化理论为指导，并考虑系统的性能。具体体现为：

（1）确定各属性之间的数据依赖。根据需求分析阶段得出的语义，分别写出每个关系模式的各属性之间的函数依赖以及不同关系模式各属性之间的数据依赖关系。

（2）对各个关系模式之间的数据依赖进行极小化处理，消除冗余的联系。

（3）判断每个关系的范式，根据实际需要确定最合适的范式。

（4）根据需求分析阶段得到的处理要求，分析这些模式是否适用于用户的应用环境，从而确定是否要对某些模式进行分解或合并。

（5）对关系模式进行必要的分解，以提高数据的操作效率和存储空间的利用率。常用的两种分解方法是水平分解和垂直分解。

水平分解是根据时间、空间、类型等范畴属性设置取值条件，满足相同条件的数据行作为一个子表。分解时依据范畴属性取值范围划分数据行。这样在操作同表数据时，时空范围相对集中，便于管理。水平分解过程如图 8-19 所示，其中 K 代表表的主码，A 代表其他属性。

源表数据内容相当于分解后表数据内容的并集。例如，对于管理学校学生情况的"学生"关系表，可将其分为"离校学生"关系表和"在册学生"关系表。"离校学生"关系表中存放已毕业学生的数据，"在册学生"关系表中存放目前在校学习的学生的数据。因为学校经常需要了解当前在校学生的情况，而不太关心已毕业学生的情况。因此这样分解，可以提高对在校学生的处理速度。

垂直分解是以非主属性所描述的应用对象生命历程的先后为条件，对应相同历程的属性作为一个子表。分解时按非主属性的数据生成的时间段进行划分，描述相同时间段的属性划分在一个组中。垂直分解的过程如图 8-20 所示，其中 K 代表表的主码，A 代表其他属性。

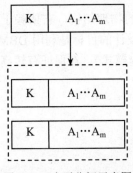

图 8-19　水平分解示意图

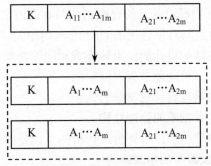

图 8-20　垂直分解示意图

垂直分解后源表中的数据内容相当于分解后表数据内容的连接。例如，可以将"学生情况表"拆分为"学生基本信息表"和"学生家庭情况表"。

8.4.6　设计用户外模式

在将概念模型转换为逻辑模型后，即生成了整个系统的模式，还应该根据局部应用的需求，结合具体的 DBMS 的特点，设计用户的外模式。

外模式是用户看到的数据模式，它来自逻辑模式。设计外模式是为了更好地满足局部用户的需求，而定义数据库的模式主要是从系统的时间效率、空间效率和易维护等角度出发。由于外模式与模式是相对独立的，因此在定义用户外模式时可以从满足各类用户的需求出发，同时考虑数据的安全和用户的操作方便。在定义外模式时可以考虑以下因素：

（1）使用更符合用户习惯的别名。在概念模型设计阶段，合并 E-R 图时，应消除各分 E-R 图命名的冲突，这在设计数据库整体结构时是非常必要的。但命名统一后会使某些用户感到别扭，用定义外模式的方法可以有效地解决该问题。必要时，可以对外模式中的关系和属性重新命名，使其与用户习惯一致，以方便用户的使用。

（2）对不同级别的用户定义不同的外模式，以保证数据的安全。由于外模式能够对表中的行和列进行限制，所以它还具有保证系统安全性的作用，对不同级别的用户定义不同的外模式，可以保证系统的安全性。

（3）简化用户对系统的使用。利用外模式可以简化使用，方便查询。实际应用中经常要使用某些很复杂的查询，这些查询包括多表连接、限制、分组和统计等。为了方便用户，可以将这些复杂查询定义为视图，这样用户每次可以用定义好的视图进行查询，而不必再编写复杂的查询语句，从而简化了用户的使用。

在关系 DBMS 中，一般提供视图功能来虚拟定义用户希望看到的表。那么一部分与用户相关的基表，加上按需定义的视图，就构成了一个用户的外模式。

假设在图书管理系统中关系模式图书（书号，书名，作者，价格，出版社，库存数量）上定义了一个视图：图书库存信息（书号，书名，库存数量），就可以满足用户浏览图书库存信息的局部应用了。

请同学们建立图书管理系统中查询功能模块中其他查询功能的视图。

8.5 数据库的物理设计

数据库在物理设备上的存取结构与存取方法称为数据库的物理结构，它依赖于给定的计算机系统，而且与具体选用的 DBMS 密切相关。数据库物理设计的目标是利用 DBMS 提供的手段，将逻辑结构设计的结果转换成相应的物理模式（也称内模式），在保证有较高的访问效率的前提下，尽可能地节省存储空间。

数据库的物理设计通常分为两步：

● 确定数据库的物理结构。

● 对物理结构进行评价，评价的重点是时间和空间效率。

1. 确定数据库的物理结构

关系数据库的物理模型设计相对于其他模型而言较为简单，这是因为关系数据模型提供了较高的逻辑数据和物理数据的独立性，而且大多数物理设计因素都由 RDBMS 处理，留给设计人员控制的因素已很少。一般来说，物理设计阶段，设计人员需考虑以下内容：

（1）存储结构的设计。存储结构设计的目标是在考虑存取时间、存取空间利用率和维护代价等方面的因素时确定数据记录的物理存储方式。常用的存储方式有以下三种：

1）顺序存储。数据记录按照其插入的先后顺序存放。顺序存储的优点是：实现简单，不需要特殊的处理；但缺点也很明显：由于数据是顺序存放的，查找效率低。设数据库文件有 n 条记录，则查找一条记录，最理想的情况下只需要访问一条记录（第一条就是需要的记录），而最糟的情况下，则需要遍历整个文件（最后一条是需要的记录，或没有找到需要的记录），访问的平均记录数是$(n+1)/2$。删除操作代价高，一条记录的删除意味着随后的所有记录都要前移，这样势必影响系统的运行效率。

2）散列存储。利用一个散列函数将属性值直接映射成物理地址的数据组织方法，这个被映射的属性称为散列字段。散列的核心思想是，选择一个散列函数（又称哈希函数），把记录在散列字段上的值作为函数的参数，生成存放该记录的地址。在散列存储中，根据属性值可以直接得到记录中的物理地址，因此按被映射的属性进行查询其访问性能很高；对于其他属性的访问，只能设计其他的访问路径，来提高数据库的查询效率。

3）索引存储。通过对某个或几个属性的属性值和记录地址之间的映射管理来提高对数据记录的查询性能。当使用索引查找数据时，系统沿着索引结构，根据索引中的关键字和指针，找到符合条件的记录。

用户通常可以通过建立索引来改变数据的存储方式。但在其他情况下，数据是采用顺序存储、散列存储还是其他的存储方式是由系统根据数据的具体情况来决定的。一般系统都会为数据选择一种最合适的存储方式。

（2）存取方法设计。存取方法是快速存取数据库中的数据的技术，数据库管理系统一般都提供多种存取方法。具体采取哪种存取方法由系统根据数据的存储结构来决定，用户一般不能干预。例如在 SQL Server 中，对于没有建立索引的数据文件来说，可以使用页链表来顺序搜索，否则可以使用索引的搜索算法来访问数据。因此存取方法的设计主要是指如何建立索引，确定哪些属性上建立组合索引，哪些索引设计为唯一索引以及哪些索引要设计为聚簇索引。

例如：在图书管理系统图书表中，假定数据在磁盘上是按"书号"的递增顺序排列的，用户想查询一个按"书名"排序的图书数据报表。为此，所有的数据都需要从图书表中提取出来并排序，除非表很小，否则这是一个很费时的过程。如果用户有这种需求时，可以在"书名"字段上创建一个索引，该索引的条目按照"书名"排序，这样，当用户按"书名"查询图书表时，该索引的条目可以读出来，并按索引中已排好序的"书名"关键字和指针来访问图书表中的数据。

SQL Server 在默认的情况下，会为每个表的主码创建聚簇索引，因为一个表只能建立一个聚簇索引，在具体的应用情况下，如果将聚簇索引建立在其他的字段上更能提高系统的性能，应进行调整。

例如：假设在图书表中的出版社字段上建有非聚簇索引，如果管理员经常按出版社字段查询图书的库存情况。例如现在要查询出版社为"清华大学出版社"的所有图书，设查询结果有 200 条记录，在极端情况下，这 200 条记录所对应的元组分布在 200 个不同的物理块上，由于每访问一个物理块需要执行一次 I/O 操作，因此该查询即使不考虑访问索引的 I/O 次数，也要执行 200 次 I/O 操作。如果将同一出版社的图书元组集中存放，则每读一个物理块可得到多个满足查询条件的元组，从而显著地减少了访问磁盘的次数。在这种情况下，可考虑将聚簇索引建在出版社字段上，因为按书号字段查询时，一般不会返回大型结果集，I/O 操作比较少。

需要注意的是，索引一般可以提高查询性能，但会降低数据修改的性能。因为在修改数据时，系统要同时对索引进行维护，使索引与数据保持一致。维护索引要占用相当多的时间，而且存放索引信息也会占用空间资源。因此在决定是否建立索引时，要权衡数据库的操作，如果查询多，并且对查询的性能要求比较高时，则可以考虑多建一些索引。如果数据更改多，并且对更新的效率要求比较高，则应该考虑少建一些索引。总之，在设计和创建索引时，应确保对性能的提高程度大于存储空间和处理资源方面的代价。

（3）存放位置的设计。为了提高系统性能，数据应根据应用情况将易变部分与稳定部分，经常存取部分和存取频率较低部分分开存放。

由于各个系统所能提供的对数据进行物理安排的手段、方法差异很大，因此设计人员必须仔细了解给定的 DBMS 在这方面提供了什么方法，再针对应用环境的要求，对数据进行适当的物理安排。

2．评价物理结构

在数据库物理设计过程中，需要对时间效率、空间效率、维护代价和各种用户要求进行权衡，其结果可以产生多种方案，数据库设计人员必须对这些方案进行细致的评价，从中选择一个较优的方案作为数据库的物理结构。

评价物理数据库的方法完全依赖于选用的 DBMS，主要是从定量估算各种方案的存储空间、存取时间和维护代价入手，对估算结果进行权衡、比较，选择出一个较优的合理的物理结构。如果该结构不符合用户需求，则需要修改设计。

8.6 数据库实施

数据库的物理设计完成后就可以建立数据库了。数据库实施的任务就是根据逻辑设计和物理设计的结果，在计算机上建立起实际的数据库结构，装入数据，并测试和运行数据库。这个阶段的主要工作有：

（1）建立实际的数据库结构。利用给定的 DBMS 提供的命令，建立数据库的模式、外模式和内模式。对于关系数据库来讲，就是创建数据库、建立数据库中包含的各个基表、视图和索引等。这部分的工作可用第 3 章介绍的 SQL 语句中的 CREATE DATABASE、CREATE TABLE、CREATE VIEW、CREATE INDEX 命令来完成，在 SQL Server 中还可以用 SQL Server Management Studio 工具来完成，具体使用方法请参阅第 4 章 SQL Server 2012 的使用。

例如使用 SQL Server 2012 的 Transact-SQL 语句来创建图书管理系统数据库 BOOKSYS、图书表 BOOK、图书库存信息视图 QTYVIEW 的 SQL 语句为：

```
/* 创建数据库 BOOKSYS*/
CREATE DATABASE BOOKSYS
/* 创建数据库表 BOOK*/
CREATE TABLE BOOK(BOOKID char(20) NOT NULL,
                  BOOKNAME varchar(20) NOT NULL,
                  EDITER varchar(20) ,
                  PRICE money,
                  PUBLISHER varchar(20),
                  QTY int)
/* 创建数据库视图 QTYVIEW*/
CREATE VIEW QTYVIEW
AS
```

SELECT BOOKID AS 书号，BOOKNAME AS 书名，QTY AS 库存数量 FROM BOOK
/* 在 BOOK 表上为 BOOKNAME 创建索引 PK_BOOKNAME*/
CREATE INDEX PK_BOOKNAME ON BOOK(BOOKNAME)

（2）将原始数据装入数据库。装入数据的过程是非常复杂的。这是因为原始数据一般分散在企业各个不同的部门，而且它们的组织方式、结构和格式都与新设计的数据库系统中的数据有不同程度的区别。必须将这些数据从各个地方抽取出来，输入计算机，并经过分类转换，使它们的结构与新系统数据库结构一致，然后才输入到数据库中去。

程序调试时需要将少部分的、适合程序调试用的数据装入到数据库中，系统正常运行后则需要将所有的原始数据装入到数据库。如果仅仅是插入几条调试用的记录到数据库，可以用第 3 章介绍的 INSERT 语句。但如果是装入批量数据，则需用数据库应用开发工具编制数据输入子系统来进行数据的输入，有关内容将在下一章介绍。

8.7　数据库运行与维护

数据库试运行结果符合设计目标后，数据库就可以真正投入运行了。数据库投入运行标志开发任务的基本完成和维护工作的开始，但并不意味着设计过程的终结。由于应用环境在不断变化，数据库运行过程中物理存储也会不断变化，对数据库设计进行评价、调整、修改等维护工作是一个长期的任务，也是设计工作的继续和提高。

在数据库运行阶段，对数据库经常性的维护工作是由 DBA 完成的，它包括以下工作：

（1）数据库的转储和恢复。数据库的转储和恢复是系统正式运行后最重要的维护工作之一。DBA 要针对不同的应用要求制定不同的转储计划，定期对数据库和日志文件进行备份，以保证一旦发生故障，能利用数据库备份及日志文件备份，尽快将数据库恢复至某一种一致性状态，并尽可能减少对数据库的破坏。

（2）数据库安全性、完整性控制。DBA 必须对数据库的安全性和完整性控制负起责任。根据用户的实际需要授予不同的操作权限，并根据应用环境的变化，不断地修改安全性控制。同样，由于应用环境的变化，数据库的完整性约束条件也会变化，DBA 也要不断地修正以满足用户的要求。

（3）数据库性能的监督、分析和改进。在数据库运行过程中，监督系统运行，对监测数据进行分析，找出改进系统性能的方法是 DBA 的又一重要任务。目前许多 DBMS 产品都提供了监测系统性能参数的工具，DBA 可以利用这些工具方便地得到系统运行过程中一系列性能参数的值。DBA 应该仔细分析这些数据，判断当前系统是否处于最佳运行状态，如果不是，则需要通过调整某些参数来进一步改进数据库性能。

（4）数据库的重组织和重构造。数据库运行一段时间后，由于记录的不断增、删、改，会使数据库的物理存储变坏，从而降低数据库存储空间的利用率和数据的存取效率，使数据库的性能下降。例如，逻辑上属于同一记录型或同一关系的数据被分散到了不同的文件或文件的多个碎片上，就会降低数据的存取效率。这时，DBA 要负责对数据重新进行组织，即按原设计，重新安排数据的存储位置、回收垃圾、减少指针链等，以提高数据的存取效率和系统性能。

另外，数据库系统的应用环境是不断变化的，常常会出现一些新的应用，也会消除一些旧的应用，这将导致新实体的出现和旧实体的淘汰，同时原先实体的属性和实体间的联系也会发生变化。因此，需要局部调整数据库的逻辑结构，增加一些新的关系、删除一些旧的关系，或在某些关系中增加（或删除）一些属性等，这就是数据库的重新构造。当然，数据库的重构造是十分有限的，如果应用环境变化太大，就应该淘汰旧的系统，设计新的数据库应用系统。

习题八

1. 试述数据库设计的基本步骤。

2. 什么是数据库的概念结构？试述其特点和设计策略。

3. 什么是 E-R 模型？构成 E-R 模型的基本要素是什么。

4. 什么是数据库的逻辑结构设计？试述其设计步骤。

5. 试述数据库物理设计的内容和步骤。

6. 现有一局部应用，包括两个实体："出版社"和"作者"，这两个实体是多对多的联系。设计适当的属性，画出 E-R 图，再将其转换为关系模型。

7. 将图 8-21 中含有多实体集间多对多联系的 E-R 图转换为关系模型。

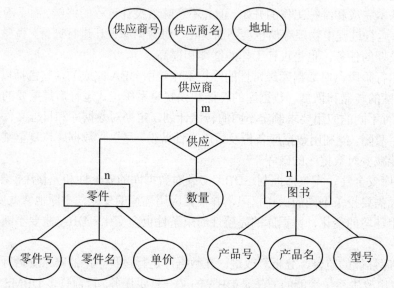

图 8-21 多实体间的多对多的联系

8. 设有一个仓库管理系统的局部应用有如下三个实体：

仓库：仓库号、仓库名称、地点、面积

职工：职工号、职工姓名、性别、年龄

货物：货物号、货物名、价格

其中：仓库和职工是一对多的关系，仓库和货物是多对多的关系。画出该局部应用的 E-R 模型，并将其转化为关系模型（包括关系名、属性、主码和外码）。

第 9 章　数据库应用程序开发

数据库应用程序是指任何可以访问存储数据，并且可以查看、修改该数据的应用程序。在软件开发领域中，数据库应用程序的设计与开发是一个颇具诱惑力的工作，这种诱惑力来自于数据库应用的市场需求。在计算机应用的三个主要领域中（科学计算、数据处理和过程控制），数据处理所占比重最大，现在最流行的客户/服务器模式（C/S）、Internet 模式（B/S）应用都属于数据库应用编程领域。它把信息系统中大量的数据用给定的数据库模型组织起来，并提供存储、维护、检索数据的功能，使数据库应用程序可以方便、及时、准确地从数据库中获得所需的信息。本章的目的是向读者介绍数据库应用程序开发的全貌，使读者建立起数据库应用程序开发的整体思路。

9.1　数据库应用程序设计方法

数据库应用程序设计的目标是指对于一个给定的应用环境，在 DBMS 的支持下，按照应用的要求，构造最优的数据库模式，建立数据库，并在数据库逻辑模式、子模式的制约下，根据功能要求开发出使用方便、效率较高的应用系统。

从系统开发的角度来看，一个完整的数据库应用程序的设计应包括两个方面：结构特性的设计和行为特性的设计。

1. 结构特性设计

结构特性的设计是指数据库结构的设计。其结果是得到一个合理的数据模型，以反映现实世界中事物间的联系，它包括各级数据库模式（模式、外模式和内模式）的设计。

2. 行为特性设计

行为特性的设计是应用程序设计，包括功能组织、流程控制等方面的设计。其结果是根据行为特性设计出数据库的外模式，然后用应用程序将数据库的行为和动作（如数据查询和统计、事务处理及报表处理）表达出来。

数据库应用程序两部分的设计是相辅相成的，它们共同组成了统一的数据库工程。图 9-1 是由结构特性设计和行为特性设计组成的数据库应用程序设计示意图。从图中可以看出：数据库应用程序的动态行为设计从需求分析阶段就开始了，与结构设计中的数据库设计各阶段并行进行，图中的双向箭头说明两阶段需共享设计结果。在需求分析阶段，数据分析和功能分析可同步进行，功能分析可根据数据分析的数据流图，分析围绕数据的各种业务处理功能，并以带说明的系统功能结构图给出系统的功能模型及功能说明书。在数据库的逻辑设计阶段（设计数据库的模式和外模式）进行事务处理设计，并产生编程说明书，这是行为设计的主要任务。利用数据库结构设计产生的模式、外模式以及行为特性设计产生的程序设计说明书，选用一种数据库应用程序开发工具（如 VB、Delphi 和 Java 等）就可以进行应用程序的编制了。按数据库的各级模式建立了数据库后，就可以对编制的应用程序进行运行和调试了。这就是数据库应用程序开发的全过程。

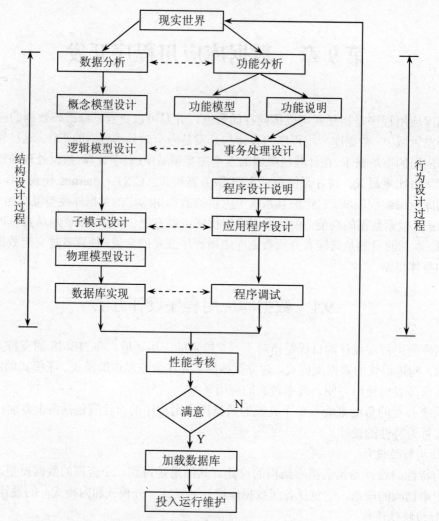

图 9-1　数据库应用程序的设计过程

　　在前面一章，我们学习了数据库结构设计即数据库设计的全部内容。有关数据库行为特性的设计由于与传统程序设计没有太大的区别，软件工程中的所有工具和手段几乎都可以用到数据库行为设计中，此教材没有涉及，感兴趣的同学可参阅软件工程的相关书籍。后面的内容主要讲解有关数据库应用程序编制方面用到的技术和相关知识。

9.2　数据库应用程序的体系结构

　　当从用户的角度来看数据库应用程序时，他所看到的数据库的外模式和应用程序构成了该系统的体系结构。数据库应用程序的体系结构与数据库系统的运行环境密切相关，随着计算机软、硬件技术的发展和数据库应用需求的迅速增长，数据库系统的运行环境不断变化，数据库应用程序体系结构的研究和实践也不断取得进展。

　　数据库应用程序的结构可依其数据运算及存取方式，分为四大类型：主机集中型结构、文件型服务器结构、二层客户/服务器结构和多层客户/服务器结构。

9.2.1　主机集中型结构

主机集中型结构的数据库应用系统一般在一台主机（大型计算机或小型计算机）带多台终端的环境下运行，这种结构在 20 世纪 60—70 年代比较盛行。在这种结构的数据库应用程序中，数据库的存储、计算、读取与应用程序的执行，全部集中在后端的主机上。用户通过前端的终端输入信息传至主机处理，主机处理完成后将处理的结果返回到前端的终端显示给用户。其结构如图 9-2 所示。

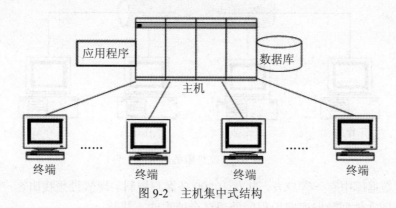

图 9-2　主机集中式结构

这种结构的优点是简单，程序和数据易于管理与维护，计算机人员只要专心管理好主机，不太需要去对前端的终端机进行维护；同时，所有的用户可以共享一些外围设备，如打印机等。在计算机还不普及的早期和打印机等计算机外设相当昂贵的情况下，这种软件结构是很受欢迎的。

它的缺点是当终端用户数目增加到一定程度后，主机的任务会过于繁重，从而使系统性能大幅度下降。另外当主机出现故障时，整个系统都不能使用，因此系统的可靠性不高。而且这种类型的设备都是由少数的大型制造商研发生产的，所以量少价高，各厂商间的硬件和软件并不完全兼容。换句话说，如果要更换主机的生产厂商与原来使用的主机的制造厂商不同时，这时就不光是更换硬件，连所有的软件和应用程序都有可能要一并重新来过，这样的负担并不是一般企业所能承受的。

9.2.2　文件型服务器结构

到了 20 世纪 80 年代，随着苹果计算机、IBM 个人计算机的诞生，其开放性的结构、日渐平易近人的价格，以及越来越强的执行性能，已为一般企业所能负担，而文件型数据库应用程序也就在此时趁势崛起。在文件型数据库应用程序中，数据存放在文件型数据库中，如早期的 dBaseIII，到今天的 Access，就是一些拥有高知名度的文件型数据库。存放数据库文件的服务器作为文件服务器使用，应用程序的数据运算和处理逻辑则存放在前端的工作站中。其体系结构如图 9-3 所示。

文件型数据库的应用程序既可运行于单机环境，也可运行于网络环境。在网络环境中访问文件型数据库时，整个数据库文件将通过网络传送到应用程序所在的前端工作站进行处理，应用程序处理结束后，再将数据库文件传送回文件服务器上。由此可见文件服务器的作用只是管理用户的访问操作和实现数据库文件的存储管理。

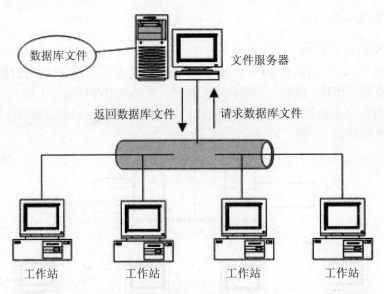

图 9-3　文件服务器结构

例如：在数据库中有一客户表，共有 10000 条客户资料。现假设想找出客户编号为 00001 的客户信息，则文件型数据库应用程序处理这个请求的方法是：

（1）先把这 10000 条客户数据从文件服务器通过局域网传至前端工作站。

（2）前端工作站再从这 10000 条客户数据中查找客户编号为 00001 的客户信息。

（3）查询作业结束后，再把这 10000 条记录返回到文件服务器。

这种结构的优点是：价格便宜与技术普及，几乎任何企业都负担得起。且其开放的结构，使其在更换设备时，不像主机集中型系统受限于制造商的规格。

它的缺点是：文件型数据库系统并不提供运算的功能，故前端工作站有任何对数据读取的请求，都要通过局域网络，由后端的文件服务器将数据库文件传至前端工作站处理；前端工作站处理完成后，再回传至后端文件服务器存储。这种结构在请求的数据量很大时，会因网络的带宽受限，而影响执行性能；同时也因为它是以文件形态来进行操作，所以当有多用户要同时存取同一个数据文件时，就会有冲突或排队等候的情形发生。

9.2.3　二层客户/服务器（C/S）结构

文件服务器结构虽然费用低廉，但和大型机的"集中式"结构相比，它缺乏足够的计算和处理能力。为了解决费用和性能的矛盾，客户/服务器（C/S）结构就应运而生了。该结构是由一组性能良好且稳定的主机来做数据库服务器，然后连上一群充当客户机的工作站而成。在这种结构中，数据库的管理由数据库服务器完成，应用程序的数据处理，如数据访问规则、业务规则、数据合法性校验等则可能有两种情况：一是全部由客户机来完成，客户机向服务器传送的是结构化查询语言（SQL）；二是由客户机和服务器共同来承担，程序处理一部分，在客户端以程序代码来实现，另一部分在服务器端以数据库中的触发器或存储过程实现，客户机向服务器传送的是 SQL 或要进行处理的参数。其系统结构如图 9-4 所示。

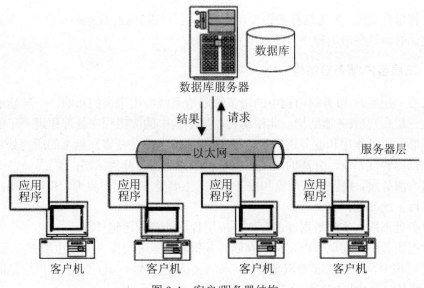

图 9-4　客户/服务器结构

以同样要从 10000 条客户数据记录中，找出客户编号为 00001 的客户信息，客户/服务器结构对这种请求的处理方式是：

（1）前端客户机向后端数据库服务器发出请求。

（2）数据库服务器在收到前端客户机的请求后，自客户表中找出编号为 00001 的客户信息。

（3）数据库服务器再把查询到的结果传至前端客户机。

由此可以看出，整个查询作业中，网络只负担传送一个查询指令与查询结果，从而显著减少了网络上的数据传输量，提高了系统的性能、吞吐量和负载能力。另一方面数据与应用分离使数据库应用系统更加开放，可以使用不同的数据库产品开发服务器端，也可以使用不同的前台开发工具开发客户端，客户端和服务器端一般都能在多种不同的硬件和软件平台上运行，从而使整个应用系统相对前两种结构具有更强的可移植性。

在二层结构中，客户机与服务器用某一网络协议进行通信，如动态访问数据库的方法 ODBC 和 JDBC 等。ODBC 是常用的基于数据库的中间件标准，应用程序通过调用相应的驱动程序所支持的函数来操作数据库，若想使应用程序操作不同类型的数据库，只要动态地链接到不同的驱动程序上。由于这种通信方式简单，软件开发起来容易，现在很多的应用软件都是基于这种二层的客户/服务器模式的，但这种结构模式的软件存在以下问题：

- 伸缩性差：客户机与服务器联系很紧密，无法在修改客户机或服务器时不修改另一个，这使软件不易伸缩、维护量大，软件互操作起来也很难。
- 性能较差：在一些情况下，还需要将较多的数据从服务器端传送到客户机进行处理，这样，一方面会出现网络拥塞，另一方面会消耗客户端的主要系统资源，从而使整个系统的性能下降。
- 重用性差：数据库访问、业务规则等都固化在客户端应用程序中。如果客户另外提出的其他应用需求中也包含了相同的业务规则，程序开发者将不得不重新编写相同的代码。
- 移植性差：当某些处理任务是在服务器端由触发器或存储过程来实现时，其适应性和可移植性较差。因为这样的程序可能只能运行在特定的数据库平台下，当数据库平台变化时，这些应用程序可能需要重新编写。

9.2.4 三层客户/服务器结构

为了克服二层客户/服务器结构中的诸多缺陷给系统应用带来的影响，一种新的结构出现了，这就是三层客户/服务器结构。此结构将二层结构中的应用程序处理作进一步的分离，将其分为用户界面服务程序和业务逻辑处理程序。分离的目的是使客户机上的所有处理过程不直接涉及到数据库管理系统，分离的结果将应用程序在逻辑上分为三层：

- 用户服务层：提供信息浏览和服务定位。主要是实现用户界面，并保证用户界面的友好性、统一性。
- 业务处理层：实现数据库的存取及应用程序的商业逻辑计算。
- 数据服务层：实现数据定义、存储、备份和检索等功能，主要由数据库系统实现。

在三层结构中，中间层起着双重作用，对于数据层是客户机，对于用户层是服务器，如图 9-5 所示就是一个典型的三层客户/服务器结构。

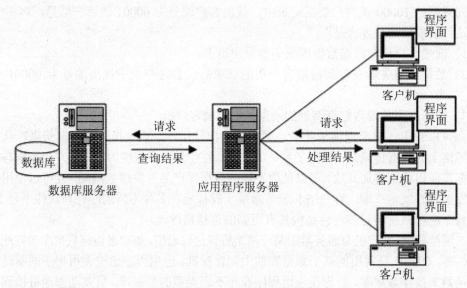

图 9-5   三层客户/服务器结构

三层结构的系统具有如下特点：

（1）业务逻辑放置在中间层可以提高系统的性能，使中间层的业务逻辑处理与数据层的业务数据紧密结合在一起，而无需考虑客户的具体位置。

（2）添加新的中间层服务器，能够满足新增客户机的需求，大大地提高了系统的可伸缩性。

（3）将业务逻辑置于中间层，从而使业务逻辑集中到一处，便于整个系统的维护和管理及代码的复用。

在纯粹的三层体系结构中，客户层和数据层已被严格定义。与此相反，中间层并未明确定义。中间层可以包括所有与应用程序的界面和长久的数据存储无关的处理。假定将中间层划分成许多服务程序是符合逻辑的，那么将每一个主要服务都视为独立的层，三层体系结构就成为 N 层体系结构。典型的 N 层结构的例子就是基于 Web 的应用程序。一个基于 Web 的应用程序在逻辑上可能包含如下几层：

- 1 层，由 Web 浏览器实现的一个客户层的界面。
- 2 层，由 Web 服务器实现的一个中间层的任务分配机制。
- 3 层，由一些服务器端脚本实现的中间层服务。
- 4 层，由关系数据库实现的数据层存储机制。

基于 Web 应用的 N 层结构如图 9-6 所示，又称为互联网应用程序结构。为简便起见，我们把应用程序的第 2 层和第 3 层放在同一台物理服务器上，它们也可以分别放在不同的物理服务器上，即应用程序的层次划分只是逻辑上的划分，物理上可以根据实际情况将它们放在一台服务器上或几台不同的服务器上。

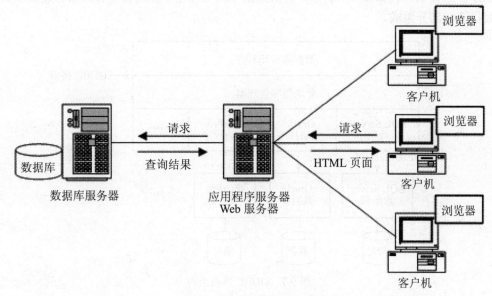

图 9-6　互联网应用程序结构

互联网应用程序结构是目前得到广泛应用的一种标准结构（Web 服务器和应用程序服务器可以合二为一），又称 B/S 结构。这种结构与上面的三层客户/服务器结构相比，用户使用标准的浏览器（如微软公司的 IE）通过 Internet 和 HTTP 协议访问服务方提供的 Web 服务器。Web 服务器分析用户浏览器提出的请求，如果是页面请求，则直接用 HTTP 协议向用户返回要浏览的页面；如果有数据库查询操作的请求（当然也包括修改和添加记录等），则将这个需求传递给 Web 服务器，由 Web 服务器通过应用程序服务器向数据库服务器发出操作请求，得到结果后再通过应用程序服务器返回给 Web 服务器，Web 服务器把数据库操作的结果形成 html 页面，返回给浏览器。

9.3　数据库与应用程序的接口

数据库应用程序通过数据库访问接口访问数据库。众所周知，软件安装是软件使用的第一步。现在各类 C/S、B/S 软件常常涉及对数据库的操作，安装过程中用户经常被数据库接口的问题搞得焦头烂额，而各种数据库接口名词也让我们眼花缭乱，下面就当前软件中广泛使用的一些数据库接口技术为大家做一个简单介绍。

9.3.1 ODBC

ODBC 是 Microsoft Windows 开放服务体系 WOSA（Windows Open System Architecture）的一部分，是数据库访问的标准接口。它建立一组规范，并提供一组对数据库访问的标准 API（应用程序编程接口，是数据库厂商为程序设计者提供的直接访问数据库的一组函数），使应用程序可以应用 ODBC 提供的 API 来访问任何带有 ODBC 驱动程序的数据库。ODBC 已经成为一种标准，目前所有关系数据库都提供 ODBC 驱动程序。

1. ODBC 的体系结构

ODBC 的体系结构如图 9-7 所示，它由数据库应用程序、驱动程序管理器、数据库驱动程序和数据源四部分组成。

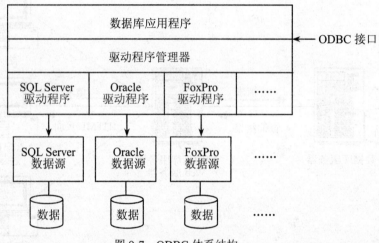

图 9-7   ODBC 体系结构

（1）数据库应用程序。应用程序本身不直接与数据库打交道，主要负责处理并调用 ODBC 函数，发送对数据库的 SQL 请求及取得结果。

（2）驱动程序管理器。驱动程序管理器是 Windows 下的应用程序，在 Windows 95 和 Windows NT 下的文件名为 ODBCAD32.EXE，对应于控制面板中的 32bitODBC 图标。驱动程序管理器的主要作用是用来装载 ODBC 驱动程序、管理数据源、检查 ODBC 调用参数的合法性等。

（3）数据库驱动程序。数据库驱动程序是一个动态链接库（DLL），用以将特定的开放式数据库连接的数据源和另一个应用程序（客户端）相连接。ODBC 应用程序不能直接存取数据库，它将要执行的操作提交给驱动程序，通过驱动程序实现对数据源的各种操作，数据库的操作结果也通过驱动程序返回给应用程序。

（4）ODBC 数据源。ODBC 数据源（Data Source Name，DSN）是对数据库的一个命名连接。包括相关数据库 ODBC 驱动程序的配置、服务器名称、网络协议及有关连接参数等。

总之，要使用 ODBC 数据源必须要有相应的 ODBC 数据库驱动程序。应用程序向 ODBC 驱动程序管理器提交 SQL 命令，ODBC 驱动程序管理器将这些命令转交给相应的 ODBC 驱动程序，ODBC 驱动程序再与具体的 SQL DBMS 联系。例如为了通过 ODBC 访问 SQL Server 2012 数据库，SQL Server 2012 提供了 ODBC 驱动程序 SQL Native Client ODBC driver，这样就可以通过 ODBC 驱动程序管理器访问 SQL Server 2012 数据库了。

2. 管理数据源

ODBC 驱动程序管理器可以建立、配置或删除命名的数据源，下面以配置 SQL Server ODBC 数据源为例讲解配置数据源的方法。其步骤如下：

（1）启动 ODBC 驱动程序管理器：打开"控制面板"→"管理工具"，双击"数据源（ODBC）"图标打开"ODBC 数据源管理程序"对话框，如图 9-8 所示。

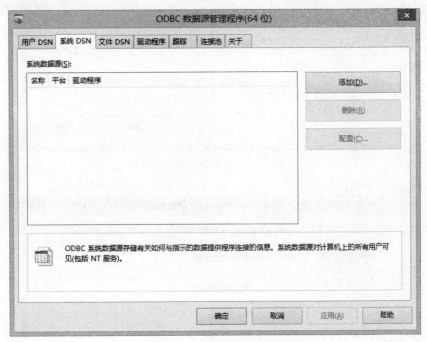

图 9-8 "系统 DSN"选项卡

使用 ODBC 连接数据库时，提供了三种 DSN：用户 DSN、系统 DSN 和文件 DSN。用户 DSN 和系统 DSN 将信息存储在 Windows 注册表中，用户 DSN 只对用户可见，而且只能用于当前机器中；系统 DSN 允许所有用户登录到特定服务器上去访问数据库，任何具有权限的用户都可以访问系统 DSN；文件 DSN 将信息存储在后缀为.dsn 的文本文件中，如果将此文件放在网络的共享目录中，那么可以被网络中的任何一台工作站访问到。用户 DSN 只能用于本用户，即建立此 DSN 的用户；系统 DSN 和文件 DSN 之间的区别只是在于连接信息的存放位置，系统 DSN 存放在注册表中，而文件 DSN 放在一个文本文件中。在 C/S 结构的数据库应用程序中，通常会选择建立系统 DSN。

（2）选择 ODBC 驱动程序。切换到"系统 DSN"选项卡，单击"添加(D)…"按钮，将弹出如图 9-9 所示的对话框，选择数据源驱动程序为 SQL Server Native Client，单击"完成"按钮。

（3）输入 ODBC 数据源名称，选择数据源的 SQL 服务器。在图 9-10 中，将数据源命名为 MyODBC，服务器选择为 local，单击"下一步"按钮。

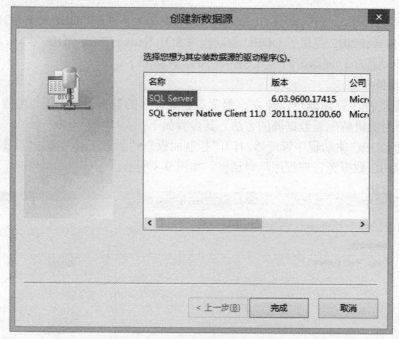

图 9-9　"创建新数据源"对话框

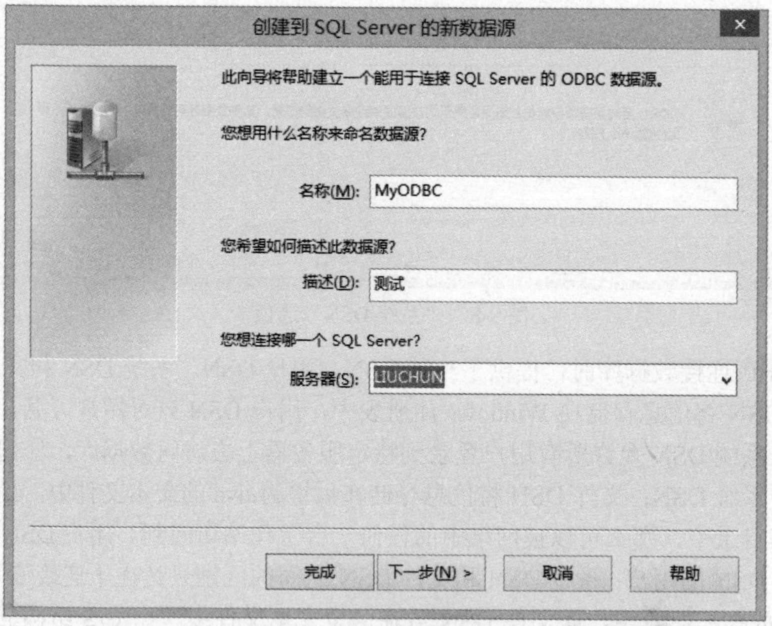

图 9-10　输入 DSN 的名称并指定 SQL Server 所在的服务器

　　（4）登录身份配置。在图 9-11 中，选择登录到 SQL Server 的安全验证信息。如果选择"使用用户输入登录 ID 和密码的 SQL Server 验证"单选按钮，则需在"登录 ID"和"密码"文本框中输入对被连接数据库有存取权限的 SQL Server 账号（如 sa，表示系统管理员）和密码，选中"连接 SQL Server 以获得其他配置选项的默认设置"复选框，单击"下一步"按钮，完成此操作。

图 9-11　选择 SQL Server 验证登录的 ID 方式

（5）选择连接的默认数据库。如图 9-12 所示，将默认的数据库改为 BookSys 数据库。使用 ODBC 数据源时需要指定具体的数据库，如果不指定，将连接到默认的数据库。单击"下一步"按钮，完成此操作。

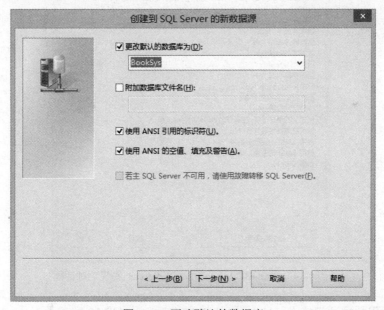

图 9-12　更改默认的数据库

（6）在图 9-13 中，可以设置 SQL Server 的系统消息，如语言、货币、时间、数字格式以及日志等（一般保持默认设置即可）。单击"完成"按钮结束配置，这时将弹出一个对话框列出当前所有配置，如图 9-14 所示。在对话框中可单击"测试数据源"按钮测试 ODBC 连接是否成功。

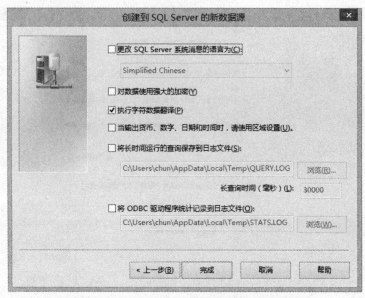

图 9-13 SQL Server DSN 配置对话框

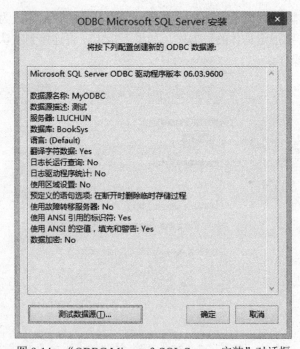

图 9-14 "ODBC Microsoft SQL Server 安装"对话框

9.3.2 通用数据访问技术（Universal Data Access，UDA）

数据访问的理想接口，就是通过该接口能够访问任何地方、任何格式的数据源。Microsoft 公司推出的 ADO 和 OLE DB 技术（又称为通用数据访问技术，UDA）则较好地解决了这些问题，它使得应用通过通用的接口来访问各种各样的数据，而不管数据驻留在何处，也不需要进行数据转移或复制、转换，在实现分布式的同时也带来了高效率。并且 UDA 技术在统一数据访问接口的同时，它的多层结构使数据使用方有了更多的选择机会，而它强大的扩展能力也给数据提供方留下了更多的扩展余地，这种开放型的软件结构使它具有极强的生命力，所以，这种技术从一推出便获得了广泛的欢迎，可以说，UDA 技术是继 ODBC 之后的又一次数据访问技术的飞跃。

1. OLE DB

继 ODBC 之后，微软又推出了 OLE DB。简单地说，OLE DB 是一种技术标准，目的是提供一种统一的数据访问接口。这里所说的"数据"，除了标准的关系型数据库中的数据之外，还包括邮件数据、Web 上的文本或图形、目录服务，以及主机系统中的 IMS 和 VSAM 数据。OLE DB 标准的核心内容就是要求为以上这些各种各样的数据存储（Data Store）都提供一种相同的访问接口，使得数据的使用者（应用程序）可以使用同样的方法访问各种数据，而不用考虑数据的具体存储地点、格式或类型。

OLE DB 标准的具体实现是一组 C++ API 函数，就像 ODBC 标准中的 ODBC API 一样，不同的是，OLE DB 的 API 是符合 COM 标准、基于对象的（ODBC API 则是简单的 C API）。使用 OLE DB API，可以编写能够访问符合 OLE DB 标准的任何数据源的应用程序，也可以编写针对某种特定数据存储的查询处理程序（Query Processor）和游标引擎（Cursor Engine），因此 OLE DB 标准实际上是规定了数据使用者和提供者之间的一种应用层的协议（Application-Level Protocol）。

OLE DB 将传统的数据库系统划分为多个逻辑组件，这些组件之间既相对独立又相互通信。这种组件模型中的各个部分被冠以不同的名称。

- 数据提供者：包含数据并将数据输出到其他组件中去。提供者大致分为两类：数据提供者和服务提供者。数据提供者是提供数据存储的软件组件，小到普通的文本文件，大到主机上的复杂数据库，或者电子邮件存储，都是数据提供者的例子；服务提供者位于数据提供者之上，它是从过去的数据库管理系统中分离出来、独立运行的功能组件，例如查询处理器和游标引擎（Cursor Engine），这些组件使得数据提供者提供的数据以表格数据的形式向外表示（不管真实的物理数据是如何组织和存储的），并实现数据的查询和修改功能。SQL Server 的查询处理程序就是这种组件的典型例子。
- 业务组件：利用数据服务提供者、专门完成某种特定业务信息处理、可以重用的功能组件。分布式数据库应用系统中的中间层（Middle-Tier）就是这种组件的典型例子。
- 消费者：是使用 OLE DB 对存储在数据提供者中的数据进行控制的应用程序。除了典型的数据库应用程序之外，还包括需要访问各种数据源的开发工具或语言。

由于 OLE DB 对所有文件系统包括关系数据库和非关系数据库都提供了统一的接口。这些特性使得 OLE DB 技术比 ODBC 技术更加优越。现在微软已经为所有 ODBC 数据源提供了一个统一的 OLE DB 服务程序，叫做 ODBC OLE DB Provider。ODBC OLE DB Provider 发布之后，有人又担心：ODBC Provider 是不是在 ODBC 之上的新的层次（Layer）？如果是，那么使用 OLE DB 访问 ODBC 数据源是否将影响性能？答案也是否定的。实际上，ODBC OLE DB Provider 的作用是替换 ODBC Driver Manager，作为应用程序与 ODBC 驱动程序之间的桥梁，理论上不会增加任何开销。

2. ADO（ActiveX Data Object）

ADO 是 OLE DB 的消费者，与 OLE DB 提供者一起协同工作。它利用低层 OLE DB 为应用程序提供简单高效的数据库访问接口，ADO 封装了 OLE DB 中使用的大量 COM 接口，对数据库的操作更加方便简单。ADO 实际上是 OLE DB 的应用层接口，这种结构也为一致的数据访问接口提供了很好的扩展性，而不再局限于特定的数据源，因此，ADO 可以处理各种 OLE DB 支持的数据源。

ADO 支持双接口，既可以在 C/C++、Visual Basic、.NET 和 Java 等高级语言中应用，也可以在 VBScript 和 JScript 等脚本语言中应用，这使得 ADO 成为目前应用最广的数据库访问接口。用 ADO 编制 Web 数据库应用非常方便。通过 VBScript 或 JScript 在 ASP 和 ASP.NET 中很容易操作 ADO 对象，从而轻松地把数据库带到 Web 前台。如图 9-15 所示为 ADO 的对象模型。

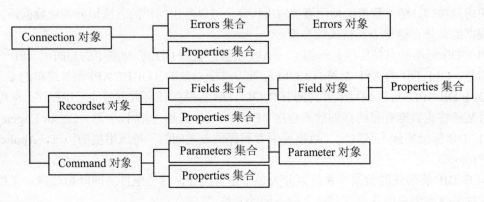

图 9-15　ADO 对象模型

从图 9-15 中可以看出：在 ADO 模型中，主体对象只有 3 个：Connection、Command 和 Recordset，其他 4 个集合 Errors、Properties、Parameters 和 Fields 分别对应 Error、Property、Parameter 和 Field 对象，整个 ADO 对象模型由这些集合和对象组成（图中没有标出 Properties 集合对应的 Property 对象）。

总之，ADO 简化了 OLE DB 模型。OLE DB 是一个面向 API 的调用。为了使 OLE DB 能够完成对数据库的操作，开发者需要调用许多不同的 API。ADO 则在 OLE DB 上面设置了另外一层，它只要求开发者掌握几个简单对象的属性和方法就可以开发数据库应用程序了，这比在 OLE DB API 中直接调用函数要简单得多。后面的内容将会讲解如何在 C#中通过 ADO 对象获取数据库的数据。

3. 通用访问技术的体系结构

通用访问技术的体系结构即使用 ADO 和 OLE DB 获取数据的体系，结构如图 9-16 所示。

从图中可以看出，应用程序既可以通过 ADO 访问数据也可以直接通过 OLE DB 访问数据，而 ADO 则通过 OLE DB 访问底层数据。而且，OLE DB 分成两部分，一部分由数据提供者实现，包括一些基本功能，如获取数据、修改数据和添加数据项等；另一部分由系统提供，包括一些高级服务，如游标功能、分布式查询等。这样的层次结构既为数据使用者即应用程序提供了多种选择方案，又为数据提供方简化了服务功能的实现手段，它只需按 OLE DB 规范编写一个 COM 组件程序即可，使得第三方发布数据更为简便，而在应用程序方可以得到全面的功能服务，这充分体现了 OLE DB 两层结构的优势。

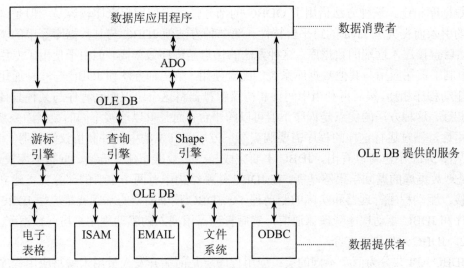

图 9-16 通用数据访问技术的体系结构

9.3.3 JDBC

JDBC 是 Java 数据库连接（Java DataBase Connectivity）的简写形式。它是一种可用于执行 SQL 语句的 Java API，主要提供了从 Java 跨平台、跨数据库的数据库访问方法，为数据库应用开发人员和数据库前台工具开发人员，提供了一种标准的应用程序设计接口，使开发人员可以用纯 Java 语言编写完整的数据库应用程序。其功能与 Microsoft ODBC 类似。相对于 ODBC 只针对 Windows 平台来讲，JDBC 具有明显的跨平台的优势。同时为了能够使 JDBC 具有更强的适应性，JDBC 还专门提供了 JDBC/ODBC 桥来直接使用 ODBC 定义的数据源。

1. JDBC 的工作原理

用 JDBC 开发 Java 数据库应用程序的工作原理如图 9-17 所示。

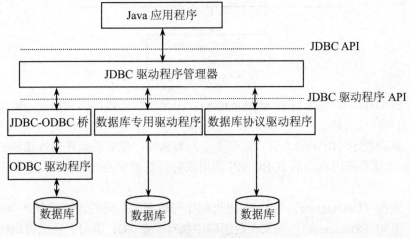

图 9-17 JDBC 工作原理

图中表示出了 Java 程序利用 JDBC 访问数据库的几种不同途径。第一种方法使用 JDBC-ODBC 桥实现 JDBC 到 ODBC 的转换，转换后就可以使用 ODBC 的数据库专用驱动程序与某特定数据库相连。这种方法借用了 ODBC 的部分技术，使用起来比较容易，但是同时也因 C 程序的引入而丧失了 Java 的跨平台特性。第二种方法使 JDBC 与某数据库专用的驱动程序相连，然后直接连入远端的数据库。这种方法的优点是程序效率高，但由于使用了专用的驱动程序，限制了前端应用与其他数据库系统的配合使用。第三种方法使 JDBC 与一种通用的数据库协议驱动程序相连，然后再利用中间件和协议解释器将这个协议驱动程序与某种具体的数据库系统相连。这种方法的优点是程序不但可以跨平台，而且可以连接不同的数据库系统，有很好的通用性，不过运行这样的程序需要购买第三方厂商开发的中间件和协议解释器。

从图 9-17 中也可以看出，JDBC 主要完成与一个数据库建立连接、向数据库发送 SQL 语句、处理数据库的返回结果等功能。在 JDBC 体系结构中有两个主要的部分负责建立与数据库的连接：驱动程序管理器和实际的驱动程序。JDBC 整个模型的基础就是遵循 JDBC API 协议的程序和 JDBC 驱动程序管理器通信，然后管理器用嵌入的驱动程序来访问数据库。

2. JDBC API 组成部分

JDBC API 共分为两个不同的层：应用程序层是前端开发人员用来编写应用程序的；驱动程序层是由数据库厂商或专门的驱动程序生产厂商开发的。前端开发人员可以不必了解其细节信息，但是在运行使用应用程序层 JDBC 的程序之前，必须保证已经正确地安装了这些驱动程序。具体来说，JDBC API 包括 5 个组成部分，如图 9-18 所示。

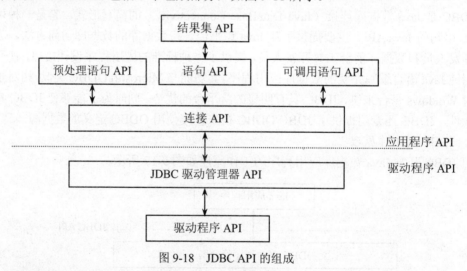

图 9-18　JDBC API 的组成

（1）驱动程序管理器（Driver Manager）。用来加载正确的驱动程序，管理应用程序和已注册的驱动程序的连接。

（2）驱动程序（Driver）。负责定位并访问数据库，建立数据库的连接和处理所有与数据库的通信，将前台应用程序的 JDBC API 调用映射到数据库的操作。驱动程序都是由独立厂商提供的。

（3）连接（Connection）。封装了应用程序与数据库之间的连接信息。

（4）语句（Statement）。用来在数据库中执行一条 SQL 语句，完成查询和更新操作。

（5）结果集（ResultSet）。负责保存执行查询后返回的数据。

在 Java.sql 包中提供了相应的类和接口实现上面的功能，使用这些类和接口，编程人员应可以很方便地开发数据库前端的应用程序了。

9.4 数据库应用程序开发

在计算机网络飞速发展的今天，数据库应用程序的体系结构已经发展到复杂而开放的客户/服务器模式，这就要求相应的开发工具提供通过数据访问接口访问数据库的功能。下面将结合前面建立的"图书管理系统"数据库 BOOKSYS 中的 BOOK 表，利用上一节讲述的数据访问接口 ADO 和 JDBC 技术，讲解如何用 C#和 Java 等当前主流的应用程序开发工具完成对数据库的查询操作，以使同学们掌握不同应用程序开发工具使用不同的数据库访问接口访问数据库的方法。

假设在数据库设计的实施阶段，已在 SQL Server 2012 下建立了"图书管理系统" BOOKSYS 数据库，并在此数据库中建立了所有的表。其中 BOOK 表的结构如表 9-1 所示。

表 9-1 BOOK 表

字段代码	字段名称	字段类型	长度	小数	是否为空
BOOKID	书号	VARCHAR2	20		NOT NULL
BOOKNAME	书名	VARCHAR2	20		NOT NULL
EDITER	作者	VARCHAR2	8		NULL
PRICE	价格	NUMBER	6	2	NULL
Publisher	出版社	VARCHAR2	20		NULL
QTY	库存数量	NUMBER	7	0	NOT NULL

1. 用 C#访问数据库

Visual Studio.NET 2005 提供了 ADO.NET 组件，利用 ADO.NET 组件在 C#程序中能轻松地操作数据库。下面就以对 BOOK 表的查询操作，讲解 C#操作数据库的方法和步骤。

（1）启动 Visual Studio.NET 2005，新建一个 C#语言的 Windowns 应用项目，如图 9-19 所示，然后单击"确定"按钮。

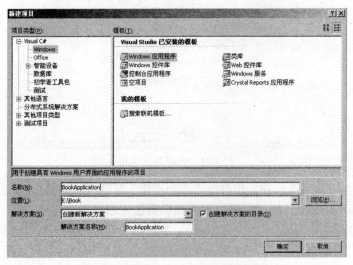

图 9-19 新建一个 Windows 应用项目

（2）建立数据源。在 Visual Studio.NET 2005 中的"数据"菜单下选择"添加新数据源"菜单项，将弹出"数据源配置向导"对话框，如图 9-20 所示。选择"数据库"项，单击"下一步"按钮，将弹出选择数据连接对话框，如图 9-21 所示。

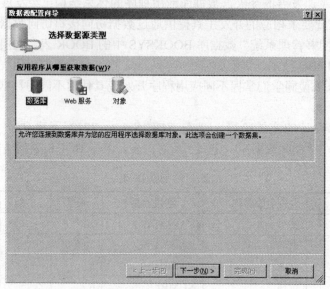

图 9-20   建立数据源

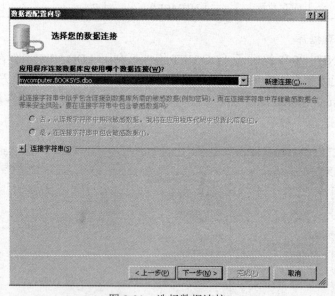

图 9-21   选择数据连接

（3）单击"新建连接"按钮，将弹出"添加连接"对话框，如图 9-22 所示。通过"更改"按钮选择 Microsoft SQL Server 提供程序，并提供数据库服务器名、用户名、密码及数据库名等信息，单击"确定"按钮，回到图 9-21 所示的选择数据连接对话框。选择刚才建立的数据连接，然后单击"下一步"按钮，将弹出连接字符串保存提示对话框，如图 9-23 所示。该对话框将设置保存在配置文件中的连接串的信息。

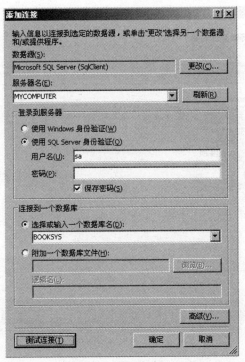

图 9-22 添加连接

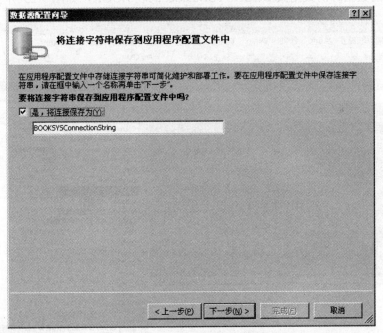

图 9-23 连接字符串保存提示

（4）单击"下一步"按钮，将弹出"选择数据库对象"对话框，如图 9-24 所示，选择表 BOOK，注意下方文本框中可以输入创建的数据集名，本例中为 BOOKSYSDataSet。单击"完成"按钮，就完成了数据源的建立工作。

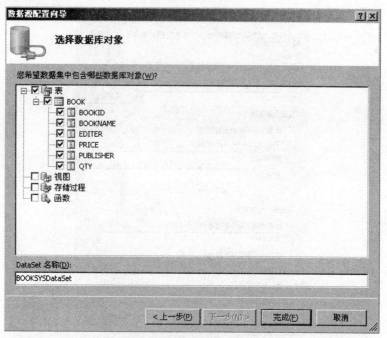

图 9-24　选择数据库对象

（5）新建一个窗口，在其上放置一个 DataViewGrid。将 DataViewGrid 的 DataSource 设置为上面创建的数据源的数据集 BOOKSYSDataSet 的表 BOOK，如图 9-25 所示。

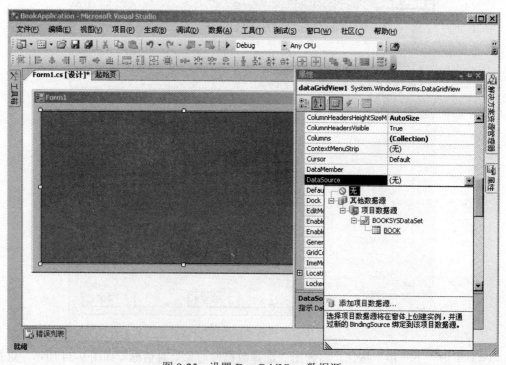

图 9-25　设置 DataGridView 数据源

（6）运行该程序，运行结果如图 9-26 所示。

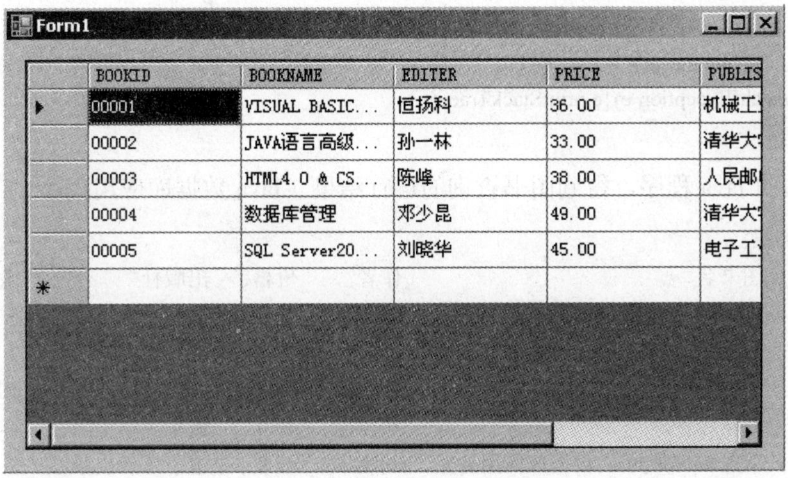

图 9-26　图书查询运行结果

2．用 Java 访问数据库

在上一节的学习中，我们知道 JDBC 为使用 Java 开发数据库应用程序提供了一种标准的应用程序设计接口，在这里使用 JDBC-ODBC 桥的方式来说明 Java 连接数据库的方法。需要提示的是，本程序选用数据库驱动程序 sun.jdbc.odbc.JdbcOdbcDriver，并需创建 ODBC 数据源 SelBook，用来指向数据库 BOOKSYS，具体创建方法请参见 9.3.1 节的相关内容。

下面同样以 book 表的查询操作为例，讲解 Java 通过 JDBC API 操作数据库的方法和步骤。程序代码（SelBook.java）如下：

```java
import java.sql.*;
public class SelBook1 {
public static void main(String[] args) {
 try{
 //加载数据库驱动程序
     Class.forName("sun.jdbc.odbc.JdbcOdbcDriver");
 //连接数据库
 Connection conn=
 DriverManager.getConnection("jdbc:odbc:SelBook","","");
 //创建一个 SQL 语句
 Statement stmt=conn.createStatement() ;
 //查询 book 表，并将结果集放在结果集对象中
 ResultSet rs=stmt.executeQuery("select *from book");
 //下面的语句为输出查询结果
 System.out.println("图书查询结果:");
 System.out.println("\t 图书号\t\t 图书名\t\t\t 作者\t 价格\t 出版社\t\t\t 数量");
 while(rs.next()){
     System.out.print("\t"+rs.getString(1));
     System.out.print("\t"+rs.getString(2));
     System.out.print("\t"+rs.getString(3));
     System.out.print(" "+rs.getDouble(4));
     System.out.print("\t"+rs.getString(5));
     System.out.print("\t"+rs.getInt(6));
```

```
                System.out.println();
            } conn.close();
        }catch(Exception e){e.printStackTrace();}
    }}
```

运行上面的 Java 程序，得到图书查询的运行结果（Java 数据库应用程序）。

图书查询结果：

图书号	图书名	作者	价格	出版社	数量
00001	Visual Basic 6.0 程序设计	恒扬科	36.0	机械工业出版社	5
00002	Java 语言高级编程	孙一林	33.0	清华大学出版社	2
00003	HTML4.0&CSS 网页制作全接触	孙峰	38.0	人民邮电出版社	10
00004	数据库管理	邓少昆	49.0	清华大学出版社	4
00005	SQL Server 2012 数据库应用开发	刘晓华	45.0	电子工业出版社	8

以上介绍了使用当今流行的两大主流数据库应用程序接口技术——Microsoft ADO 技术和 Sun 的 JDBC-ODBC 桥技术连接数据库的方法。限于篇幅，对数据库应用开发的内容不可能做详细的讲解，有关内容请参阅数据库应用程序开发工具之类的书。

习题九

1. 试述数据库应用程序的开发过程。
2. 传统的二层客户/服务器结构和现在流行的多层客户/服务器结构有何区别？
3. 目前常用的数据库访问接口有哪些？
4. ODBC 接口和 OLE DB 接口的主要区别是什么？
5. ADO 组件中定义的三个主要对象是什么，它们的主要作用是什么？
6. ADO 和 OLE DB 的关系是什么？
7. JDBC 的工作原理是什么？
8. JDBC API 有几个组成部分，它们的作用是什么？
9. 用 ADO 组件的 Connection 对象连接数据库时，Connection 对象的连接字符串可以有几种形式？

参考文献

[1] 王珊，陈红. 数据库系统原理教程. 北京：清华大学出版社，2002.

[2] 张莉，王强，赵文，董莉. SQL Server 数据库原理及应用教程. 北京：清华大学出版社，2003.

[3] 史嘉权. 数据库系统教程. 北京：清华大学出版社，2001.

[4] 何玉洁. 数据库原理与应用教程. 北京：机械工业出版社，2003.

[5] 陈雁. 数据库系统原理与设计. 北京：中国电力出版社，2004.

[6] 黄志球，李清. 数据库应用与技术基础. 北京：机械工业出版社，2003.

[7] 李红. 数据库原理与应用. 北京：高等教育出版社，2003.

[8] 苗雪兰，刘瑞新等. 数据库系统原理及应用教程. 北京：机械工业出版社，2003.

[9] 张利国. Java 实用案例教程. 北京：清华大学出版社，2003.

[10] 袁鹏飞. SQL Server 数据库应用开发技术. 北京：人民邮电出版社，2000.

[11] http://www.cnblogs.com/chillsrc/p/3383098.html.

[12] 刘淳. 数据库系统原理与应用（第二版）. 北京：中国水利水电出版社，2009.